高等职业教育规划教材

集成电路版图设计

JICHENG DIANLU BANTU SHEJI

主　编　刘睿强　林　涛

编　委　徐雪刚　尹洪剑　邵有为　张林生

刘梅华　汪小华　童瑞君　王　君

电子科技大学出版社

图书在版编目（CIP）数据

集成电路版图设计 / 刘睿强，林涛主编. —成都：电子科技大学出版社，2011. 3

ISBN 978-7-5647-0765-1

Ⅰ. ①集…　Ⅱ. ①刘…　②林…　Ⅲ. ①集成电路—设计—高等学校：技术学校—教材　Ⅳ. ①TN402

中国版本图书馆 CIP 数据核字（2011）第 024884 号

内 容 提 要

本书以提高实际工程应用能力为目的，深入浅出地介绍了集成电路设计概论、Linux 操作系统与 EAD 软件、IC 版图设计主要流程的相关知识。全书共八章，涵盖了集成电路版图设计的主要内容。

本书注重理论与工程实践的结合，选材合理，书中提供了一些实例来帮助读者正确理解版图设计的基本概念和关键设计理念，文字叙述清楚，生动形象，简明易懂。本书适合作为高职高专微电子及电子信息类专业的教材，也可用作微电子行业中高级技术工的培训教材，对版图设计工程师，电路设计工程师等也有一定参考价值。

高等职业教育规划教材

集成电路版图设计

主　编　刘睿强　林　涛

出　　版：电子科技大学出版社（成都市一环路东一段 159 号电子信息产业大厦　邮编：610051）
策划编辑：徐守铭
责任编辑：杜　倩　徐守铭
主　　页：www.uestcp.com.cn
电子邮箱：uestcp@uestcp.com.cn
发　　行：新华书店经销
印　　刷：四川嘉华印业有限公司
成品尺寸：185mm×260mm　　印张 11.25　　字数 288 千字
版　　次：2011 年 3 月第一版
印　　次：2011 年 3 月第一次印刷
书　　号：ISBN 978-7-5647-0765-1
定　　价：29.80 元

序

刘睿强先生是我的朋友，其新书出版在即，他要我为该书写序。我接到刘先生的电话，心里喜忧交集，一则为刘先生不断呈现的成果感到高兴，二则唯恐我言不能及。

1947 年世界第一只晶体管的发明以及 1958 年世界第一块集成电路的诞生为微电子技术奠定了重要的里程碑，使人类社会进入一个以微电子技术为基础、以集成电路为根本的信息时代。60 年来，集成电路已经广泛应用于军事、民用各行各业、各个领域的各种电子设备中，如计算机、手机、电视、汽车、医疗设备、办公设备、武器装备等等。如今，集成电路技术得到了迅猛发展，以集成电路为核心的电子信息产业已超过了以汽车、石油、钢铁为代表的传统工业，成为第一大产业，也成为改造和拉动传统产业迈向数字时代的强大引擎和雄厚基石。集成电路的设计、制造水平成为衡量一个国家现代化水平和综合实力的重要标志。

版图设计是集成电路设计的重要环节，特别是集成电路已进入纳米工艺和 SoC 时代，版图作为集成电路设计和制造的桥梁，其设计的良莠直接决定集成电路的成败与否。

集成电路产业是一个对专业技能要求非常高的产业。近 20 年来，我国集成电路产业飞跃发展，急需大量本专业技术人员。不仅需要硕士、博士这类以研究、开发设计为主的高层次人才，同时也需要大量从事版图设计、工艺操作、设备维护等方面工作，同样具有极高专业素养的技术人员。尽管这些年高等院校向企业界源源不断地输送了很多集成电路专业的新生力量，但由于高等院校人才培养定位和目标的不同，国内专业版图设计工程人员依然匮乏。

该教材根据国家高等职业教育发展方向以及人才培养的目标与定位，立足工程实践和技能培养，以集成电路版图设计流程为主线，串联版图设计所需了解的集成电路设计流程、制造工艺流程以及版图设计 EDA 工具使用方法，重点突出如何基于 EDA 工具完成电路到版图的转移设计、布局布线、规则检查、版图验证。教材通过诸多形象的图例，由浅入深，循序渐进，突出工程性和实用性，是一本特色突出、编排合理、定位准确的实用性教材。

衷心希望该书的学习者能从中吸取精髓，学以致用，为我国集成电路产业的发展，乃至国家的繁荣昌盛添砖加瓦！

微电子与固体电子学院　教授、博导

2011 年 1 月

于电子科技大学

前　言

微电子技术是信息科学技术的核心技术之一，微电子产业是当代高新技术产业群的核心和维护国家主权、保障国家安全的战略性产业。在中国电子信息产业振兴规划里确定了电子信息产业的三大重点任务之一就是立足自主创新，突破关键技术，着重建立自主可控的集成电路产业体系；突破新型显示产业发展瓶颈，提高软件产业自主发展能力；加大投入，集中力量实施集成电路升级，加大鼓励软件和集成电路产业发展政策实施力度。发展集成电路技术的关键之一是培养具有国际竞争力的专业人才。

我国 IC 产业中集成电路版图设计技术人才短缺。IC 设计业作为集成电路产业的重中之重，一直以来就是我国的重点扶持产业。数据统计表明，到 2011 年中国将成为全球第二大半导体市场，仅次于美国，届时将需要集成电路设计师数万人。而目前我国只有部分高校开设微电子专业，每年毕业的集成电路设计和微电子专业学生仅数千人，远不能满足产业需求。

在集成电路设计业中，版图设计（layout design）或者称物理设计（physical design）是集成电路设计流程中重要的一环。集成电路版图设计就是通过 EDA 设计工具，进行集成电路后端的版图设计和验证，最终产生送交供集成电路制造用的 GDSII 数据。换句话说也就是根据集成电路设计工程师设计好的电路，对构成电路的元件的版图进行布局、布图及布线，从而实现电路的功能。

全书共八章，涵盖了集成电路版图设计的主要内容。第 1 章集成电路设计概论，主要讲集成电路的发展概况，工艺指标，设计流程。第 2 章集成电路制造工艺，主要讲晶体管原理，特别是 MOS 管的工作原理，集成电路制造工艺，CMOS 工艺流程。第 3 章 Linux 操作系统与 EAD 软件介绍，主要讲 Linux 操作系统，基本操作，IC 设计 EDA 软件及芯片反向设计流程。第 4 章 Virtuoso Schematic 使用基础，主要讲 Virtuoso 库的管理，电路图的输入方法与 symbol 的创建，电路图设计流程。第 5 章版图编辑器 Virtuoso 使用基础，主要讲 Virtuoso 技术库的配置，定制 Virtuoso 的编辑环境，显示层的作用。第 6 章设计规则检查与版图验证，主要讲版图设计规则，版图物理验证的作用，版图物理验证工具的使用。第 7 章集成电路常用器件版图，主要讲常用器件的版图形式，dummy 器件的作用，电源与地的版图设计。第 8 章 Virtuoso-XL 与版图设计实例，主要讲 Virtuoso-XL 的基本操作方法，数字电路的版图设计方法，模拟电路的版图设计方法，版图设计技巧。

本书以高职院校培养高素质、技能型人才为目标，以实用、够用为原则，精选教学内容，注重实践环节。当然现代集成电路设计技术是快速发展的，相应的教学内容和教学方法也应不断改进，其中一定还有许多问题值得深入探讨。由于编者水平有限，书中难免有缺点和不足之处，恳请读者批评指正。

我要感谢所有参与编写这本书的人，特别是我的导师、电子科技大学的罗萍教授，感谢她用自己的宝贵时间来指导和审阅本书，并提出了许多的宝贵建议，在此致以深深的谢意和敬意。

目 录

第 1 章　集成电路设计概论

【知识目标】

(1) 了解集成电路的发展概况;
(2) 了解集成电路的工艺指标;
(3) 了解集成电路设计流程。

【重点难点】

(1) 数字集成电路设计流程;
(2) 模拟集成电路设计流程。

【参考学时】

参考学时为 1 学时。

集成电路（Integrated Circuit）也称 IC，是一种微型电子器件。人们采用一定的工艺，把一个电路中所需要的晶体管、二极管、电阻、电容、电感等元件及互连布线制作在一小块或几小块晶片或陶瓷基片上，完成某种特定功能的微型电路结构。集成电路大大缩小了整个电路的体积，并且通过特定的封装增加了电路的可靠性与安全性。目前已在民用与军用等领域得到了突飞猛进的发展，从某种意义上说，集成电路设计水平已经成为一个国家高新科技发展的标志。

本章主要讲述集成电路的发展历史与趋势以及集成电路的设计流程，以便对集成电路有整体的认识。

1.1　集成电路发展概况

集成电路的发展历程:

◆　集成电路的出现首先归功于晶体管的发明，1946 年美国贝尔实验室开始了半导体的研究，并于第二年研制出了世界上第一只点接触型晶体管。晶体管的发明者肖克莱、巴丁、布拉顿由此获得了 1956 年度的诺贝尔物理学奖。

◆　1950 年，肖克莱研制出一种新的晶体管，其结构有点像三明治，n 型半导体夹在两层 P 型半导体之间，这就是结型晶体管，结型晶体管实际应用比接触式广泛得多，从此开辟了电子技术的新纪元。1955 年 IBM 利用晶体管推出的 608 计算机，是世界上第一个投入商用的晶体管计算机，它使用了 3000 多个锗晶体管，重量达到 1090 kg，如图 1.1 所示。

图 1.1 IBM 生产的 608 计算机

◆ 1952 年，英国科学家提出了把电子线路中的分立元件集中制作在一块半导体晶片上，形成一块完整电路，这样一来，电子线路的体积就可大大减小，可靠性大幅提高，这就是最初集成电路的构想。

◆ 1956 年，美国材料科学家富勒和赖斯发明了半导体生产工艺的扩散工艺，这样就为发明集成电路提供了工艺基础。

◆ 1958 年，美国德州仪器公司成功地将包括锗晶体管在内的五个元器件集成在一起，制作了一个叫做相移振荡器的简易集成电路，这就是世界上第一块锗集成电路，如图 1.2 所示。

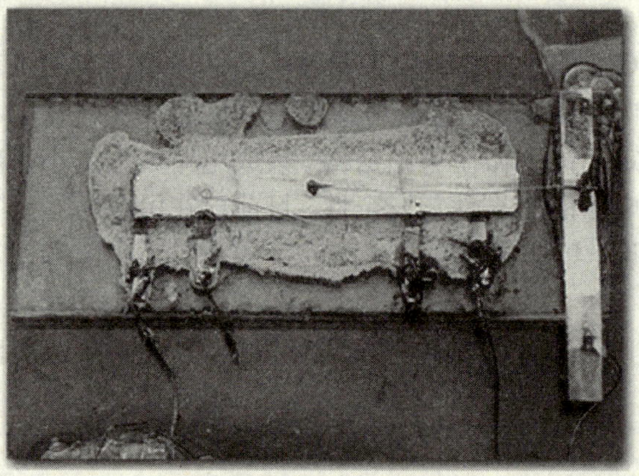

图 1.2 1958 年发明的第一块锗集成电路

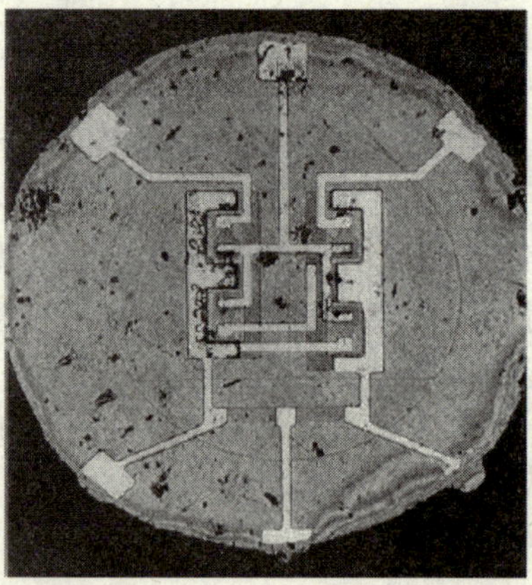

图 1.3 1961 年发明的第一块锗集成电路

◆ 1961 年，美国仙童半导体公司开发出世界上第一块硅集成电路，如图 1.3 所示。

◆ 1962 年，成功制造 MOS 集成电路。

◆ 1971 年，全球第一个微处理器 4004 由 Intel 公司推出，采用的是 MOS 工艺，这是一个里程碑式的发明。

◆ 1988 年，16MB DRAM 问世，1 cm^2 大小的硅片上集成有 3500 万个晶体管，标志着集成电路发展进入超大规模集成电路（VLSI）阶段。

从此以后，随着半导体工艺水平的不断提高，晶体管的尺寸越来越小，电路的集成度越来越高，从而使得集成电路由最初的板上系统 SoB（System-on-Board）逐步转变成为片上系统 SoC（System-on-Chip）。

1.2　集成电路发展特点及规律

1.2.1　集成电路工艺指标

集成电路飞速发展的一个很重要原因就是制造工艺一直以惊人的速度在发展，而衡量集成电路工艺的主要指标就是：特征尺寸、集成度和晶圆尺寸。

1. 特征尺寸

特征尺寸通常指工厂可以加工的晶体管的最小尺寸，通常是 MOS 晶体管的最小沟道长度，特征尺寸是衡量集成电路制造和设计水平的重要尺度。比如工程中工程师经常提到使用某某工厂的 0.5μm 工艺或 0.35μm 工艺，就是指的此工艺下晶体管的最小沟道长度。

晶体管特征尺寸的减小有两个明显的优点：

电路速度加快：因为 MOS 管的最高工作频率与 MOS 晶体管的沟道长度的平方成反比，所以特征尺寸的减小（MOS 晶体管沟道长度的减小），会使工作频率得以提高，工作频率的提高也就意味着速度的提高，目前集成电路的速度已达到 1GHz 以上。

晶体管密度增加：因为特征尺寸的减小使组成芯片的基本元器件的尺寸减小，从而单个芯片上集成的晶体管数量得以增加，芯片的面积得以减小，因此在同一个晶圆上可以做更多的芯片，最终导致芯片的成本迅速下降。

2. 集成度

集成度指芯片中包含的晶体管数目，通常等效成用门来表示，即一个门等于 4 个晶体管。在 40 多年时间内，集成电路的集成度迅速提高，经历了小规模（SSI）、中规模（MSI）、大规模（LSI）、超大规模（VLSI）及特大规模（ULSI）阶段之后，目前已进入巨大规模（GSI）阶段。

集成度的提高得益于晶体管特征尺寸的减小。

早在 1971 年 Intel 推出第一款 CPU 4004 时，采用的是 10μm 工艺，集成了 2300 个晶体管；在 1993 年 Intel 66MHz 奔腾处理器推出时，采用的是 0.8μm 工艺，集成了 310 万个晶体管；而如今 Intel 酷睿 2 推出后，采用了领先的 45nm 工艺，并且下一代 32 纳米工艺正在研发。

3. 晶圆尺寸

所有芯片都是在一块圆形的所谓的晶圆（wafer）上制作出来的，集成电路制造过程中基本上每道工艺都是对整个晶圆进行加工，而不是对单个的芯片。因此增大晶圆的直径，就可以在一片晶圆上容纳更多的芯片，也就意味着在同一时间可以对更多的芯片进行加工，这样就可以有效地降低单个芯片的生产成本，提高利润率。1972 年 Intel 采用的是直径为 3 英寸（1 英寸约等于 25mm）的晶圆片，1983 年开始采用直径为 6 英寸晶圆片，2002 年 Intel 采用的是 12 英寸晶圆。Intel 的 12 英寸（直径约 300mm）的晶圆如图 1.4 所示，所有的芯片都整整齐齐地排列在上面。根据单个芯片的面积不同，一片晶圆上可以生产的芯片数量也不同。

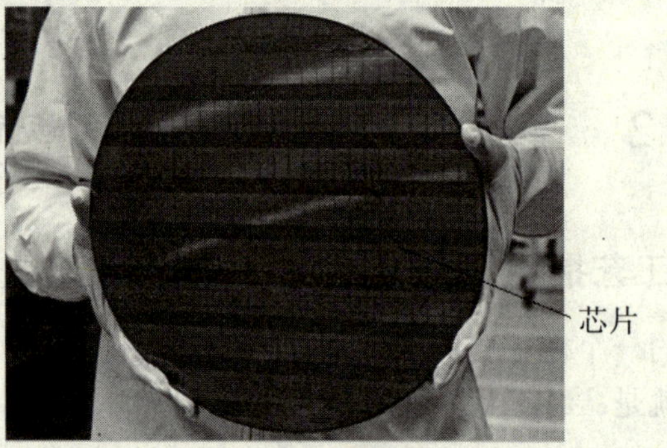

图 1.4　12 英寸晶圆

1.2.2　摩尔定律

摩尔是 Intel 公司的创始人之一，他通过总结集成电路的发展情况，于 1965 提出了摩尔定律，即：芯片的集成度大约 18 个月翻一番，器件尺寸则每 3 年以 0.7 的比例缩小。那时集成电路问世才 6 年，所以摩尔的预测听起来像是科幻小说。但从那时起的 40 年间，集成电路的发展历史完全证明了摩尔定律与实际趋势惊人的接近，使之成为 IC 界的黄金定律。Intel 版本的摩尔定律如图 1.5 所示。

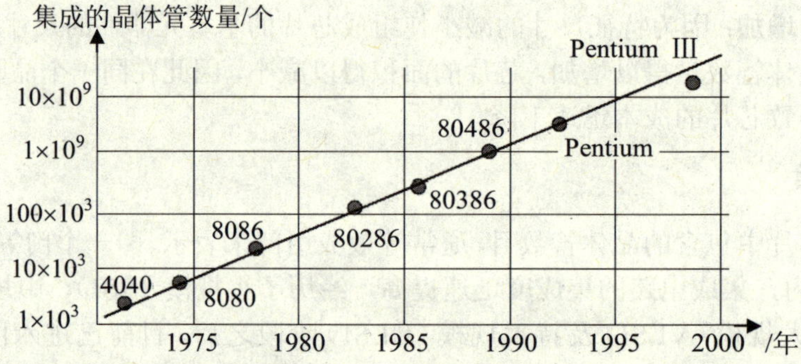

图 1.5　Intel 版本的摩尔定律

摩尔定律反映了集成电路的发展趋势，它的发展速度是相当快的，如果其他科技发展也遵循摩尔定律的话，那么现在一架波音 747 就只卖 5 元钱了。

1.3　集成电路分类

集成电路的种类可谓是琳琅满目，分类方法也多种多样，其中最常用的分类方法有以下几种。

（1）按集成度分

按照集成度分，集成电路可分为小规模集成电路、中规模集成电路、大规模集成电路、超大规模集成电路、甚大规模集成电路及巨大规模集成电路。表 1.1 列出了各规模下集成的数字门数。

表 1.1　按集成度分类

名　　称	集成度（数字 MOS 集成电路门数）
小规模集成电路	<100
中规模集成电路	10^2～10^3
大规模集成电路	10^3～10^5
超大规模集成电路	10^5～10^7
甚大规模集成电路	10^7～10^9
巨大规模集成电路	>10^9

（2）按电路功能分

按电路要实现的功能分，集成电路可分为数字集成电路、模拟集成电路以及数模混合集成电路。

数字集成电路：是对数字信号进行运算和处理的集成电路，目前大多数集成电路都是数字集成电路，如 CPU、存储器、DSP（数字信号处理器）等。

模拟集成电路：处理的是连续变化的模拟信号，如运算放大器（用于放大信号）、模拟滤波器等。

数模混合集成电路：既包含数字电路又包含模拟电路，典型的有 ADC（模数转换器，用于将模拟信号转换为数字信号）以及 DAC（数模转换器，用于将数字信号转换成模拟信号）。

（3）按晶体管类型分

按晶体管类型分，集成电路主要分为 MOS 集成电路和双极型集成电路。

MOS 集成电路是以 NMOS 晶体管和 PMOS 晶体管为基本元器件构建的集成电路，CMOS 集成电路是以 NMOS 和 PMOS 互补配对的形式作为基本元器件构建的集成电路，由于它具有低功耗、高集成度、低成本等优良特性，目前已成为应用最广泛的集成电路。

双极型集成电路是以 NPN 晶体管和 PNP 晶体管为基本元器件构建的集成电路。这种集成电路具有速度快、负载驱动能力强等特点，在模拟集成电路以及高速集成电路中有着广泛应用。但是因为其耗散功率比较大，限制了它在其他方面的应用。最常用的双极型集成电路是 TTL（晶体管-晶体管逻辑 Transistor-Transistor Logic）集成电路。

【小提示】

以 NPN 晶体管和 PNP 晶体管为基本元器件构建的集成电路之所以称之为双极型集成电路，是因为 NPN 晶体管或 PNP 晶体管的导电机构是电子和空穴两种。与之相对应的是单极型集成电路，也就是晶体管的导电机构只有一种，不是电子就是空穴。即是说，NMOS 晶体管的导电机构是电子，而 PMOS 晶体管的导电机构是空穴。

1.3.1　什么是 EDA

EDA（Electronic Design Automation）即电子设计自动化，是指以计算机为工作平台，进行电子产品的自动设计。而利用计算机设计，就离不开设计软件支持，这些专用的设计软件就是 EDA 工具。在集成电路设计的每一步骤和环节中，设计工程师都需要用相应的工具来进行设计。毫不夸张地说，随着集成电路设计规模和设计复杂度不断地提高，以及设计周期不断地缩短，如果没有 EDA 工具的介入和支持，我们将无法完成大规模的设计。

利用 EDA 技术，设计工程师们可以从功能、算法、结构、协议等开始设计电子系统，而把繁重的计算以及复杂的实现过程交给计算机来执行。EDA 技术的出现，极大地提高了工作效率，缩短了开发周期，降低了设计成本，减轻了设计师的劳动强度。

1.3.2 集成电路设计概念

什么是集成电路设计呢？当我们购买一款电子产品时，我们首先要了解该产品的功能以及它的性能。同样的道理，我们要设计一款集成电路，就要规定它可以实现什么样的功能，具体有什么样的特性，而集成电路的设计是一个将这样的产品设计要求转化成特定元器件的组合，并最终在硅片上实现的过程。

就像人们用“砖瓦”建造各种不同结构的房屋一样，集成电路的设计是对芯片功能进行描述，通过专用的 EDA 工具转化成特定的“砖瓦”，然后用“砖瓦”构建起来的过程。只不过在集成电路的设计中，这些“砖瓦”指的是各种各样的晶体管和电路逻辑。当然，房子是建在地基上的，而集成电路是建在硅片上的。

1.3.3 集成电路设计要素

了解了集成电路设计的概念后，在设计时我们还需要考虑如下的要素。

面积：因为一块集成电路（在封装之前的芯片）的面积越小，那么在一块晶圆上可以获得的芯片数就越多，以同样的流片成本获得的芯片数就越多（半导体的生产费用是以每片晶圆多少钱来计算的），就意味着芯片的成本得以降低。

速度：集成电路的速度通常是用它能够达到的最高频率来进行衡量的，一块集成电路的运行频率越高，那么它在一定时间内完成任务就更多。

功耗：指单位时间内芯片消耗掉的电量大小。设计者总是希望集成电路的功耗越低越好，因为这对于使用集成电路的电子设备（例如手机）而言，功耗越低就意味着其电池的使用时间越长。

设计的折中原则：如上所述，我们总是希望设计出来的集成电路能够具有最小的面积、最高的速度和最低的功耗，但在实际的设计过程中，工程师很难同时实现这三个目标。这是因为，面积、速度和功耗这三种因素通常会相互制约：为了实现更低的功耗，常常会导致速度不得不变慢；而当我们想要提高速度的时候，却会引起面积的不断增大等等。因此工程师们只能采取一种“折中”的设计原则。也就是说，针对芯片的具体应用来选择和优化三个因素中的某一个或两个，而牺牲其他因素。比如说手机更侧重于电池和体积，希望电池使用时间长、体积小，那么设计手机里的芯片时，工程师需要重点考虑如何实现更小的面积和更低的功耗这两个目标，而将速度放在次要的位置。而对于电脑的 CPU 来说，芯片需要处理大量的数据，因此速度是其最重要的性能要求，但速度提高会带来功耗的增加，工程师设计时则需要重点考虑速度，其次才是功耗。

1.3.4 集成电路设计流程

集成电路的设计拥有自己独特的设计流程，它是一种完全基于电子设计自动化的设计流程，也就是说集成设计的各个步骤都是由工程师们在计算机上使用各种 EDA 工具来完成的。

当然，工程师所使用的计算机并不是普通的家用电脑，还需要一种拥有更强大计算能力的计算机，称之为工作站（Work Station）。那么集成电路的设计是怎么进行的呢，下面以数字和模拟集成电路的主要设计流程为例进行简单的介绍。

（1）数字集成电路设计流程

整个设计流程分为三大步骤，分别是系统级设计、前端设计以及后端设计。有时前端设计包括了系统级设计，具体包括系统级设计、RTL（Register Transfer Level，寄存器传输级）设计、RTL 仿真、电路综合等步骤；而后端设计则包括版图设计、物理验证以及后仿真等，具体流程如图 1.6 所示。

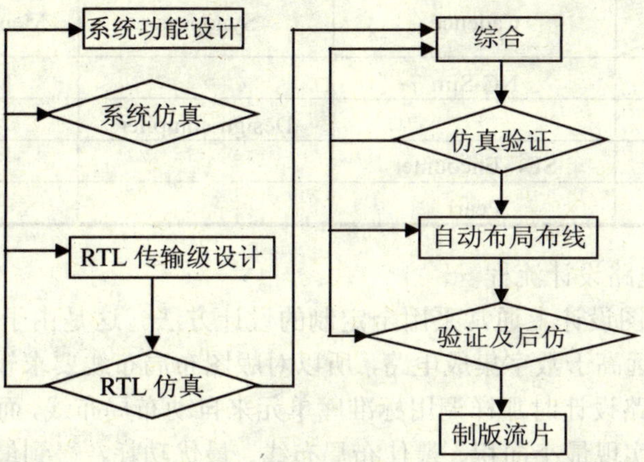

图 1.6　数字集成电路设计流程

系统级设计：按照预定的要求进行芯片规划、模块划分，确定每个部分需要完成的功能。系统级设计时通常会采用高级语言（例如 System C）对整个系统进行建模，此时只考虑对各个模块的功能进行描述，我们称这种模型为行为级模型。

RTL 级：系统级设计完成后，划分出的各个模块将交给前端设计工程师进行 RTL（寄存器传输级）设计。什么是 RTL 设计？数字集成电路是由两类基本器件组成的，一类是输出信号只受输入信号当前状态影响（称之为组合逻辑），这类器件没有记忆功能，只要输入信号变化，输出随之变化；另一类是输出信号不仅与输入信号有关，还和其前一时刻状态有关的逻辑器件（称之为时序逻辑器件），这类器件具有记忆功能，输出信号的变化与否由输入信号和输出信号前一时刻的状态决定。RTL 设计就是利用硬件描述语言（一种能够描述逻辑器件功能的语言，如 Verilog HDL 语言）对包含这两类器件的电路进行描述，由于这种描述是以寄存器之间的传输为基础的，因此称为 RTL 设计。

综合：RTL 只是对电路行为进行描述，是以寄存器为基础的，而我们的最终目标是要在硅晶圆上形成实际的电路，电路是以实际的元器件比如说晶体管为基础的。这就需要用“综合”来对 RTL 描述进行翻译，将它翻译成对应的元器件以及它们之间的连接关系，形成最终的一张列表，称之为“门级网表”。也就是说综合就是把一个高层次的与工艺无关的描述转换成一个低层次的与特定工艺相关的逻辑电路的过程。

“综合”需要工艺厂商提供“综合库”（包含各种元器件以及它们的参数定义），它会依据 RTL 设计来优化所需要的元器件，并自动将所有的器件按要求连接起来。到这一步，我们终于开始接近真正的电路级设计了。

自动布局布线：综合完成后就可以开始版图设计，对于大规模数字集成电路而言，通常使用“自动布局布线”工具来完成版图设计，该工具可以根据选定的工艺库（库中的每个元器件都有相应的版图）将综合出的网表自动转换为芯片版图。其中布局的作用是完成芯片面积、形状等的规划，并将所有的元器件放置好。而布线工具则是完成各个元器件之间的连接。

流片（tape out）：版图设计完成后，经过物理验证无误后可以交付给芯片制造商流片生产了。表 1.2 给出了数字集成电路设计常用的工具。

表 1.2　数字集成电路设计常用的工具

工具＼公司	Cadence	Synopsys	Mentor Graphics
逻辑仿真	NC-Sim		ModelSim
逻辑综合		Design-compiler	
布局布线	SE，Encounter		
时序验证	Pearl		

（2）模拟集成电路设计流程

模拟集成电路版图设计上通常采用全定制的设计方法。这是由于模拟电路性能要求较高，对信号敏感度要远高于数字集成电路，所以对版图布局布线要求较高。全定制就是设计人员不像数字集成电路设计时那样调用标准库单元来自动布局布线，而是需要对所有的元器件进行精工细作，以实现最小面积、最佳布局布线、最优功耗，得到最好的电路特性。虽然全定制方法非常适合于模拟电路设计，但它需要版图设计人员充分了解工艺规则，设计要求比较高、周期长、设计成本昂贵。图 1.7 列出了模拟集成电路的设计流程。

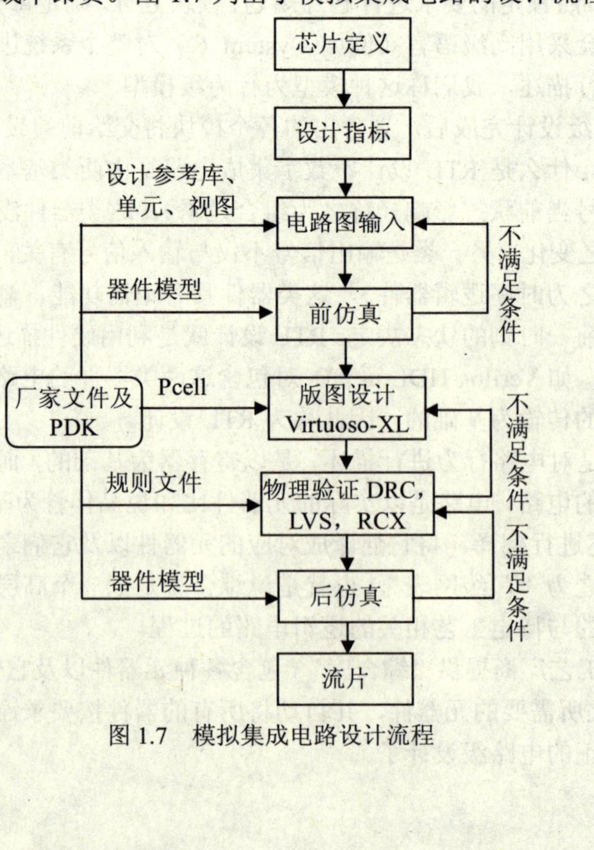

图 1.7　模拟集成电路设计流程

模拟电路设计首先要用工艺厂商的工艺库，有实力的厂商都会提供一套完整的 PDK（Process Design Kit）文件给芯片设计人员。PDK 文件包括：工艺电路模拟用的器件的 spice 参数，版图设计用的层次定义、设计规则，晶体管、电容、电容等元件和通孔（Via）、焊盘等基本单元的版图，还包括与设计工具相关的设计规则检查（DRC）和版图电路对照（LVS）用的文件。表 1.3 列出了模拟集成电路设计常用的 EDA 工具。

表 1.3　模拟集成电路设计常用的 EDA 工具

公司 工具	Cadence	Synopsys	Mentor graphics
前仿真	Spectre	Hspice	
版图绘制	Virtuoso		
版图验证	Diva、Dracula		Calibre

本章小结

集成电路的出现对人类生活和生产都产生了巨大的影响，本章首先介绍了集成电路的起始及发展过程，然后简要介绍了集成电路设计的主要流程。

思考与练习

一、填空题

1．集成度指的是芯片中包含的晶体管数目，通常等效用门来表示，即一个门等于__________个晶体管。

2．特征尺寸通常指的是工厂可以加工的晶体管的最小尺寸，对于 MOS 晶体管而言，通常指的是____________。

3．EDA 即电子设计自动化，是指__________________________________。

4．数字集成电路在完成 RTL 设计后，就需要用综合来对 RTL 描述翻译成对应的元器件以及它们之间的连接关系，形成最终的一张列表，称之为________________。

5．版图设计完成后，经过物理验证无误后，就可以交付给芯片制造商进行__________。

二、选择题

1．在集成电路设计中，设计人员考虑的因素，有除了（　　）而外的以下几个主要因素。

A．芯片面积　　　　B．集成电路的速度

C．芯片的功耗　　　　D．晶圆尺寸

2．集成电路按电路要实现的功能可分为（　　）。

A．数字集成电路　　　　　　　　B．模拟集成电路

C．数模混合集成电路　　　　　　D．以上都是

3．衡量集成电路工艺的主要指标，有除了（　　）而外的以下几个指标。

A．特征尺寸　　B．晶圆尺寸　　C．集成度　D．芯片面积

三、简答题

1．简述数字集成电路的前端设计流程。

2．请按晶体管类型对集成电路进行分类，并对各类集成电路的特点进行简单的说明。

3．在集成电路版图设计中，模拟集成电路与数字集成电路的设计有何不同？

第2章　集成电路制造工艺

【知识目标】

（1）了解晶体管工作原理，特别是MOS管的工作原理；

（2）了解集成电路制造工艺；

（3）了解CMOS工艺流程。

【重点难点】

（1）MOS管工作原理；

（2）光刻工序；

（3）CMOS工艺流程。

【参考学时】

参考学时为6学时。

2.1　半导体基础知识

半导体定义：半导体是人们将物质按电学性质分类时所赋予的一个名称，通常把导电性能介于导体和绝缘体之间的物质称为半导体。

自然界的材料按导电能力可分为导体、半导体、绝缘体。常见的半导体有硅、锗、砷化镓、氮化镓等。图2.1给出了半导体元素如硅的原子结构图以及硅的结构。

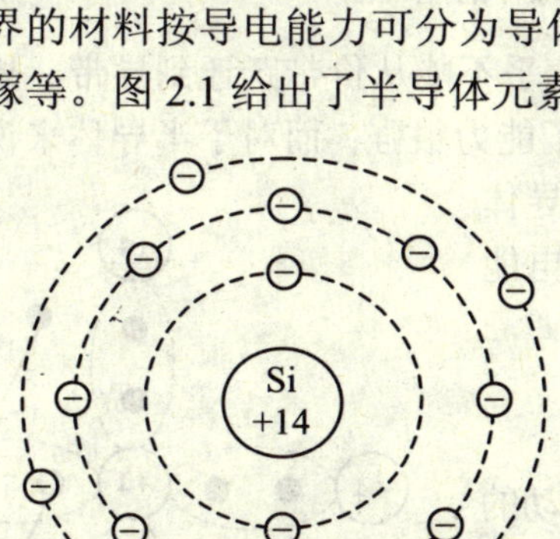

（a）硅原子结构

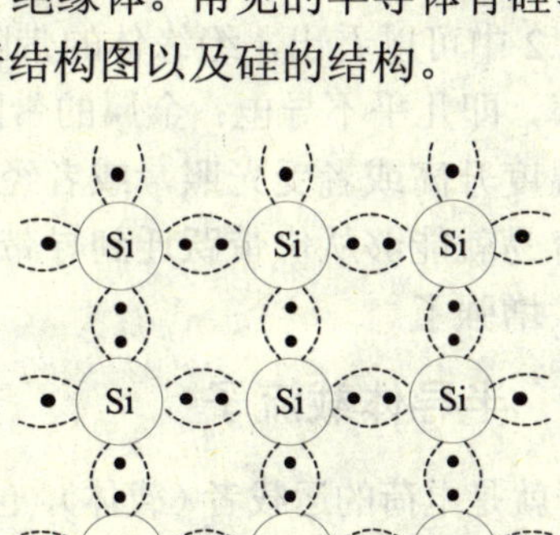

（b）硅原子间的结构

图2.1　半导体硅原子结构

硅原子位于元素周期表第Ⅳ主族，它的原子序数为 14，核外有 14 个电子，电子在原子核外，按能级由低到高、由内及外，层层环绕。最外层有 4 个价电子，它对硅原子的导电性能起着主导性作用。这些价电子使硅原子相互间以共价键结合，由于共价键比较结实，所以硅具有较高的熔点和密度，硅晶原子中没有明显的自由电子，所以导电率不及金属。

2.1.1 半导体能带带隙

原子理论指出，原子中的电子只能存在于原子核周围的某个能量状态，该能量状态称为能级，这些能级就像卫星围绕地球旋转的轨道一样。电子从一个能级跃迁到更高能级，需要获得能量，也就是要给它一个作用力，当我们给电子施加能量时，它就会跃迁到邻近有效的能级上，一旦电子脱离了原子核的束缚，则变成一个自由电子，我们就可以用它来导电。

能带：当多个原子彼此靠得很近时，根据泡利不相容原理，原来孤立原子的同一能级分裂形成能带。

对于硅晶体来说，硅最外层价电子能级分裂成两个能带，能量较低能带称为价带（价带中的电子被原子核束缚，不能自由移动），能量较高能带成为导带（跃迁到导带中的电子可以自由移动）。价带顶和导带底之间的带隙能量 Eg 即为禁带宽度。禁带宽度反映了固体原子中最外层被束缚的电子变成自由电子所需要的能量。

因此，带隙决定了固体的导电特性。图 2.2 给出了导体、半导体和绝缘体的能带图。

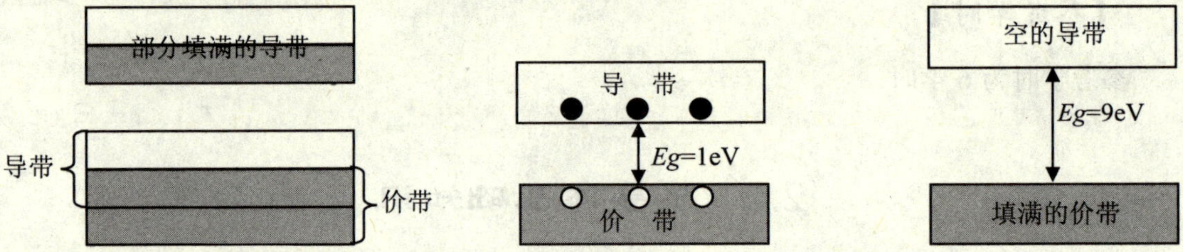

（a）两种可能性的导体（导带部分填满或能带重叠）　（b）半导体　（c）绝缘体

图 2.2 导体、半导体和绝缘体的能带图

从图 2.2 中可以看出，绝缘体的带隙宽，电子几乎不能从价带跃迁到导带，故表现出很强的电阻率，即几乎不导电；金属的带隙为零，电子能力很强；而对于半导体来说，其带隙较窄，当温度升高或者受光照，或者经掺杂后，半导体的电子很容易就能够从价带跃迁到导带，因此其导电能力也会大大增强了。

2.1.2 半导体载流子

载流子就是电荷的运载者（载体），也就是能够移动的荷电粒子。如电子，还有空穴，电子带有负电，而空穴带有正电，载流子的运动会形成电流。金属中存在的载流子就是电子，而在半导体中，存在两种载流子，即导带中的电子和价带中的空穴。半导体中两种载流子示意图如图 2.3 所示。所谓的空穴，就是价带电子中由于电子的移动而留

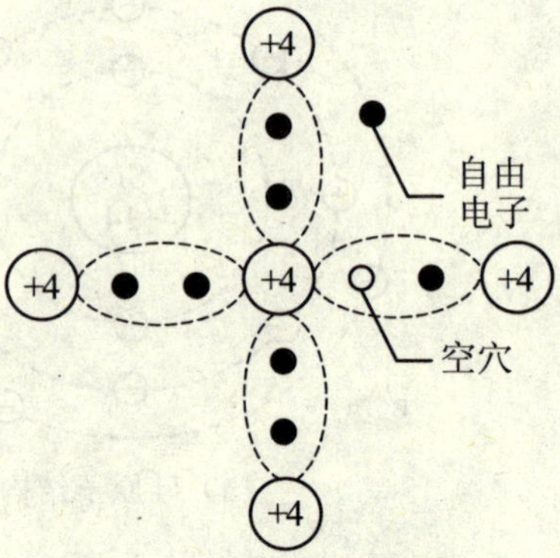

图 2.3 半导体中两种载流子

下的空位。在电场的作用下，电子移动填充空穴，相当于电子与空穴交换位置，电子和空穴不断地交换位置，从而产生电流。

2.1.3　半导体分类

按照半导体原子结构的排列规则分类，半导体可分为单晶半导体、多晶半导体以及非晶态（无定形）半导体。

按照掺杂类型分，半导体可分为本征半导体和非本征半导体，非本征半导体又可分为 P 型半导体、N 型半导体。纯净（即未掺杂任何其他杂质）的半导体称为本征半导体，例如：纯净的硅、锗晶体，如图 2.4 所示。当在本征半导体中掺入少量第Ⅲ主族原子或第Ⅴ主族原子，使之取代晶格中原有原子的位置，便可形成 P 型半导体和 N 型半导体。

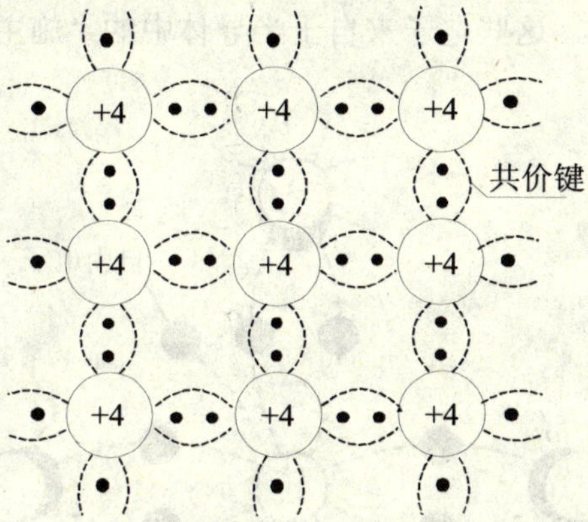

图 2.4　纯净的半导体结构示意图

◆　P 型半导体

在纯净的本征半导体（如硅）中，掺入Ⅲ族原子如硼，使之取代晶格中硅原子的位置，便形成 P 型半导体。“P”是英文 Positive 的简写，表示正电的意思。在 P 型半导体中，参与导电的主要是带正电的空穴，这些空穴来自于半导体中的“受主”杂质原子。图 2.5 显示了 P 型半导体的形成过程。

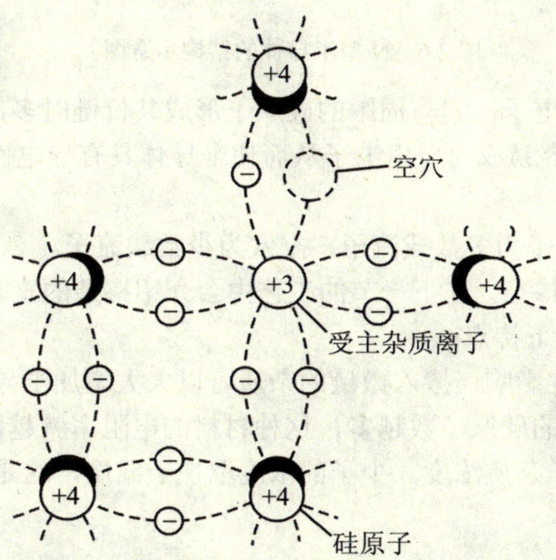

图 2.5　P 型半导体形成示意图

硼的最外层有3个价电子，它与周围的硅原子形成共价键时缺少一个电子，产生一个空位，而相邻共价键的电子只要得到外界很少的能量就能摆脱束缚填到这个空位上，从而产生一个空穴。由于三价元素容易接受电子，所以称其为受主杂质。这样，杂质原子成为负离子，而同时在其他硅原子上的共价上生产一个带正电的空穴，自由电子被受主杂质吸收后，形成共价键，很难挣脱，而空穴却可以相对轻松移动。可见，掺入这种杂质后，空穴数量大大增加，远远超过由于热激发而产生的自由电子数，这时空穴是多数载流子，简称多子，而电子则成为少数载流子，简称少子。

◆ N型半导体

同样，如果我们在本征半导体中引入V族原子如磷，使之取代晶格中硅原子的位置，便形成N型半导体。"N"是英文Negative的缩写，表示负电的意思。在N型半导体中，参与导电的主要是带负电的电子，这些电子来自于半导体中的"施主"杂质原子。图2.6显示了N型半导体的形成过程。

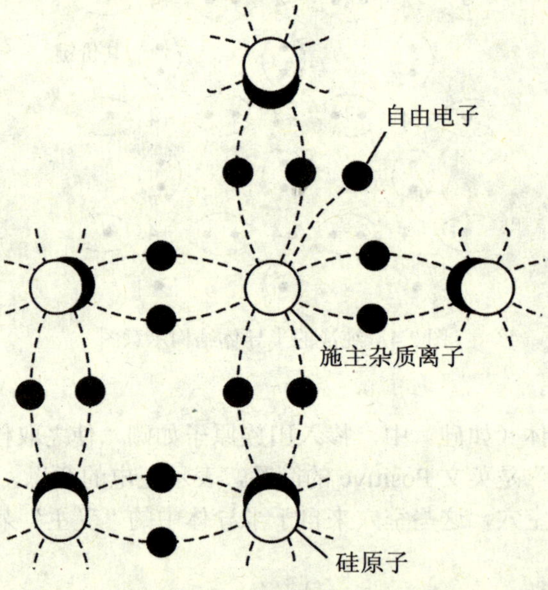

图2.6 N型半导体的结构示意图

磷的最外层有5个价电子，它与周围的硅原子形成共价键时多出一个电子，在常温下，由于热源多，发出的电子容易成为自由电子从而使半导体具有导电性。由于杂质原子可以提供电子，称为施主杂质。

在N型半导体中，电子为多数载流子，空穴为少数载流子。

引入杂质的过程称为掺杂，在下一节的工艺中会介绍掺杂的工艺过程，经过掺杂（P型或N型）的半导体具有以下特点：

1．导电性受掺杂浓度影响，掺入微量的杂质可以大大增加半导体的导电能力。掺杂浓度需要精确控制。被替代的硅原子数越多，这种材料的电阻率就越低，也就越容易导电。

2．多子的浓度取决于杂质浓度。少子的浓度取决于温度，这是因为少子是本征激发，与温度有关。

【小提示】

（1）关于载流子的浓度

在一定温度下，载流子浓度的乘积是一定的。如果电子的浓度增加，空穴的浓度就要减少；反之亦然。

例题：一块本征硅片中掺入五价元素砷，浓度 $N_d=8\times10^{16}\text{cm}^{-3}$。试求室温 T=300K 时自由电子和空穴的热平衡载流子浓度。

解：五价元素砷为施主杂质，形成 N 型半导体。已知 $N_d=8\times10^{16}\text{cm}^{-3}$，其值远大于 $n_i=1.5\times10^{16}\text{cm}^{-3}$，故多子电子浓度为

$$n_0\approx N_d=8\times10^{16}\text{cm}^{-3}$$

相应的少子空穴浓度为

$$p_0=\frac{n_i^2}{n_0}=\frac{(1.5\times10^{10}\,\text{cm}^{-3})^2}{8\times10^{16}\,\text{cm}^{-3}}=2.8\times10^3\,\text{cm}^{-3}$$

（2）关于扩散电阻

集成电路中经常见到的扩散电阻其实就是利用掺杂的方法改变材料的电阻率得到的。但是当掺杂的杂质浓度增高的时候，电阻率并不像想象中的降低得那么快，原因是杂质在室温下不能完全电离，同时载流子的迁移率也随杂质浓度的增加而显著下降。

2.1.4　PN 结

当我们将 P 型半导体与 N 型半导体单独使用时，它们并没有任何特别的地方，但是将 P 型半导体和 N 型半导体结合在一起，奇迹就发生了。

由于两种半导体材料载流子的浓度差，导致 P 型半导体中的空穴向 N 型半导体扩散，N 型半导体中的电子向 P 型半导体扩散，同时扩散后留下的不能移动的正负离子形成了空间电荷区，这个空间电荷区产生了从正电荷指向负电荷的电场（称为内建电场），在内建电场的作用下，载流子做漂移运动，如图 2.7 所示。

图 2.7（a）中，P 型半导体区域的多子、空穴以及 N 型半导体区域的多子、电子均从浓度高的区域向浓度低的区域扩散。

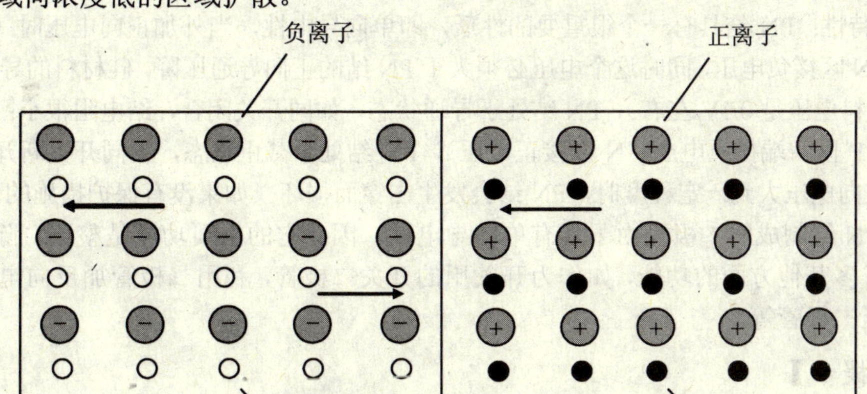

（a）两侧的多数载流子向对方区域移动

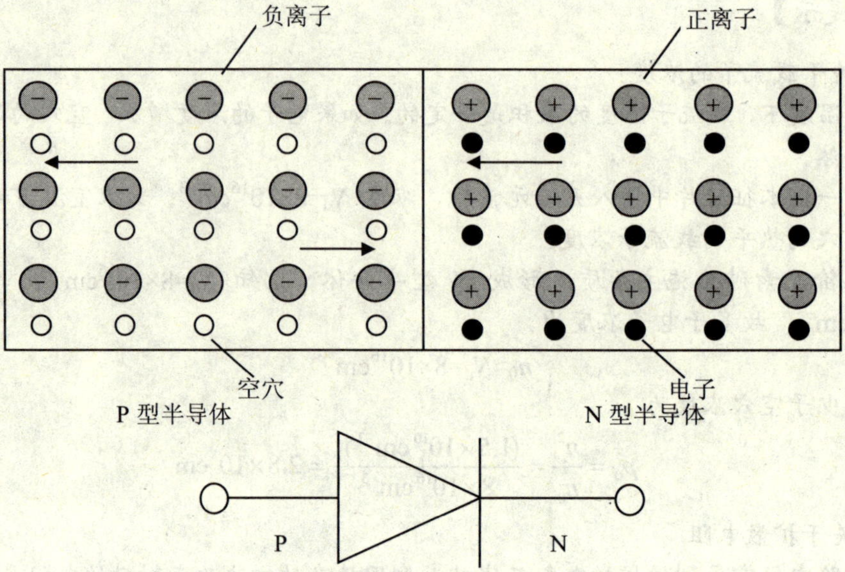

（b）PN 结的形成及符号图

图 2.7 载流子漂移运动

图 2.7（b）中，扩散的结果：两侧的多子对流后空穴与电子相互中和，最终在 PN 结处，P 型半导体区域一侧因失去空穴而留下不能移动的负离子，N 型半导体区域一侧因失去电子而留下不能移动的正离子，它们在两种半导体的交界处形成了一个很薄的**空间电荷区**（又称为**耗尽层**），这就是我们所说的 PN 结。由于 PN 结一侧是正离子，另一侧为负离子，形成了内建电场区，电场方向从 N 区指向 P 区。

【小概念】

在半导体内，如果存在载流子的浓度梯度时，载流子由浓度高的地方向浓度低的地方扩散（就像一滴墨水滴到一杯水里面散开一样），这种载流子的运动称为载流子的扩散运动。

载流子（电子和空穴）在电场中受到库仑力的作用发生运动，称为载流子的漂移运动。

PN 结特性：PN 结具有一个很重要的性质，即单向导电性，当外加正向电压时（P 区一端接正电压，N 区接负电压，同时这个电压必须大于 PN 结的正向导通压降，硅材料的导通是 0.7V 左右，锗材料电压是 0.3V 左右），PN 结处于导通状态，如同开关闭合，结电阻很小；当外加反向电压时（P 区一端接负电压，N 区接正电压），PN 结处于截止状态，如同开关断开，结电阻很大，当反向电压大到一定程度时，PN 结会发生击穿而损坏（如果没有保护措施的话）。

利用 PN 结制成的二极管由于具有单向导电性，因此它的主要功能是整流。除此之外，它还具有许多其他方面的功能，如作为开关用的开关二极管，利用二极管加反向电压击穿时形成的稳压二极管等。

【小提示】

PN 结存在于几乎所有种类的二极管、双极型三极管和 MOS 器件之中。

PN 结隔离：利用 PN 结加反向电压时电流很小的特性，反向偏置的 PN 结可以起到隔离的作用。

PN 结击穿：如前所述，加反向电压时，通过 PN 结的电流很小。但当反向电压增大到一定值时，PN 结的反向电流将随反向电压的增加而急剧增大，这种反向电流剧增的现象称为 PN 结的击穿。PN 结的击穿有雪崩击穿和齐纳击穿两种。

2.1.5 MOS 场效应管

1. MOS 场效应管结构

MOS 晶体管（Metal-Oxide-Semiconductor，金属—氧化物—半导体），可分为 NMOS 晶体管和 PMOS 晶体管。NMOS 晶体管和 PMOS 晶体管组合在一起，两者形成互补，构成 CMOS（Complementary Metal Oxide Semiconductor，互补金属氧化物半导体）电路。

NMOS 晶体管是由埋在 P 型衬底中的 N 型漏区和源区组成的，源漏之间的电流是由通过源极和漏极之间的 N 型导电沟道中的电子作为载流子形成的。NMOS 晶体管的剖面结构图和电路符号如图 2.8 所示，PMOS 晶体管的剖面结构图和电路符号图如图 2.9 所示，MOS 晶体管的尺寸关系如图 2.10 所示。

以 NMOS 晶体管为例，从图 2.8～图 2.10 中可以得到以下结论。

◆ NMOS 晶体管是左右对称的，源和漏结构一样，所以源和漏可以对换，两端外加电压时，电压相对高的称为漏，电压相对低的称为源（PMOS 相反）。

◆ 源区和漏区称为有源区，是由掺入与衬底类型相反的杂质生成的。一般在 N 或 P 字母的后面加“+”或“−”来表示浓度的高低。“+”表示重掺杂，“−”表示轻掺杂。

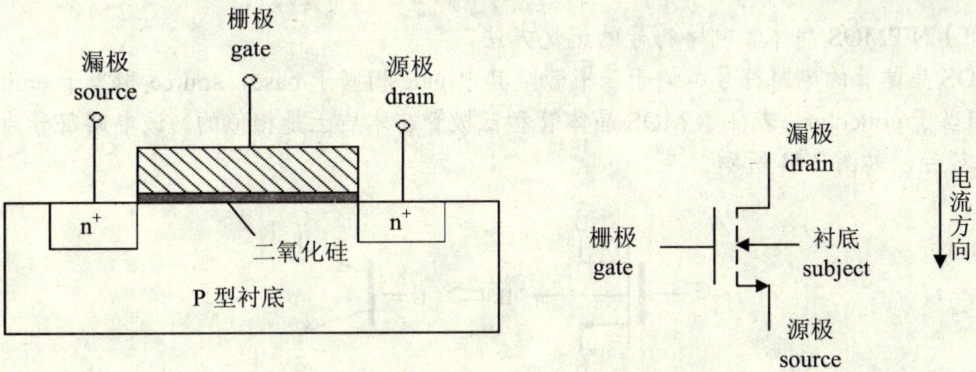

图 2.8 NMOS 晶体管结构图和符号图

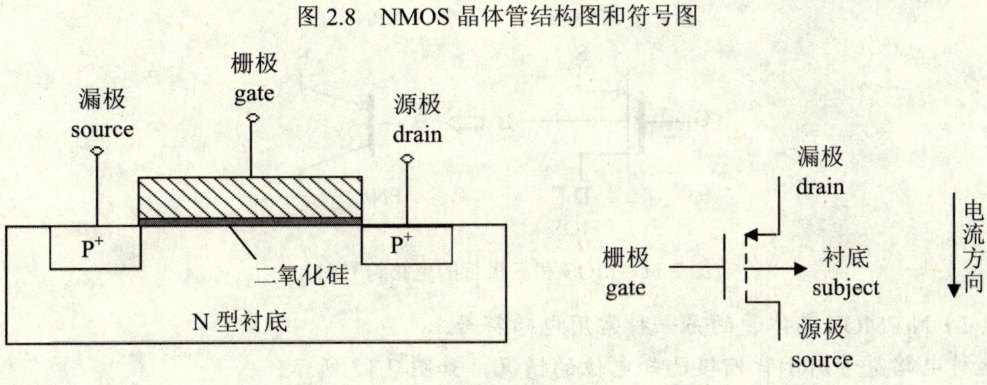

图 2.9 PMOS 晶体管结构图和符号图

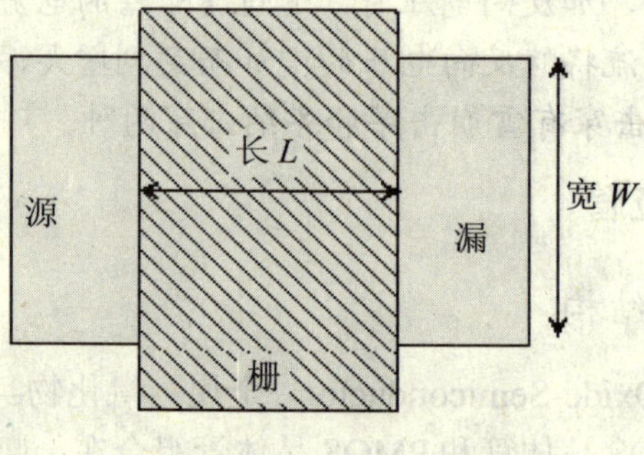

图 2.10　MOS 晶体管尺寸定义

◆　源和漏之间的 P 型衬底上有一层薄的二氧化硅膜，用来作为栅极和衬底的介质层。

◆　栅极大都是由淀积的多晶硅（poly）组成的，称为硅栅，栅极通过介质与衬底之间形成电容。

◆　P 型材料构成了 NMOS 的衬底。PMOS 则相反，是由 N 型材料组成的。对于 NMOS 晶体管，衬底需要接芯片的最低电位 GND，否则衬底与源或漏形成的 PN 结正偏，引起大电流。同样的道理，PMOS 晶体管的衬底需要接最高电位 V_{DD}。

◆　因为衬底和源漏之间构成两个 PN 结，而 P 端电位低于 N 端电位，所以形成 PN 结反偏，电阻率很高，只有很小的漏电流。

【小知识】

（1）N/PMOS 晶体管电路符号的记忆方法

MOS 晶体管的电路符号类似于三极管，其中 gate 相当于 base，source 相当于 emitter，drain 相当于 collector，表征了 MOS 晶体管和三极管在本质上是相似的。该电路符号为常用的电路符号，如图 2.11 所示。

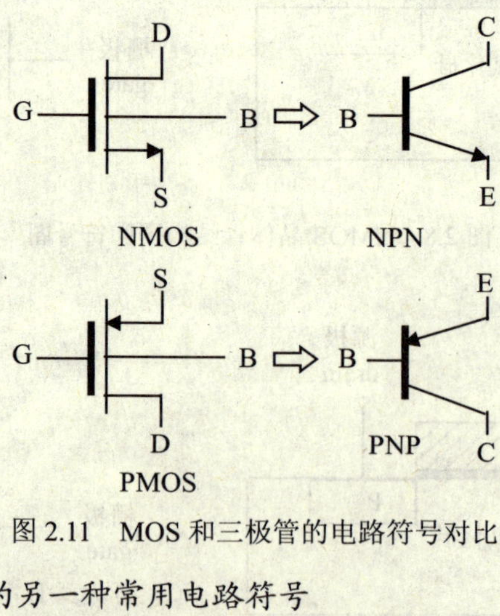

图 2.11　MOS 和三极管的电路符号对比

（2）N/PMOS 晶体管的另一种常用电路符号

这种电路符号用于背栅接已知电位的情况，如图 2.12 所示。

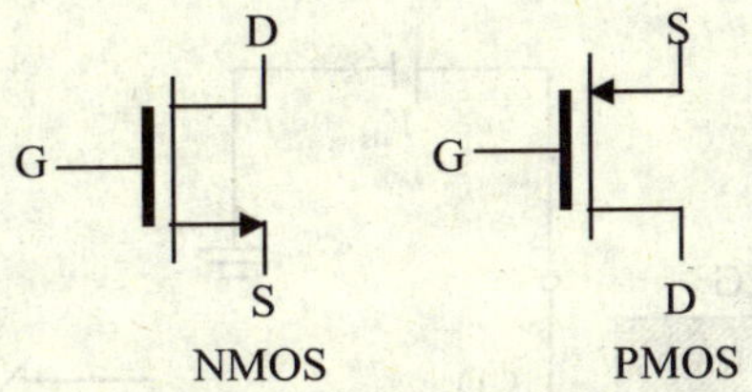

图 2.12　NMOS 和 PMOS 背栅接已知电位的电路符号

【小提示】

以前 MOS 工艺中栅极淀积的材料铝（AL）称为铝栅，后来被性能更好的硅栅代替。NMOS 导电的是电子，Negative；PMOS 导电的是空穴，Positive。

2. MOS 场效应管工作原理

以 NMOS 晶体管为例，按图 2.13（a）、（b）、（c）、（d）顺序所示，说明如下：

参看图 2.13（a），若选择左边的 N 型区为源，当在栅上加正向电压后，栅后会充满正电荷，会吸收衬底里的少子即电子向栅的方向移动，随着 V_{gs} 的增加，越来越多的电子积累在二氧化硅下，同时 P 型衬底里的空穴会被栅的正电荷排斥到远离栅的地方。若 V_{gs} 电压过小，则不足以在栅下积累足够的电子层。

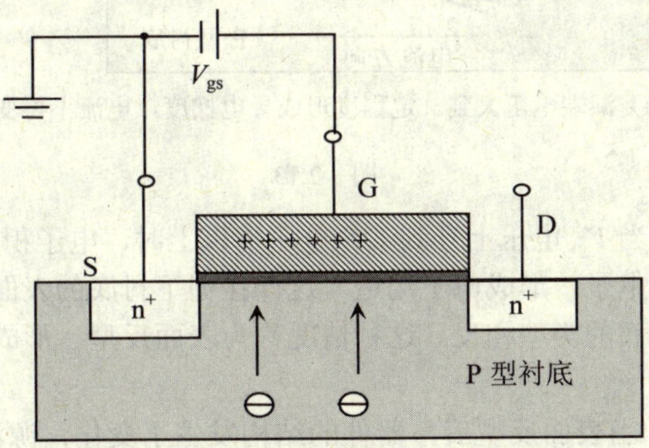

（a）栅极加正向电压时吸收电子到栅下

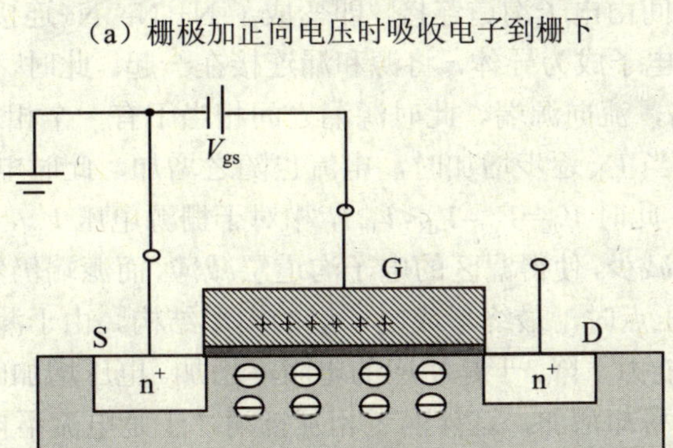

（b）栅下积累足够多的电子，形成电子沟道

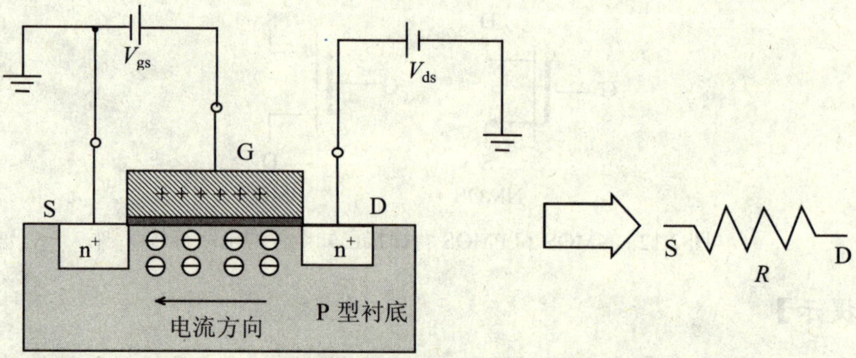

（c）漏端加正向电压后形成沟道电流

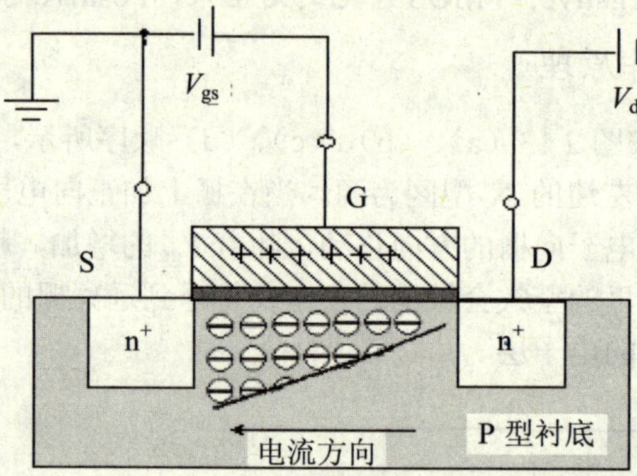

（d）漏端电压大到一定程度形成导电梯度，电流不再变化

图 2.13

参看图 2.13（b），当 V_{gs} 电压上升到某个电压值以上时，电子积累会达到一定水平，于是栅下会积累足够多的电子，形成电子沟道。这样在栅下衬底的表面处具有 N 型半导体的性质，与原来的 P 型衬底的类型相反。这种情况称为表面反型。形成表面反型时的 V_{gs} 电压叫做阈值电压 V_{th}。

参看图 2.13（c），当表面反型后，器件的结构发生了变化，源漏之间原来由高阻的 P 衬底连接变成了源漏之间由电子沟道连接，即变成了 N+-N—N+连接关系，这样就降低了源漏之间的电阻，相当于电子成为导体，将源和漏连接在一起。此时，若在漏端加一正向电压 V_{ds}，则会形成电流通路，流向源端。此时源漏之间相当于有一个相对较低的电阻 R。

参看图 2.13（d），当 V_{ds} 逐步增加时，电流也随之增加，此时电阻相当于线性电阻。而当 V_{ds} 大于一定电压时（此时 $V_{gd}=V_{gs}-V_{ds}<V_{th}$），相对于栅源电压 V_{gs}，栅漏电压 V_{gd} 逐渐减小，在漏端感应出来的电子减少，使得漏区的电子沟道层减薄，而源端仍然维持原来的厚度不变。当 V_{ds} 电压到达某个电压点时，最终形成电子层的楔形结构。由于漏区附近的电子层变薄，相对来说，电子的导电能力下降，于是相应的电阻率增加。电压增加的原意是线性增加电流，而意外的是沟道的电阻率却增加，这样两者相互抵消，于是电流不再随着 V_{ds} 电压的增加而增加，而是保持不变，即电流成为饱和电流，此时的 V_{ds} 电压就是线性与饱和的临界电压点。临界电压与栅源电压 V_{gs} 的关系式为：

$$|V_{ds}|=|V_{gs}-V_{th}| \tag{2-1}$$

MOS 器件的电压、电流关系曲线如图 2.14 所示。

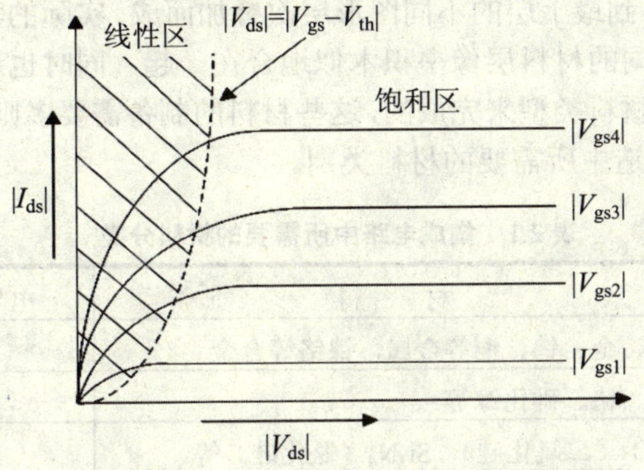

图 2.14　NMOS 晶体管的电压电流特性曲线

【小提示】

（1）栅极上所加电压越大，电子沟道越厚，导通电阻率就越低，电流就越大，换句话说，MOS 晶体管是电压控制电流器件。

（2）对于数字集成电路，MOS 管的栅极上所加的电压为 V_{DD} 或 V_{GND}，即 MOS 管不是处于导通状态就是关闭状态。

（3）对于模拟集成电路，MOS 管一般工作在饱和区，栅极上所加的电压为某个中间值。通过栅极电压的微小变化造成电流相对较大的变化，进行信号放大处理。

2.2　工艺流程概述

2.2.1　制造工艺介绍

集成电路的制造是在以硅单晶圆为单位制作的平面工艺，属多层加工的过程。在一硅晶圆上生产的集成电路如图 2.15 所示。

如何在一块硅晶圆上制造出集成电路呢？我们先看一下典型的 CMOS 工艺中剖面结构图，如图 2.16 所示。

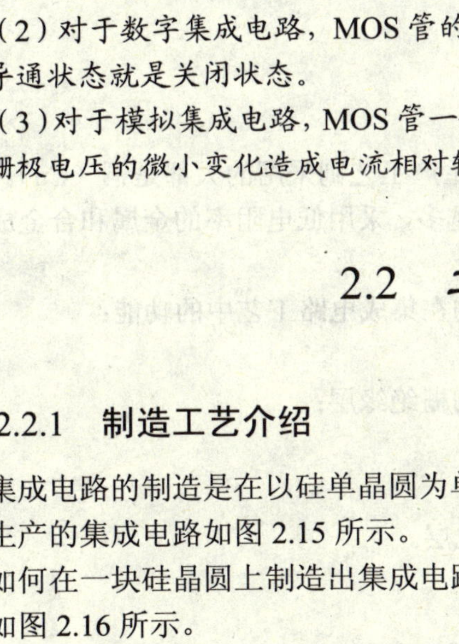

图 2.15　硅晶圆与芯片的关系

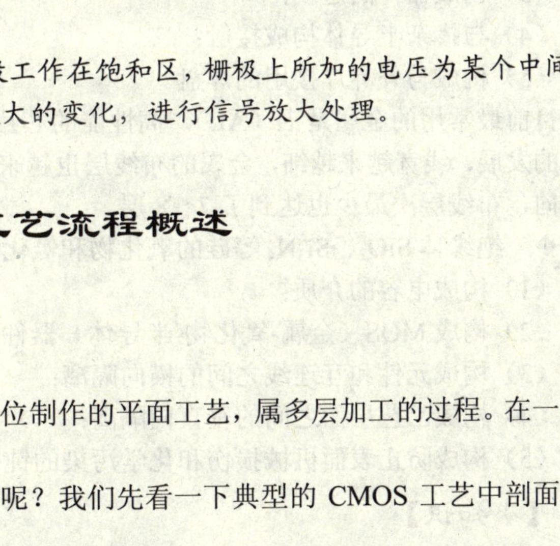

图 2.16　CMOS N-well 1P4M 工艺剖面图

从图 2.16 中我们可以得出以下推论：

芯片是由底层 P-Sub 到最上层的不同图形层次叠加而成。实际的集成电路制造过程也是“层层叠加”，由各种不同的材料层像垒积木似地合在一起，同时也运用各种手段在选定的区域进行掺入杂质，改变材料类型来完成的，这些材料的制备需要多则数百道工艺才能完成。表 2.1 列出了集成电路制造中所需要的材料类别。

表 2.1　集成电路中所需要的材料分类

分　类	材　料	电导率（$S \cdot cm^{-1}$）
导体	铝、金、钨、铜等金属，镍铬等合金	10^5
半导体	硅、锗、砷化镓等	$10^{-22} \sim 10^{-14}$
绝缘体	SiO_2（二氧化硅）、Si_3N_4（氮化硅）等	$10^{-9} \sim 10^2$

2.2.2　材料的作用

◆　铝、金、钨、铜等金属在集成电路工艺中的功能：

（1）构成低值电阻；

（2）构成电容元件的极板；

（3）构成器件的边线；

（4）与掺杂半导体构成接触；

（5）构成与外界焊接用的焊盘。

目前最常用的金属是铝（AL），高性能的芯片生产工艺则采用的大都是铜（Cu）。随着工艺的发展，线宽越来越细，金属的布线层也越来越多，采用低电阻率的金属和合金成为发展方向，布线层次最少也达到了 7～8 层。

◆　绝缘体 SiO_2、Si_3N_4 等硅的氧化物和氮化物在集成电路工艺中的功能：

（1）构成电容的介质；

（2）构成 MOS（金属-氧化物-半导体）器件的栅绝缘层；

（3）构成元件和互连线之间的横向隔离；

（4）构成工艺层面之间的垂直向隔离；

（5）构成防止表面机械损伤和化学污染的钝化层。

【小知识】

摩 尔 语 录

我们需要为芯片找寻一种基质，因此我们考察了地球的基质，这主要是硅，所以我们使用了硅。

我们需要为芯片上的线路和开关找寻一种金属导体。我们考察了地球上的所有金属，发现铝是最丰富的，所以我们使用了铝。

2.2.3　工艺流程

集成电路的制造工艺是由多种单道工艺组合而成的，单道工艺通常归为以下三类：

（1）薄膜制备工艺：包括外延生长及氧化工艺和薄膜淀积工艺，该工艺通过生长或淀积的方法，生成集成制造过程中所需的各种材料，如金属层、绝缘层等。

（2）图形转移工艺：包括光刻工艺和刻蚀工艺。从物理上讲，集成电路是由许多的半导体元器件组成的，对应在硅晶圆上就是半导体、导体以及各种不同层上的隔离材料的集合。集成电路制造工艺将这些结构以图形的形式制作在光刻掩膜版上，然后通过图形转移工艺最终转移到硅晶圆上。

（3）掺杂工艺：包括扩散工艺和离子注入工艺，并通过这些工艺将各种杂质在选定的区域进行掺杂，形成阱以及晶体管的源漏端等。

通过一定的顺序对上述单道工艺进行重复、组合使用，就形成集成电路的完整制造工艺了。

【小提示】

光刻掩膜版（Mask）：电路版图是集成电路设计与上述单项工艺的接口，实际上我们后续章节中所介绍的版图设计，也是根据代工厂（Foundry）提供的各个层进行设计的，比如有源层、多晶硅、N+注入、P+注入、N 阱（用于制作 PMOS 管）以及金属层等。版图完成后交付给代工厂，代工厂要将版图图形转移到晶圆上，就需要经过一个重要的中间环节——制版，即制造一套分层的光刻掩膜版。光刻掩膜版就是将电路版图的各个层分别转移到一种涂有感光材料的优质玻璃上，为将来再转移到晶圆做准备，这就是制版。每层版图都有相对应的掩膜版，并对应于不同的工艺。

在实际工程中，掩膜版越多，意味着工艺越复杂，同时芯片的成本和价格也会越高。集成电路制作的简单过程如图 2.17 所示。

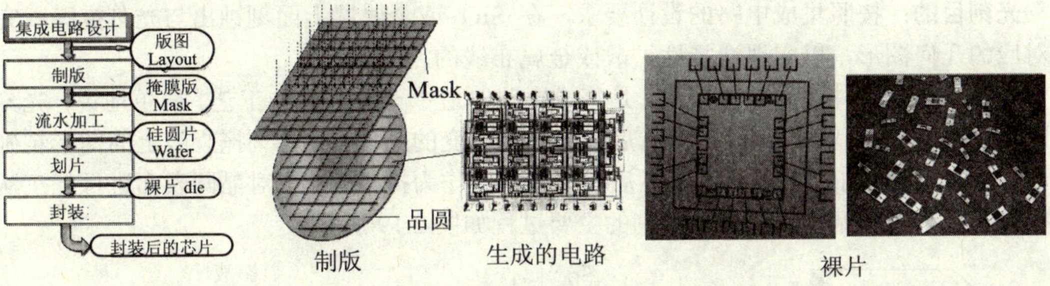

图 2.17　芯片制作过程

集成电路制造工艺常用的几种工序是：外延、氧化、掺杂（扩散）、光刻和淀积。下面将分别进行简单介绍。

2.2.4　外延（Epitaxy）生长

半导体器件通常不是直接做在衬底上的，而是先在衬底上生长一层外延层，然后将器件做在外延层上的，如图 2.18 所示。外延生长是在低于晶体熔点的温度下，在单晶硅片上生长一层单晶薄膜的工艺过程，我们将生长有外延层的硅片称为外延片。这层外延层可以与衬底是同一种材料，也可以不是同一种材料。生长外延层的作用有：

◆ 通过调节外延层的杂质种类和浓度，在外延层和衬底之间形成 PN 结，利用这种 PN 结和隔离扩散技术，可以解决双极型集成电路元器件间的隔离问题。

◆ 可以减小集成双极型集成电路的集电极串联电阻，并且提高耐高压性能。

◆ CMOS 电路中可以有效避免闩锁效应。

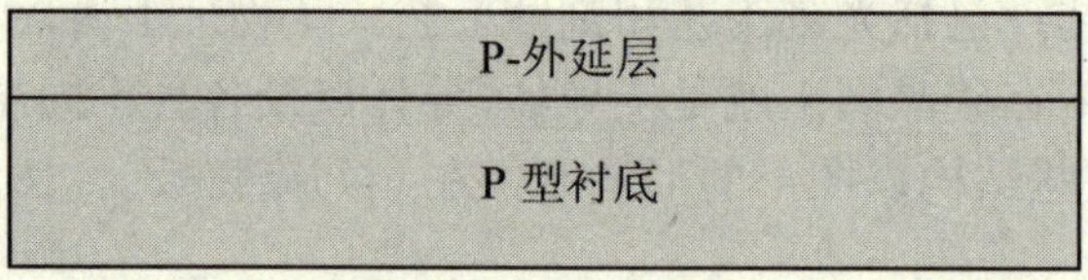

图 2.18 P 型外延

【小提示】

外延层除了结晶方向与衬底一致外，其他特性也可自主选择，如导电类型、电阻率、厚度等可以按照要求生长。如果外延和衬底的材料相同（例如硅衬底上长硅），这样的外延称为同质外延，如果外延和衬底的材料不相同，这样的外延称为异质外延。

【小练习】

什么叫做外延自掺杂现象？

答：因为轻掺杂外延层通常生长在重掺杂的衬底上，外延层会发生自掺杂现象。这种现象发生在掺杂杂质从衬底蒸发，或者是由于淀积过程中氯对硅片表面的腐蚀而自发进行的。这些杂质进入气流并导致了半希望的外延掺杂，这种不规则掺杂形式是衬底作为掺杂杂质源扩散到外延层的。

2.2.5 光刻（Photolithography）

光刻目的：按照集成电路的设计要求，在 SiO_2 或金属层上面刻蚀出与光刻掩膜版完全相对应的几何图形，以实现选择性扩散或金属布线的目的。

光刻工艺是一种图像复印技术，是集成电路制造中一项关键的工艺。简单地说，光刻受到照相技术的启发，利用光刻胶感光后特性发生改变的原理，将光刻掩膜版上的图形精确地复印并涂在硅晶圆上的光刻胶上，然后利用光刻胶作为掩膜保护，对晶圆表面进行加工从而获得掩膜版上图形结构的过程。光刻的主要过程如图 2.19 所示。

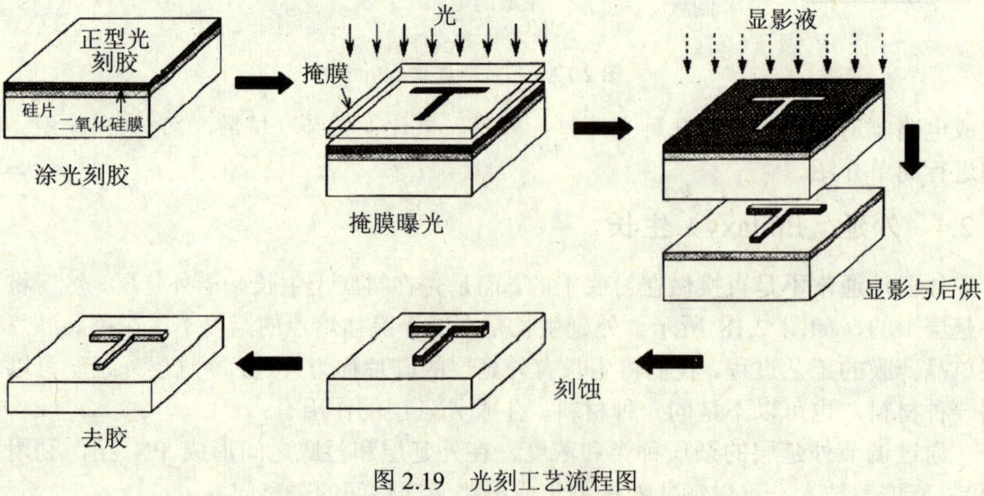

图 2.19 光刻工艺流程图

从图 2.19 中可以看出，光刻过程分成以下三个程序：

（1）在晶圆上涂上一层光刻胶（一种光敏材料），这层光刻胶相当于印相纸，然后将预先制作好的光刻掩膜版放在其上（按照光刻方式，可以分为接触式、非接触式等）。

（2）对涂有光刻胶的晶圆进行曝光，此过程相当于照相时的感光。光刻胶感光特性发生变化，正胶的感光部分变得易溶解，而负胶则相反。

（3）对曝光后的晶圆进行显影，光刻胶易溶解的部分溶解，只留下未溶解的部分形成光刻胶图形。即晶圆的部分区域是盖着光刻胶，被光刻胶保护着的；而其他部分是裸露在外面，没有光刻胶保护。随后的刻蚀工艺对晶圆上裸露部分进行刻蚀，同时有光刻胶保护的部分则没有被刻蚀，这样可在晶圆表面上刻蚀出所需要的图形。

（4）将晶圆上的光刻胶去掉。

在光刻过程中通常包括三个主要步骤：曝光、显影和刻蚀。下面将依次介绍光刻各个步骤的简要过程。

1. 底膜处理

晶圆制造过程中的许多问题都是由于表面污染和缺陷造成的，因此晶圆表面处理对于集成电路成品率是非常重要的。底膜处理是光刻工艺的第一步，其目的就是对晶圆表面进行处理，以便下一步进行涂胶时增加晶圆与光刻胶之间的黏附性。

2. 涂胶

涂胶就是在处理好的晶圆上涂一层粘附性良好、厚度适当、均匀的光刻胶膜。一般采用的是旋转法对晶圆进行涂胶，如图 2.20 所示，利用晶圆转动时产生离心力，将滴于片上的胶液甩开，在光刻胶表面张力和晶圆旋转离心力的共同作用下，最终展成厚度均匀的光刻胶膜。

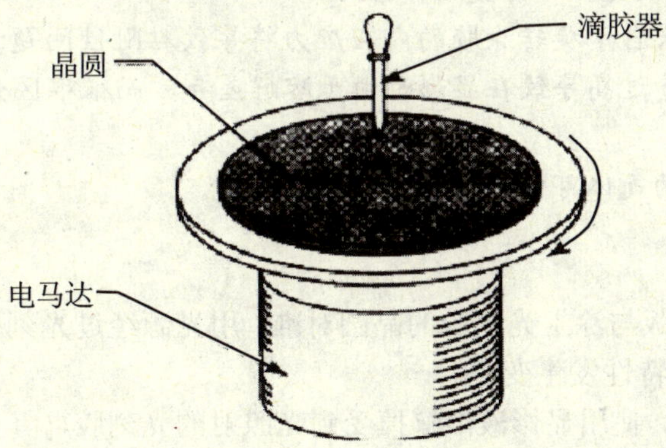

图 2.20　涂光刻胶

光刻胶有正胶和负胶之分，正胶经过曝光后，受到光照的部分变得容易溶解于显影液，未受到光照的部分不容易溶解于显影液，则在随后的显影工序中受到光照的光刻胶溶解，只留下未受到光照的部分形成图形；而负胶则恰恰相反，受到光照的部分变得不容易溶解于显影液，未受到光照的部分容易溶解于显影液，则在随后的显影工序中未受到光照过的光刻胶溶解，只留下受到光照的部分形成图形，如图 2.21 所示。对于亚微米甚至更小尺寸的加工技术，主要使用正胶作为光刻胶。

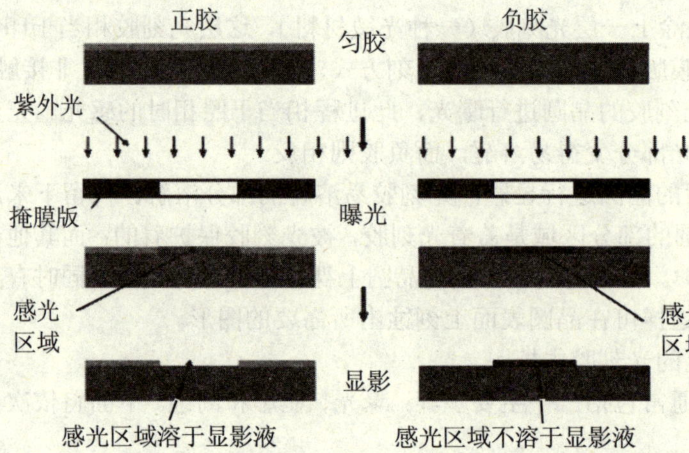

图 2.21　正胶、负胶特性

3. 前烘

涂胶完成后，仍有一定量的溶剂残存在光刻胶中，若直接曝光，会影响图形的尺寸及完好率。因此，涂胶后需经过一个高温加热的步骤，即前烘。这样可使光刻胶中的溶剂缓慢充分地逸出来，以增加光刻胶膜的光吸收以及抗腐蚀能力。

【小练习】

如果光刻胶胶膜在涂胶后没有前烘而直接进行对准和曝光，将可能出现哪些问题?

答:（1）光刻胶薄膜发黏并易受颗粒沾污;

（2）光刻胶薄膜来自于旋转涂胶的内在应力将导致粘附性问题;

（3）由于溶剂含量过高导致在显影时由于溶解差异，而很难区分曝光和未曝光的光刻胶;

（4）光刻胶散发的气体可能沾污光学系统的透镜。

4. 曝光和显影

曝光：使光刻掩膜版与涂上光刻胶的晶圆对准，用光源经过光刻掩膜版照射晶圆，使受到光照的光刻胶的光学特性发生变化。

显影：以正胶为例，使用显影液溶解掉受到光照射的光刻胶，留下未受到光照射的光刻胶，这样，光刻掩膜上的图形就转移到了光刻胶上。

5. 坚膜

和前烘一样，坚膜也是一个热处理过程，就是在一定温度下，对显影后的晶圆进行烘焙，其目的就是使残留的光刻胶溶剂全部挥发，提高光刻胶的抗腐蚀能力，为下一步的刻蚀做好准备。

6. 刻蚀

经过曝光和显影后，光刻掩膜片上的图形转移到了光刻胶上，但这并不是所需要的器件结构，必须把光刻胶所代表的图形转移到光刻胶覆盖下的材料上才能得到真正的器件结构。刻蚀就是将涂胶前所淀积的薄膜中没有被光刻胶（经过曝光和显影后）覆盖和保护的部分去除，达到将光刻胶上的图形转移到其下层材料的目的。刻蚀工艺如图 2.22 所示。

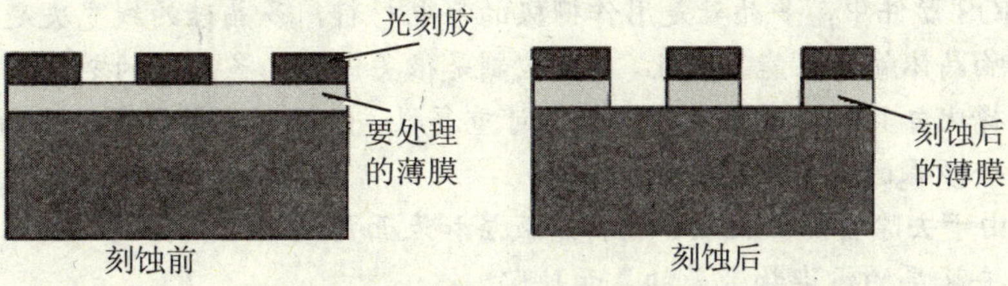

图 2.22　薄膜刻蚀过程

对要处理的薄膜材料进行刻蚀的方法有两种：湿法刻蚀和干法刻蚀。湿法刻蚀是利用液体化学试剂与待刻蚀材料进行反应生成可溶性化合物溶解于溶液，从而达到刻蚀目的，是一种纯化学腐蚀的过程，具有优良的选择性。但有时液体化学试剂会侵入光刻胶下面的材料，此方法对线条尺寸控制性较差。干法刻蚀是利用等离子体与待腐蚀材料相互作用（物理轰击和化学反应），使材料发生化学反应形成挥发性产物进行刻蚀的，由于这种方法未使用液体，所以称作干法刻蚀。

目前在图形转移中，干法刻蚀占据主导地位。例如，氮化硅、多晶硅、金属以及合金材料均采用干法刻蚀技术，而二氧化硅采用湿法刻蚀技术，有时金属铝也采用湿法刻蚀技术。

图 2.23 给出了光刻与刻蚀的全过程。

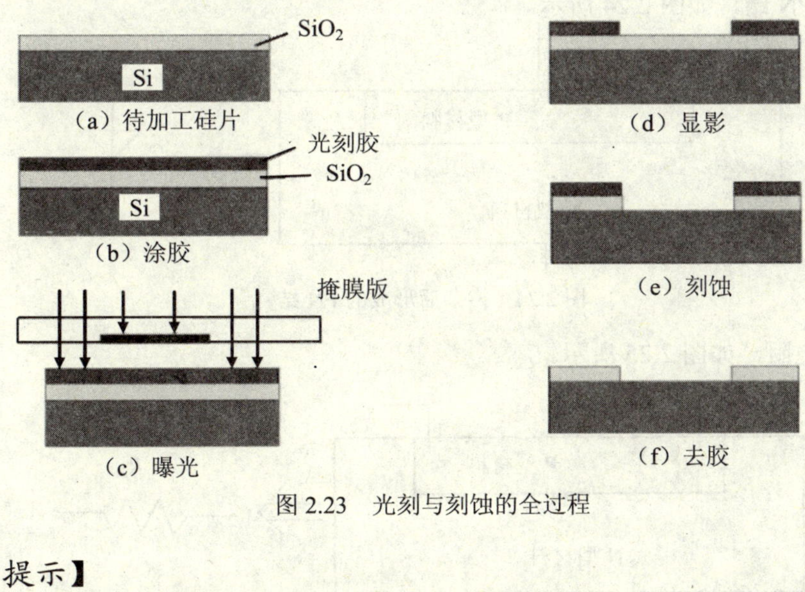

图 2.23　光刻与刻蚀的全过程

【小提示】

图 2.23 中，要处理的薄膜材料是介质膜如二氧化硅等，或者是金属膜如各层金属铝或铜等。

集成电路制造中每一层的制备都需要涂一层光刻胶，都需要一层掩膜版，也都需要曝光、显影以及刻蚀，而下一步开始之前还都需要去除上一步留下的光刻胶，而整个光刻过程仅仅是整个工艺的一个工艺步骤，一个材料层。一个芯片制造可能需要 20 或 30 个这样的材料层。

【小练习】

多晶硅是怎样被刻蚀的？

答：在 MOS 器件中，多晶硅是用作栅极的导电材料，多晶硅的线宽决定了有源器件的栅长，并会影响晶体管的性能。因此，CD 控制是很关键的，多晶硅的刻蚀工艺必须对栅氧化层有高的选择比并具有非常好的均匀性和可重复性，同时也要求高度的各向异性。刻蚀多晶硅通常有三个步骤的工艺过程。

预刻蚀：由于去除自然氧化层、硬的掩蔽层和表面污染物来获得均匀的刻蚀，这减少了刻蚀中作为微掩蔽层的污染物带来的表面缺陷；

刻至终点的主刻蚀：这一步用来刻蚀掉大部分的多晶硅，并不损伤栅氧化层和获得理想的各向异性的侧壁剖面；

过刻蚀：用于去除刻蚀残留物和剩余多晶硅，并保证对栅氧化层的高选择比，这一步骤应避免在多晶硅周围的栅氧化层形成小槽。

2.2.6　掺杂（Doping）

定义：集成电路制造工艺中的掺杂是指将一定数量的某种杂质（如Ⅲ价元素硼或Ⅴ价元素磷砷等）掺入半导体特定区域衬底中，以改变电学特性的过程。例如：对于 P 型衬底，如果掺入一定浓度的Ⅴ价元素，将使原先的 P 型衬底空穴浓度变低，或使 P 型衬底转变成 N 型。

掺杂作用：

◆　形成 PN 结，如图 2.24 所示。

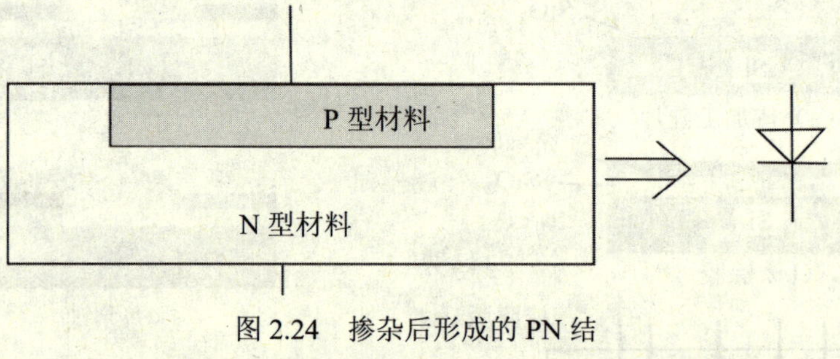

图 2.24　掺杂后形成的 PN 结

◆　形成电阻，如图 2.25 所示。

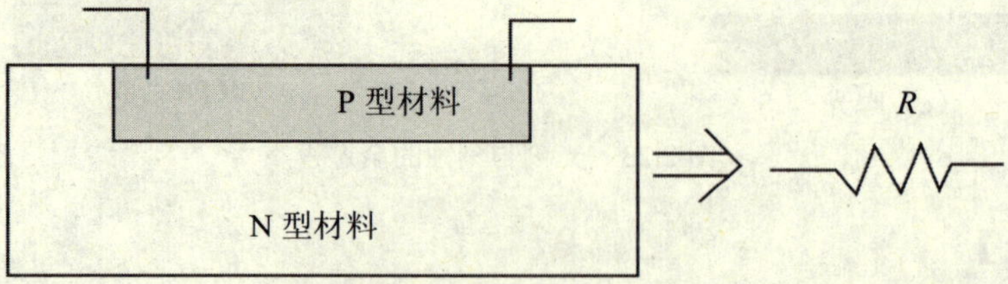

图 2.25　掺杂后形成电阻

◆　形成欧姆接触，不同材料之间的连接会引入一个电阻，一般来说这个电阻很小，这个电阻的存在不影响整个电路的性能，这种不同材料之间的连接叫做欧姆接触。比如当第一层金属与 MOS 管的源或漏连接在一起时，就会形成欧姆接触。一般而言，形成欧姆接触的材料浓度较高。

◆　形成双极型的基区、发射区、集电区或者 MOS 管的源漏区并可以对多晶硅进行掺杂（以降低多晶硅的电阻值）。

掺杂的工艺：扩散和离子注入是半导体掺杂的两种主要工艺。两者都被用来制作分立器件与集成电路，互补不足，相得益彰。扩散是较早期采用的掺杂工艺，并沿用至今，而离子注入是 20 世纪 60 年代发展起来的一种在很多方面都优于扩散的掺杂工艺。离子注入工艺大大推动了集成电路的发展，是目前应用最为广泛的主流掺杂工艺。

1. 扩散（Diffuse）

扩散是微观粒子极为普遍的运动形式。如果材料中存在杂质的浓度梯度，将导致杂质从浓度高的地方向浓度低的地方移动，最终趋于整个材料杂质浓度均匀。生活中我们最早接触的扩散就是小学实验课上做的墨水滴入水盆形成扩散的实验了。

扩散现象的出现必须具备两个条件：温度和浓度梯度。扩散必须在一定的温度下才能发生，在高温下，半导体杂质在浓度高梯度的驱使下渗透进半导体材料，并形成一定的杂质分布，从而改变导电类型或杂质浓度。

目前的扩散方式主要有两种：恒定表面源扩散和有限表面源扩散。

恒定表面源扩散：如果硅片表面的扩散杂质浓度在扩散的过程中始终保持不变，则这种扩散方式叫做恒定表面源扩散。在恒定表面源扩散过程中，不断有外来源补充因扩散到硅片中而损失的杂质源。

有限表面源扩散：如果扩散之前在硅片表面先沉淀一层杂质作为扩散的杂质源，在整个扩散过程中不再有新源补充，则这种扩散称为有限表面源扩散。

在集成电路生产实际中，扩散一般采用预淀积（恒定表面源扩散）加主扩散（有限表面源扩散）方式。预淀积是控制杂质总量，而主扩散是形成杂质分布。

2. 离子注入（Implant）

离子注入是掺杂的另一种方法，与扩散方法相比，离子注入技术具有加工温度低、大面积注入杂质仍能保证均匀、掺杂种类广泛而逐步成为主要掺杂技术。

离子注入的原理：用一台粒子加速器加速杂质粒子向前运动轰击硅晶圆表面，最后杂质粒子能量损失后渗入到晶圆内部停留下来形成的。就像打靶时强行将子弹打入靶中一样，由于粒子注入是高速杂质粒子与硅晶圆相碰撞，会造成晶圆中的原子因碰撞离开原来的晶格位置从而形成晶体损伤。为了恢复晶格损伤，在离子注入完成后，通常要进行热退火处理。热退火是指在一定温度下（800℃～1000℃）对离子注入的硅片进行一定时间的热处理过程。经过热处理后，硅片中的损伤大部分得到修复。

源漏注入自对准：离子注入可以使用光刻好的薄膜材料（如多晶硅）作为掩膜来形成对准方法，这样可以形成的离子注入尺寸相当准确。例如在晶体管源漏形成时，在薄栅氧化层顶部积淀一层多晶硅并光刻。多晶硅不仅形成了 MOS 晶体管的栅电极，并可以作为屏蔽层阻止栅极下方被注入，同时形成了精确对准的源区和漏区。如图 2.26 所示，可以看出多晶硅栅是利用“自己的身体”挡住了杂质注入栅极下方，同时使离子对半导体的注入正好发生在它的两侧，从而实现了自对准。

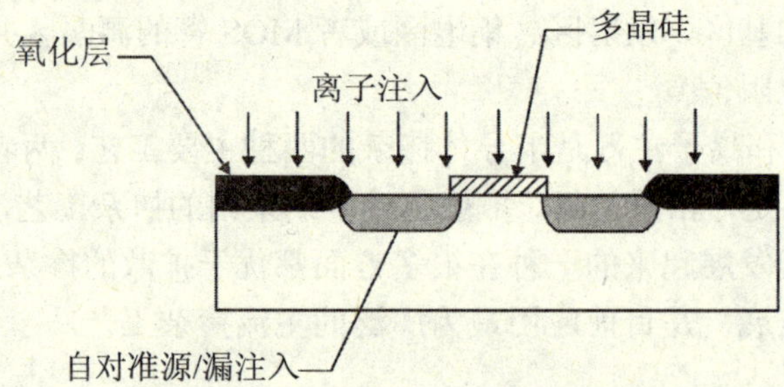

图 2.26　离子注入形成的源漏自对准

【小提示】

（1）从图 2.26 可以得出，制造工艺中是先形成栅多晶硅后才开始形成源漏的；

（2）原来呈半绝缘的多晶硅本身在大量注入后变成低电阻率的导电体，减小了自身的电阻，降低了时延，满足了设计对速度的要求。

【小练习】

MOS 制造工艺中，哪些工艺步骤会使用离子注入？

答:（1）深埋层的制作。深埋层用高能离子注入（大于 200keV）实现的，它在 CMOS 电路中有多种应用目的，其中一个重要原因是它能控制 CMOS 电路中的闩锁效应。

（2）阱的制作。阱是用于制造有源器件（MOSFET）的扩散区，使 N 型和 P 型 MOS 晶体管处于相反导电类型的阱中。

（3）穿通阻挡层的制作。沟道很短的亚微米器件必须有穿通阻挡层，通过离子注入形成。穿通是沟道被短路，会发生不希望的漏电，导致器件失效。当沟道长度减小、漏端电场增大时，就会发生穿通。在 N 沟道器件中，从源移向漏的电子在高电场下加速，通过碰撞产生自由电子-空穴对，这种现象使漏耗尽区向轻掺杂的沟道区严重扩展，最终与耗尽区连通，就发生了穿通，因此，防穿通注入的杂质位于临近源漏区的有源沟道下，形成穿通阻挡层。精确控制防穿通注入的位置和剂量是非常必要的。

（4）阈值电压调整。为了得到合适的器件性能，需要在硅层下注入杂质，把沟道区杂质调整到所需要的浓度，这就是 MOS 栅阈值电压调整注入，对器件性能非常重要，通常采用离子注入完成。

（5）轻掺杂漏区（LDD）。轻掺杂漏区通过离子注入形成，用于定义 MOS 晶体管的源漏区，这种区域通常被称为源漏扩展区。注入使 LDD 杂质位于栅下紧贴沟道区边缘，为源漏区提供杂质浓度梯度。LDD 结构用栅作为掩膜，低剂量注入 n-或 p-注入形成，随后是大剂量的源漏注入。

（6）源漏区的形成。MOS 器件的源漏区通常采用离子注入形成。

（7）超浅结的形成。结深小于 100nm，我们称之为超浅结，一般采用离子注入完成。浅 N 型结一般采用砷离子注入形成，制造相对容易，因为砷离子质量较大，使表面硅层非晶化，有助于减小沟道效应，控制注入结深，P 型超浅结比较难制造，因为小质量的硼很难形成非晶层，导致较严重的沟道效应，结深控制困难。

2.2.7　薄膜制备

制备薄膜的目的：通过物理或化学方式在硅晶圆上淀积材料层来满足集成电路设计的需要，如金属铝、多晶硅及磷化玻璃（PSG）等。

薄膜制备则是利用物理或化学的手段生长出数层材质不同、厚度不同的膜层。

制作薄膜的方法有很多种，不同作用、不同位置的薄膜制作方法不同，常用的方法有氧化、物理气相淀积和化学气相淀积。

1. 氧化

（1）SiO_2的作用

在集成电路制造工艺中，氧化是一项必不可少的工艺。从广义上说，凡是物质与氧发生化学反应生成氧化物的过程都称为氧化。容易生长出高质量的硅氧化物（即二氧化硅，SiO_2）是半导体硅材料获得普遍应用的重要原因之一。

在集成电路制造中，尽管硅是一种半导体材料，但 SiO_2 却是一种很好的绝缘材料，而且具有极其稳定的化学性质，这些优良特性使其在集成电路制造中有着广泛的应用。可以说，引领我们进入硅时代的不仅是“Si”，还有“SiO_2”。SiO_2 在集成电路中的作用主要体现以下几个方面：

① 屏蔽杂质

SiO_2 对杂质的扩散起到屏蔽作用。在集成电路制造中，几种常用的杂质如硼、磷、砷等在 SiO_2 膜中的扩散要比它们在硅中的扩散慢得多。对于注入来说，SiO_2（有时与光刻胶一起使用）作为阻挡层，也能减小离子注入损伤。最常用的方法是首先在硅晶圆表面生长一层 SiO_2 氧化膜，经过光刻显影后，再刻蚀掉需要掺杂区域表面的氧化膜，从而形成一个窗口，最后通过窗口选择性地将杂质注入相应的区域中。

② 栅的氧化层

在 CMOS 集成电路中，通常用 SiO_2 作为 MOS 晶体管的绝缘栅介质，即栅氧化层。

③ 介质隔离

集成电路中隔离方法有 PN 结隔离和介质隔离，其中介质隔离通常选择的就是 SiO_2 氧化膜，例如 CMOS 工艺中的场氧（用来隔离 PMOS 和 NMOS 晶体管）就是厚的 SiO_2 氧化膜。如图 2.27 所示。

④ 器件保护和表面钝化

因为 SiO_2 是一种坚硬和致密的材料，一方面可避免硅表面被划伤以及各制造工序带来的杂质沾污，起保护作用；另一方面因为热生长的 SiO_2 可以通过束缚硅的悬挂键降低了 $Si\text{-}SiO_2$ 界面的表面态密度，同时表面生长的 SiO_2 层可以将 Si 表面的电活性污染物（可动离子沾污）束缚其中，起钝化作用，如图 2.28 所示。

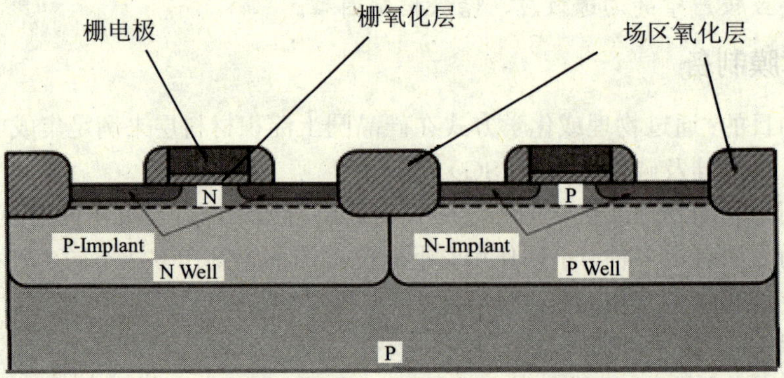

图 2.27　作为场氧和栅氧化物的 SiO_2

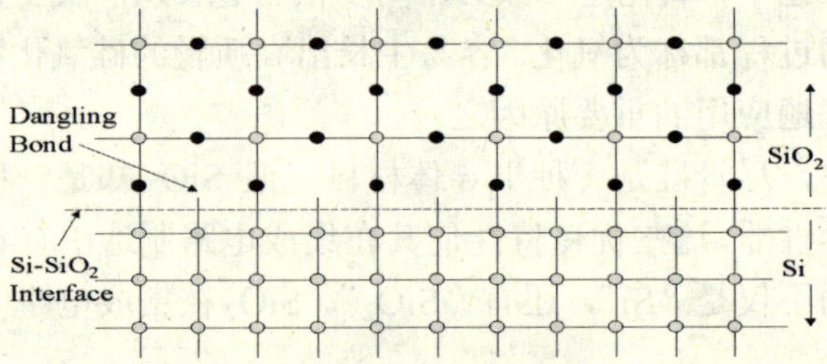

图 2.28　表面钝化示意图

（2）SiO_2 的性质和结构

SiO_2 的结构如图 2.29 所示，黑色的是硅原子，四周白色的是四个氧原子。

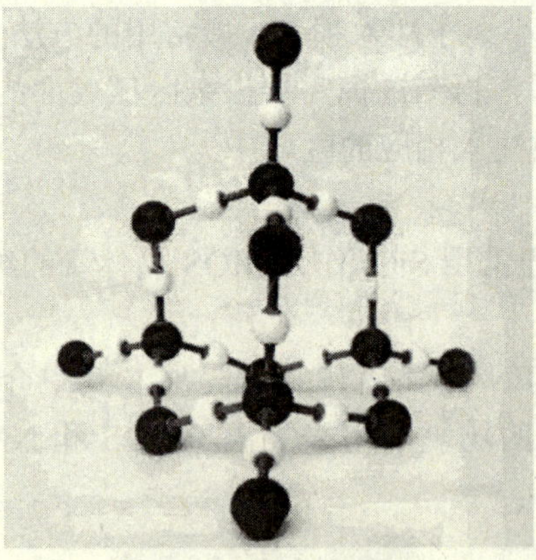

图 2.29　SiO_2 的结构

SiO_2 有以下几种性质：

① 电阻率

热生长 SiO_2 薄膜电阻率可高达 10^{15}～$10^{17}\Omega\cdot cm^{-1}$，$SiO_2$ 是较理想的绝缘体。

② 介电强度和介电常数

物质介电强度与薄膜结构致密性，均匀性以及杂质总量均有关系，SiO_2 薄膜介电强度可达 10^6~$10^7V\cdot cm^{-3}$，可以承受较高的电压，适宜做器件的绝缘膜，SiO_2 介电常数为 3.9 左右。

③ 化学稳定性

SiO_2 有较高的化学稳定性，它不溶于水和氢氟酸之外的酸，在工艺中利用 SiO_2 能与氢氟酸反应的性质，完成对 SiO_2 的腐蚀。

④ 热膨胀系数

SiO_2 的热膨胀系数与硅类似，硅片在热过程中产生的翘曲小，因此避免了由于膜应力使氧化膜从硅上面分离的情况。

（3）SiO_2 的制备

只要硅暴露在氧气中，就会形成 SiO_2，但集成电路制造中用到的 SiO_2 是高纯度的，需要经过特定工艺即氧化工艺制造，目前常用的方法是热氧化方法，即硅晶圆与含氧物质（氧气、水汽等氧化剂）在高温下进行反应从而生成 SiO_2 膜。热氧化的氧化反应发生在硅与 SiO_2 交界面处，接触到的杂质少，生成的 SiO_2 膜质量较高。

热氧化法主要分为干氧氧化、水汽氧化和湿氧氧化三种，其中干氧氧化和湿氧氧化是最常用的方法。干氧化法采用纯氧作为氧化剂，生长的氧化膜表面干燥、结构细致、光刻时与光刻胶接触良好，但氧化速度慢。湿氧氧化是高纯水的氧化，既含有氧，又含有水，氧化速度快，但生成的氧膜质量不如干氧化法，在实际生产中通常采用干-湿-干的组合氧化方式。下面分别是干氧氧化和湿氧氧化的化学反应方式。

干氧氧化：$Si+O_2=SiO_2$

湿氧氧化：$Si+2H_2O=SiO_2+2H_2\uparrow$

硅的热氧化过程如图 2.30 所示。

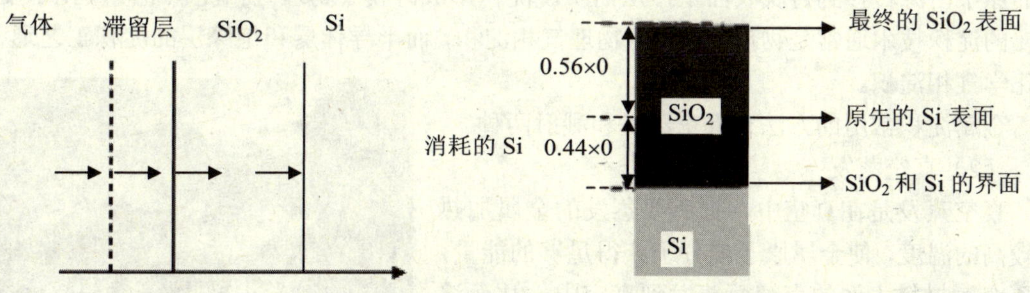

图 2.30　硅的热氧化过程示意图

【小提示】

前述热氧化和化学气相淀积方法都可以制备 SiO_2，但化学气相淀积方法制备的 SiO_2 膜层不能代替热氧化的 SiO_2，这是由于前者生成的氧化层的质量比热生长的氧化层差得多。在实际工艺中具体采用哪一种方法制备氧化层，主要取决于它在器件中的用途，如栅氧化层，场氧化层等一般由热生长方式产生，而多层金属间的绝缘层则由 CVD 产生。

【小练习】

在实验室里，怎样测 S_iO_2 层的厚度？

答：将氧化好的 SiO_2 在自然光垂直照射下观察 S_i 片表面颜色，记录下来；然后用氢氟酸 HF 反复滴于 S_i 片背面中心同一点处，至脱水（S_iO_2 与 H_2O 是亲水性的，水分子可以在

S_iO_2 中扩散，而硅具有疏水性)，即在硅片中心会形成一个小水珠，此时，会观察到一圈一圈的图形，共有几个周期；然后在 S_iO_2 厚度对照表中查找所测 S_i 片氧化层的厚度。我们观察到周期图形，是根据光在不同材料中的干涉、反射原理形成的。

（4）氮化硅的制备

氮化硅（Si_3N_4）的作用与二氧化硅的作用相近，所以一并在此作简单介绍。Si_3N_4 在集成电路中的作用主要体现以下几个方面：

① 作为金属上下层的绝缘层，Si_3N_4 的介电常数比 SiO_2 的介电常数大（是其 2 倍），所以两层金属间的寄生电容相对会比较小；

② 可以作为场氧的屏蔽层，Si_3N_4 与氧气不发生反应，所以其下的 Si 不被氧化，因为 Si_3N_4;

③ 作为芯片表面的钝化层。

其制备过程可以采用下节所述的化学气相方法淀积生成。加工过程是在 450℃以下的低温中，利用高频放电，使 SiN_4 和 NH_3 气体分解，从而形成氮化硅而落在硅片表面上。化学反应式如下：

$$3SiH_4+4NH_3 \longrightarrow Si_3N_4+12H_2\uparrow$$

2. 物理气相淀积（PVD）

（1）定义

物理气相淀积是指利用某种物理过程，例如蒸发或溅射过程来实现物质的转移，即把材料的原子由源转移到衬底表面上，从而实现淀积形成薄膜。物理气相淀积不涉及化学反应，金属的淀积技术通常是物理的，属于物理气相淀积，而半导体层和绝缘层的淀积工艺通常属于化学气相淀积。

金属淀积常用的方法有真空蒸发和溅射两种。

（2）真空蒸发

真空蒸发是在真空中，把所要蒸发的金属加热到较高的温度，使金属原子或分子获得足够的能量，脱离金属材料表面的束缚而蒸发到真空中，从而淀积在硅晶圆表面形成一层薄的金属膜，如图 2.31 所示。

图 2.31　硅片蒸发图

（3）溅射法

利用带有电荷的离子在电场中加速后具有一定动能的特点，将加速后的离子轰待溅射的物质使其原子或分子逸出，从而淀积到硅圆片上形成薄膜的一种物理气相淀积方法，这个过程就像把石头用力扔向泥浆中会溅出许多泥点落在身上一样。

溅射法具有很多优于蒸发法的特性，如可实现大面积金属膜层的均匀淀积、膜层的厚度可控性好、可以淀积多层金属等等。

3. 化学气相淀积（CVD）

（1）定义

化学气相淀积是把含有构成薄膜元素的气态反应剂引入反应室，在晶圆表面发生化学反应，从而生成所需要的固态薄膜并淀积在其表面。

目前，在芯片制造过程中，大部分所需要的薄膜材料，不论是导体、半导体或是介电材料，都可以用化学气相淀积来制备，如二氧化硅膜、多晶硅膜、氮化硅膜等。它具有淀积温度低、薄膜成分和厚度易控、薄膜厚度与淀积时间成正比、均匀性与重复性好、台阶覆盖好、操作方便等优点。其淀积温度低和台阶覆盖好的特性对超大规模集成电路的制造十分有利。因此是目前集成电路生产过程中最为重要的薄膜淀积方法。目前常用的有常压化学气相淀积（APCVD）、低压气相淀积（LPCVD）以及等离子体增强化学气相淀积（PECVD）等。

（2）案例：多晶硅的淀积

多晶硅与单晶硅的化学成分一样，但是原子排列方向呈多方向性，没有规则；而单晶硅原子则是按同一方向排列。所以将其称为多晶硅（poly）。

多晶硅制备是通过适当控制压力、温度将引入的 SiN_4 分解沉淀在硅表面的过程。下面给出了多晶硅的特点与制备过程。其中的材料沉积与淀积多晶相似，只是用不同的化学反应过程而已，这里不一一介绍了。

① 多晶硅的特点

通过掺杂可成为准导体；

与 SiO_2 结合良好；

容易覆盖高熔点金属（如钛、铂、钨等）；

电导率不如金属。

② 多晶硅的制备

CVD 淀积；

$SiH_4 \longrightarrow Si+2H_2\uparrow$（高温加热）。

2.3　CMOS 工艺主要流程

CMOS 工艺是当今集成电路制造的主流工艺，其特点是将 NMOS 管和 PMOS 管同时做在一个硅衬底上，主要分为 P 阱 CMOS 工艺，N 阱 CMOS 工艺和双阱 CMOS 工艺。下面是以 P 阱 CMOS 工艺步骤为例介绍一下 CMOS 的制造过程，N 阱 CMOS 工艺与之相近。下面以 1P2M CMOS 工艺介绍其工艺制造过程。

注意：1P2M 是指可以做一层多晶硅（poly）和最多 2 层金属的工艺。

主要的工艺步骤如图 2.32 所示，以下分步骤给出典型 P 阱 CMOS 工艺的流程图。

步骤 1：掩膜 1。P 阱掩膜，目的是制作 P 阱。

最终要完成的工艺如图 2.33 所示。

完成此目标图的实施工序如下：

（1）衬底上生长一层二氧化硅（SiO_2），如图 2.34 所示。

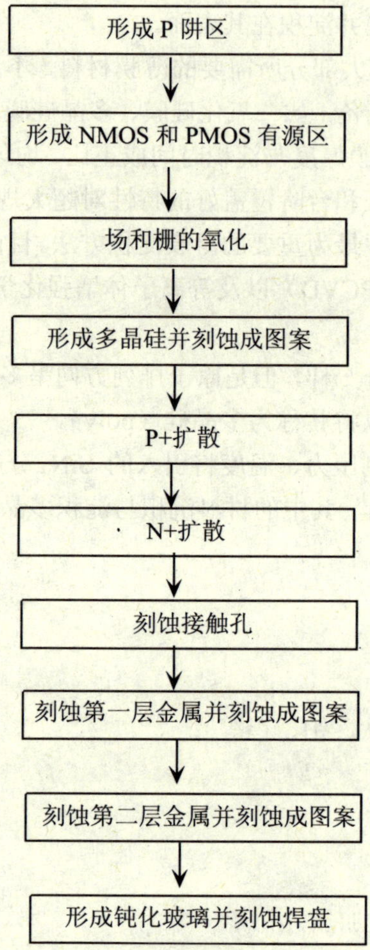

图 2.32　1P2M 的主要工艺步骤

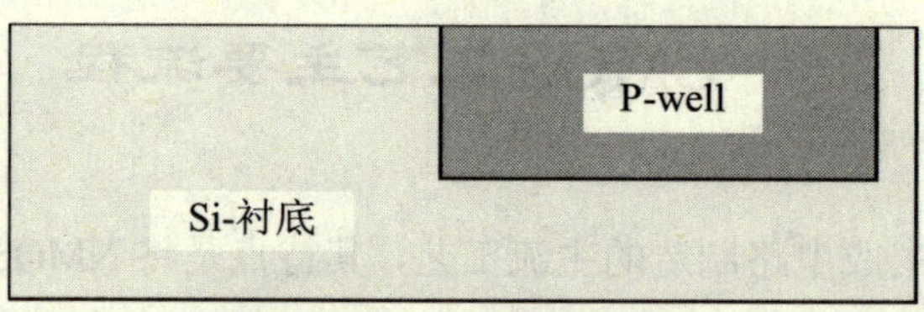

图 2.33　P 阱掩膜的目标图

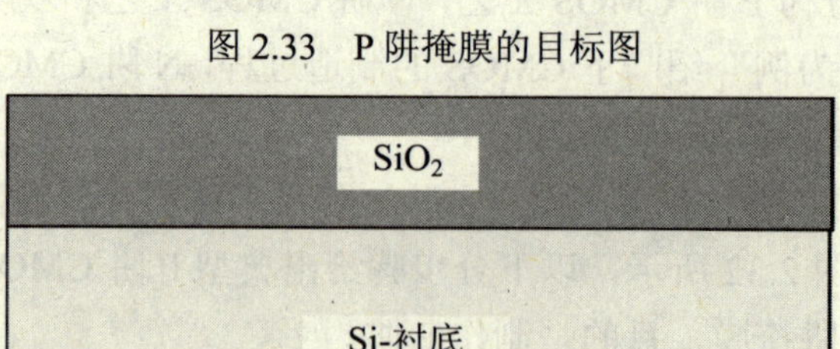

图 2.34　生成二氧化硅

（2）P 阱光刻即涂胶、掩膜对准、曝光、显影、刻蚀；
（3）去胶；
（4）掺杂，掺入 B（硼元素）；
（5）去掉二氧化硅后形成最终 P 阱，流程图如图 2.35 所示。

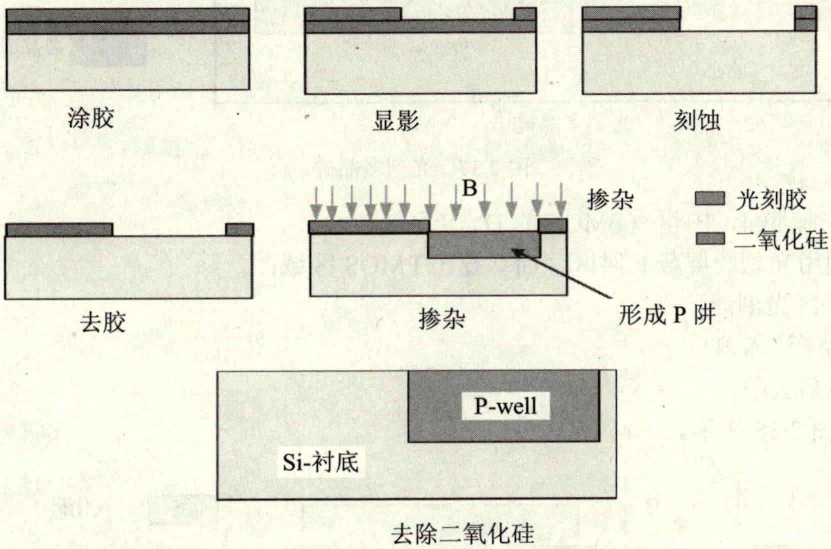

图 2.35 光刻后掺杂形成 P 阱

步骤 2：掩膜 2，有源区。用来制作有器件的区域，具体工序如下：
（1）淀积氮化硅；
（2）光刻有源区；
（3）场区氧化；
（4）去除有源区氮化硅及二氧化硅；
（5）生长栅氧；
（6）淀积多晶硅。
流程图如图 2.36 所示。

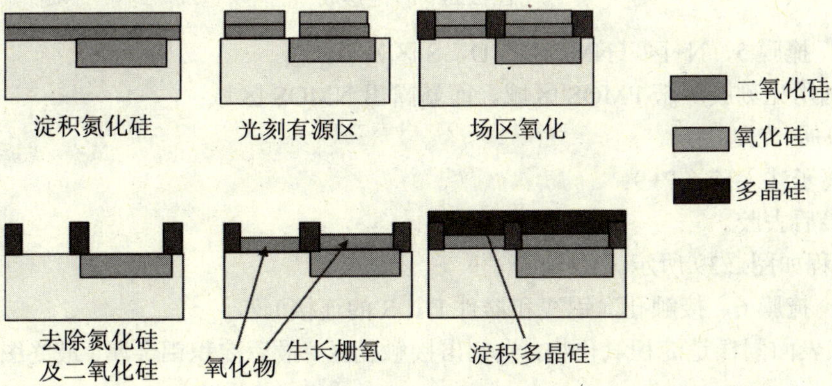

图 2.36 确定器件有源区

步骤 3：掩膜 3，光刻多晶硅，如图 2.37 所示。

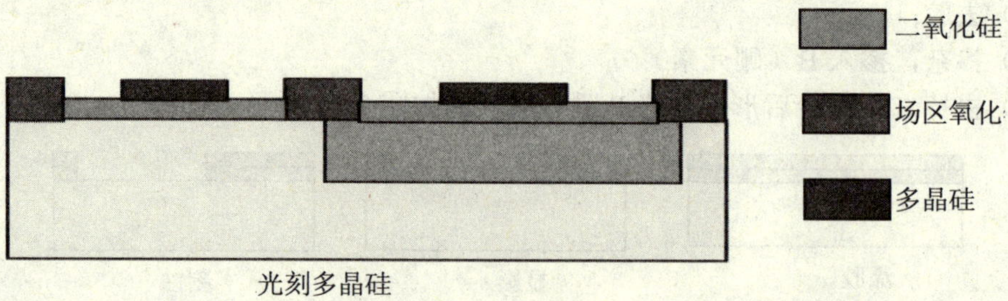

图 2.37　光刻多晶硅

步骤 4：掩膜 4，P+区（PMOS 的 D、S 区）。

（1）利用光刻胶屏蔽 P 阱区，而暴露出 PMOS 区域；

（2）P+区光刻；

（3）离子注入 B+；

（4）最后去胶。

流程如图 2.38 所示。

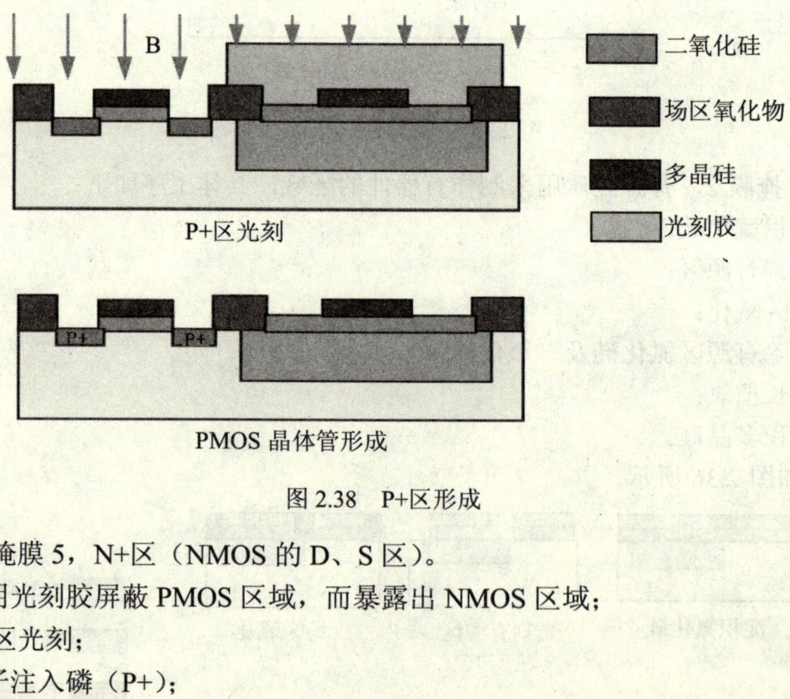

图 2.38　P+区形成

步骤 5：掩膜 5，N+区（NMOS 的 D、S 区）。

（1）利用光刻胶屏蔽 PMOS 区域，而暴露出 NMOS 区域；

（2）N+区光刻；

（3）离子注入磷（P+）；

（4）最后去胶。

工艺流程如图 2.39 所示。

步骤 6：掩膜 6，接触孔（铝线和器件 D、S 的连接）。

（1）在表面同样是淀积氧化物，光刻出接触孔区，最后淀积铝金属，最终图形如图 2.40 所示。

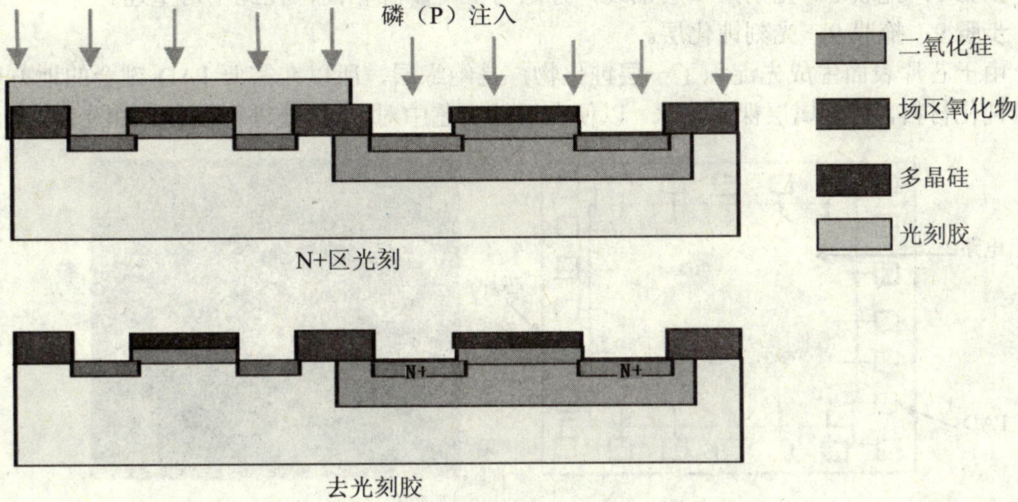

图 2.39　N+区形成

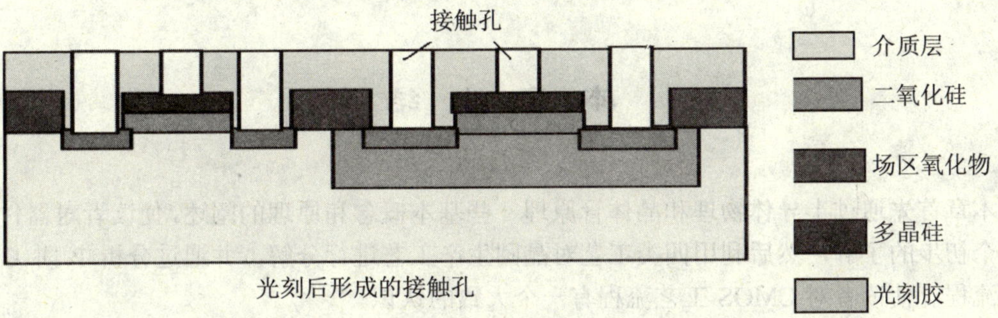

图 2.40　接触孔

步骤 7：掩膜 7，光刻铝引线。

（1）淀积铝；

（2）光刻铝。

工艺流程如图 2.41 所示。

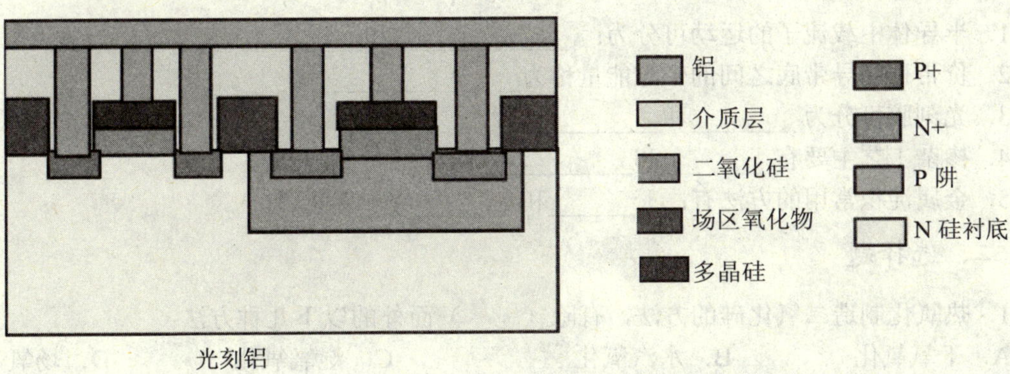

图 2.41　光刻铝的工艺流程

步骤 8：掩膜 8，光刻第二层铝线，方法与上一步骤相同，在此不再重述。

步骤 9：掩膜 9，光刻钝化层。

由于芯片表面生成先淀积了一层钝化物，是绝缘层，所以在需要 PAD 键合的地方要刻蚀掉钝化材料，把金属层裸露出来，以便在后续工艺中对 PAD 处进行键合。如图 2.42 所示。

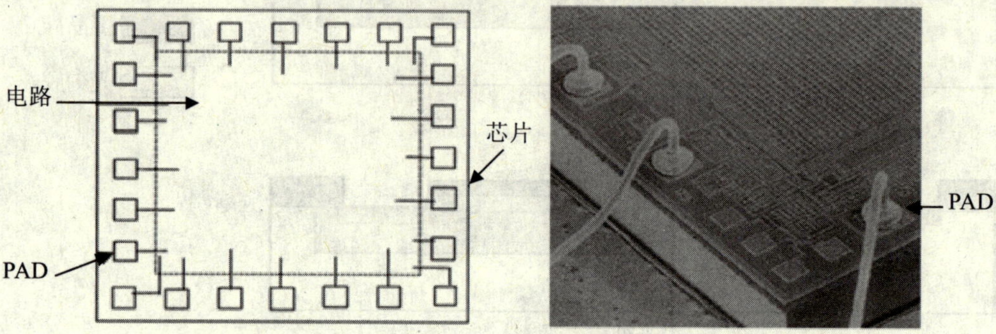

（a）PAD 示意图　　（b）键合后的 PAD

图 2.42　光刻钝化层

本 章 小 结

本章首先通过半导体物理和晶体管原理一些基本概念和原理的阐述，使读者对器件原理有一个初步的了解，然后利用四类工艺对晶圆生产工艺进行分解，并通过分析 P 阱 CMOS 工艺流程，使读者对 CMOS 工艺流程有一个大致的认识。

思考与练习

一、填空题

1．半导体中载流子的运动可分为：____________和______________。

2．价带顶和导带底之间的带隙能量称为_______________。

3．光刻胶可分为________和___________。

4．掺杂工艺主要有________和___________两种。

5．金属淀积常用的方法有：________和___________两种。

二、选择题

1．热氧化制造二氧化硅的方法，有除（　　）而外的以下几种方法。

A．干氧氧化　　B．水汽氧化　　C．湿氧氧化　　D．场氧

2．目前常用的化学气相沉积方法，有除（　　）而外的以下几种方法。

A．常压化学气相淀积（APCVD）　　B．低压气相淀积（LPCVD）

C．等离子体增强化学气相淀积（PECVD）　　　D．高压气相淀积（HPCVD）

3．MOS 管是（　　）控制器件。

A．电压　　B．电流　　C．电感　　D．电容

三、简答题

1．请用能带理论来解释金属、半导体、绝缘体的导电性？

2．以 PMOS 为例，简述场效应晶体管的工作原理，并画出结构图与符号图。

3．什么是硅栅自对准技术？

4．以 P 阱工艺为例，描述 CMOS 工艺流程。

第 3 章 Linux 操作系统与 EAD 软件介绍

【知识目标】

（1）了解 Linux 操作系统；
（2）了解 Linux 基本操作；
（3）了解 IC 设计 EDA 软件；
（4）了解芯片反向设计流程。

【技能目标】

（1）Linux 基本操作命令；
（2）vi 编辑器的使用。

【重点难点】

（1）Linux 基本操作命令识记；
（2）vi 编辑器的使用；
（3）芯片反向设计流程。

【参考学时】

参考学时为 3 学时。

随着电子科技的发展，集成电路的设计已经从手工式计算发展到现在的 EDA（电子设计自动化）设计阶段。国内外 EDA 设计平台多以工作站为主，这主要得益于工作站的高速数据处理能力以及极高的安全性、稳定性。工作站操作系统使用的是 Unix 和 Linux 操作系统。相对于 Unix 而言，Linux 灵活性更好一些，它可以在 PC 机上实现全部的 Unix 特性，具有多任务、多用户能力而且是一种开放、免费的操作系统，并且由于 Linux 带有多个窗口管理器的 X-Windows 图形用户界面，允许我们使用窗口中，图形和菜单对系统进行操作，如同 Windows 操作系统一样，所以受到越来越多计算机爱好者的使用。

鉴于此，EDA 设计软件也逐渐从高深的 Unix 移植到 Linux 平台上来，给版图设计初学者带来更多的实践机会。为了能够熟练地进行集成电路版图设计，我们必须掌握 Linux 的基本操作。目前国际上流行的 Linux 主要有 RedHat Linux、SuSe Linux、国内的红旗等。本章主要以红帽子公司的 RedHat AS3 系统为主进行讲述。

3.1 Linux 操作系统基础

Linux 的部分操作可以在 Windows 窗口下像 Windows NT 操作系统一样进行，例如对文件重命名，删除文件等。不过更多的时候是利用命令来完成，不但效率高，而且能操作的范围更广。下面将对 Linux 的常用命令进行介绍。

注意：Linux 对大小写是敏感的，认为大小写是不同的字符。命令总是用的小写字母。

3.1.1 命令终端启动与用户目录

Linux 是一个多用户操作系统，只有一个超级管理员，用户名为 root。可以管理其他的一般用户，当我们首次操作时，超级管理员会分配给我们一个账号密码，我们就可以用它进行登录进入。所有的一般用户都在自己的文件目录下进行工作，互不干扰。这些用户目录都并行存在于/home 下，我们可以通过启动命令终端来进行自己用户下的目录操作。

可使用如下方法启动命令终端：在桌面上的空白处点击鼠标右键，选择其中的 New Terminal 选项，就会弹出一个窗口，这个窗口就是命令窗口，例如：

[icwork@localhost～]$

其中：icwork 是登录的用户名，localhost 是本台计算机名，～表示的是当前用户的根目录。鼠标闪亮处表示等待命令输入，输入的命令格式为：

命令-参数 操作对象 操作对象

说明：命令，参数，操作对象之间都有空格存在。参数与操作对象有关，如果参数记不清楚的话可以使用：命令–help。计算机会列出命令的所有参数说明供选择。以下向读者介绍目录操作命令。

1. 查阅目录

ls（list）命令可以查看当前目录下的文件信息，例如：

$ls

若要查看当前目录下所有文件的详细信息，可以使用参数-l（长格式）。例如：

$ls –l

-rw-rw-r--1 icwork icwork 1719 may 10 12:34 CDS.log

-drwx------4 icwork icwork 4096 may 6 11:20 evolution

显示的信息从左到右依次包括：文件的权限、链接数、文件所有者、文件组别、文件大小、日期和时间、文件名。其中文件夹用鲜艳的颜色来显示。

2. 改变当前目录

cd（change directory）命令可以改变当前目录进入其他目录。例如，通过上例中 ls 列表，若得知当前目录下 evolution 是一个文件夹，想进入此文件夹，则：

$cd evolution

pwd（print working directory）命令可以显示当前所处的目录与路径。例如：

$pwd

会显示如下：

/home/icwork/evolution

说明当前用户处在/home/icwork/evolution 目录下工作。

$cd ～可以快速回到用户的根目录下。如果想从当前的目录返回上一层目录，可以使用输入 cd ..完成，注意 cd 与两个连续的点之间有空格分开。

3. 创建目录

mkdir（make directory）命令是创建一个文件目录，例如：

$pwd

/home/icwork/evolution

$mkdir mylib

该命令在目录 evolution 下创建了一个子目录，名为 mylib。

4. 删除目录

rmdir（remove directory）命令可以删除一个目录，前提是这个目录必须是空目录，即目录下没有子目录或文件存在。例如：

$rmdir mylib

如果目录下存在子目录或文件，想要强制性删除该目录时，可以使用参数-rf（建议谨慎使用，以防误删除重要文件）。例如：

$rmdir –rf 目录名

5. 目录重命名

mv（move）命令可以对一个目录进行重命名操作。例如要将当前目录下 evolution 重命名为 mylib，可使用如下命令：

$mv evolution mylib

如果要重命名的两个目录不在当前目录下，则必须写全路径名，例如：

$mv /home/icwork/evolution /home/icwork/mylib

【小练习】

进入/home/icwork 目录，查看该目录下的文件信息，并创建一个名为 train 的文件目录。在/home/icwork/train 目录下，创建一个名为 old_project 的文件目录，然后将 old_project 的名字改为 new_project，最后删除 train 文件夹。

3.1.2 文件的操作

我们常用文件来进行数据、正文、信息、程序以及有关计算机信息的存储，本节学习如何对文件进行阅读、删除、重命名、权限设置等操作。

1. 文件阅读

cat 命令可能查看文件的内容。例如：

$cat mydoc.txt

如果一个文本文件比较长，一屏无法显示完毕，就可以使用 more 命令来查看。more 命令读取文件时，每次一屏显示，并且在每屏后暂停，同时在屏幕底部显示单词“more”。如果此时按“Enter”键，more 命令会接着显示文本的下一行，依此类推，如果按空格键，more 命令就会继续显示文本文件的另一屏信息。例如：

$more mydoc.txt

2. 文件复制

cp（copy）为文件复制命令，例如：

$cp mydoc.txt mydoc1.txt

此时表示将当前目录下 mydoc.txt 文件备份成当前目录下名字为 mydoc1.txt 的文件。同样，若要在不同目录下进行操作，则必须写全路径名。

3. 文件移动或重命名

mv（move）命令是对文件进行移动，同时也可以对文件进行重命名。例如：

$mv mydoc.txt mydoc2.txt

表示将当前目录下的文件 mydoc.txt 改成了 mydoc2.txt，目录不变。

如果输入如下命令：

$mv /home/icwork/mydoc.txt /home/icwok/mylib/mydoc2.txt

则表示将目录 icwork 下的文件 mydoc.txt 移到了目录 icwokr/mylib 下，名字改成了 mydoc2.txt

4. 删除文件

rm 命令不仅可以删除目录，同时也可以删除文件。例如：

$rm doc1.txt doc2.txt doc3.txt

表示从当前目录下同时删除三个文件夹。

如果要在每次删除前确认，则可以使用参数-i（interactive），例如把上面的这三个文件修改为：

$rm –i doc1.txt doc2.txt doc3.txt

doc1.txt?

doc2.txt?

doc3.txt?

依次选择一个文件让用户确认，键入 y（yes）后回车，表示删除，键入 n（no）表示不删除。

5. 字符匹配

像 DOS 一样，Linux 也有通配符，“？”可以代表单个字符，“*”可以代表任意长度的字符。假如有以下 8 个文件：

doc1.txt doc2.txt doc3.txt doc4.txt

doc11.txt doc22.txt doc33.txt doc44.txt

命令：

$rm doc?.txt

则相当于删除了 doc1.txt doc2.txt doc3.txt doc4.txt。

若命令：

$rm doc*.txt

则相当于删除了上述的 8 个文件。

6. Tab 键的使用

Tab 键有下面两大功能：

1）快速列出文件

只需输入文件或目录名的前几个字符，然后按“Tab”键，如无相重的，完整的文件名立即自动在命令行出现；如有相重的，再按一下“Tab”键，系统会列出当前目录下所有以这几个字符开头的名字。

2）快速列出命令

只需输入命令的第一个字符，例如 m，再连续按两次“Tab”键，系统将列出所有以 m 开头的命令。对查找某些记不清楚的命令特有用。

7. 查找文件

find 命令可以帮助查找文件并给出查到的文件路径，例如查找名为 doc1.txt 的文件：

$find / -name doc1.txt

/home/icwork/evolution

“/”表示从根目录下开始查找。“-name”表示按文件名查找。

【小练习】

在/home/icwork 下通过 find 命令查找 train.txt 文件，并进入 train.txt 文件所在目录，查看 train.txt 具体内容。然后将 train.txt 文件复制一个文件名为 train1.txt 的文件（不删除原文件 train.txt），将 train1.txt 移动到/home/icwork 目录下，改名为 ready.txt，最后删除 ready.txt 文件。

3.1.3 vi 编辑器的使用

vi 编辑器是任何 Unix 及 Linux 系统下标准的编辑器，它的强大不逊色于任何最新的文本编辑器，这里只是简单地介绍一下它的用法和一小部分指令。由于对 Unix 及 Linux 系统的任何版本，vi 编辑器是完全相同的，因此您能够在其他任何介绍 vi 的地方进一步了解它。vi 也是 Linux 中最基本的文本编辑器，学会它后，您将在 Linux 的世界里畅行无阻。

1. vi 的基本概念

基本上 vi 能够分为三种状态，分别是命令模式（command mode）、插入模式（Insert mode）和底行模式（last line mode），各模式的功能区分如下：

1）命令行模式 command mode）

控制屏幕光标的移动，字符、字或行的删除，移动复制某区段及进入 Insert mode 下，或到 last line mode。

2）插入模式（Insert mode）

只有在 Insert mode 下，才能够做文字输入，按“Esc”键可回到命令行模式。

3）底行模式（last line mode）

此模式表示将文档保存或退出 vi，也能够配置编辑环境，如寻找字符串、列出行号等。但是一般在使用时把 vi 简化成两个模式：命令行模式和插入模式，就是将底行模式（last line mode）也算入命令行模式（command mode）。

2. vi 的基本操作

1）进入 vi

在系统提示符号后输入 vi 及文档名称后，就进入 vi 全屏幕编辑画面，例如：

$vi myfile

当 myfile 文件已经存在时，则表示打开此文件进行编辑，若此文件不存在，则就是新建此文件并打开编辑。进入 vi 之后，首先处于命令行模式，需要转换到插入模式才能够输入文字。

2）转换至插入模式编辑文档

在命令行模式下按一下字母“i”就能够进入插入模式，这时候就能够开始输入文字了，输入的过程与 DOS 输入法一样。

3）转换至命令模式编辑文档

在命令模式下可以对光标进行大范围移动，并可以进行相应的文字编辑，在任何模式下按“Esc”键都可以转换成命令行模式，本章小节 3 将单独讲述其作用方法。

4）退出 vi 及保存文档

在命令行模式下，按一下冒号键即“Shift”+“；”进入「Last line mode」，例如：

：w filename（输入「w filename」将文章以指定的文档名 filename 保存）

：wq（输入「wq」，存盘并退出 vi）

：q!（输入 q!，不存盘强制退出 vi）

3. 命令行模式功能键

命令行下的命令非常丰富，掌握一些常用的命令会加快文件编辑的速度，提高工作效率，以下列出了一些常用的操作。

1）移动光标

vi 能够直接用键盘上的光标进行上下左右移动，操作方法及作用如下：

按“Ctrl+b”：屏幕往“后”移动一页。

按“Ctrl+f”：屏幕往“前”移动一页。

按“Ctrl+u”：屏幕往“后”移动半页。

按“Ctrl+d”：屏幕往“前”移动半页。

按数字“0”：移到文章的开头。

按“G”：移动到文章的最后。

按“$”：移动到光标所在行的“行尾”。

按“^”：移动到光标所在行的“行首”。

按“w”：光标跳到下个字的开头。

按“e”：光标跳到下个字的字尾。

按“b”：光标回到上个字的开头。

按“#l”：光标移到该行的第#个位置，如：5l，56l。“l”是字母 line 的第一个字母。

2）删除文字

“x”：每按一次，删除光标所在位置的“后面”一个字符。

“#x”：例如，“6x”表示删除光标所在位置的“后面”6 个字符。

“X”：大写的 X，每按一次，删除光标所在位置的“前面”一个字符。

“#X”：例如，“20X”表示删除光标所在位置的“前面”20 个字符。

“dd”：删除光标所在行。

“#dd”：从光标所在行开始删除#行。

3）跳到指定行

“ctrl+g”列出光标所在行的行号。

“#G”：例如，“15G”，表示移动光标至文章的第 15 行行首。

4）查找字符

“/关键字”：先按“/”键，再输入您想寻找的字符，假如第一次找的关键字不是您想要的，能够一直按“n”会往后寻找到您要的关键字为止。

5）列出行号

列出行号实际上是“last line mode”模式下的命令。先按“Esc”键表示已经处于命令模式下，然后按“：”冒号即可进入此模式，此时就可以合作列出行号命令：

“set nu”：输入“set nu”后，会在文档中的每一行前面列出行号。

【小练习】

在/home/icwork 下通过 find 命令查找 train.txt 文件，通过 vi 编辑器对 train.txt 进行编辑。首先查找到 delete 字符，将其删除，并在该处添加 new add 字符，保存为 train2.txt 文件后退出。

3.2 IC 设计 EAD 软件介绍

目前，国际上在 IC 设计领域公认的 EDA 供应商是 CADENCE、SYNOPSYS、MENTOR 三大巨头公司。由于国内集成电路行业水平远低于国外发达国家，所以学习和研究国外 IC 的成功设计经验成为国内 IC 设计的重要分支，即所谓的逆向设计。下面分别简单介绍。

3.2.1 CADENCE 公司

CADENCE 公司成立于 1988 年，其电子设计自动化（Electronic Design Automation）产品涵盖了电子设计的整个流程，包括系统级设计，功能验证，IC 综合及布局布线，模拟、混合信号及射频 IC 设计，全定制集成电路设计，IC 物理验证，PCB 设计和硬件仿真建模等。同时，CADENCE 公司还提供设计方法学服务，帮助客户优化其设计流程；提供设计外包服务，协助客户进入新的市场领域。全球知名半导体与电子系统公司均将 Cadence 软件作为其设计标准。CADENCE 公司的全定制集成电路设计工具 Virtuoso 功能十分强大，包括了从电路原理图输入到后端版图设计及验证的完整流程。国内几乎所有集成电路设计公司均以此工具作为设计工具，所以本书也以 Virtuoso 作为主要讲解内容。

3.2.2　SYNOPSYS 公司

该公司成立于 1987 年，主要提供 VHDL 仿真、逻辑综合及 IP 宏单元开发，其逻辑综合工具占据市场 80%的份额。2002 年收购 AVANT!公司后使得该公司在深亚微米设计领域表现非常突出，HSPICE 作为该公司的电路仿真工具则是 IC 设计中最常使用的仿真工具，也是目前业界使用最为广泛的 IC 设计工具，甚至可以说是事实上的标准。半导体代工厂 foundry 都提供适合 HSPICE 执行的器件 SPICE 模型供电路设计者仿真使用，所以一般在设计电路时，除了使用 Virtuoso 公司提供的仿真器 Spectre 进行前仿真后，还结合 HSPICE 进行再仿真，以便得到精确结果。同样，当以电路版图进行参数提取后，还要做后仿真，同样也需要 HSPICE 进行仿真以保证与前仿真结果相同。

3.2.3　MENTOR 公司

MENTOR 公司是 Mentor Graphics 的简称，成立于 1981 年，同样在电子设计自动化技术方面能提供完整的设计解决方案。集成电路设计接触最多的是在 VHDL、Verilog 硬件描述语言仿真器使用广泛的 ModelSim 工具，以及成为业界验证工业标准的版图验证工具 calibre/xcalibre 等。

3.2.4　芯片反向设计介绍

1）反向设计概念

芯片反向设计也称为芯片的逆向设计或 IC 反向设计，是指对一款已经设计出来的芯片版图通过显微镜或其他显示技术显示出芯片版图内部的连接关系，根据连接关系得出电路原理，之后进行改进再生产的过程。逆向过程从某种意义上来说也是学习版图设计的过程，由于我国 IC 技术远落后欧美国家等发达国家，通过学习和研究比较成熟的电路版图可以迅速增加我们设计相关电路的经验，为以后自主设计电路有很大的帮助作用。

2）反向设计流程

如图 3.1 所示，一个完整的 IC 包括引线框架（Lead Frame）、芯片（Die）、键合线（Gold Wire）及塑封体（Mold Compound）等。

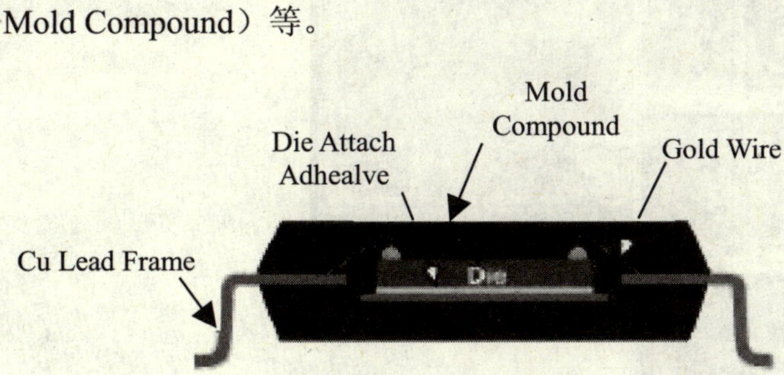

图 3.1　完整集成电路的结构

由图 3.1 的 IC 结构可以看出，要想将芯片解剖出来，必须要去除集成电路的外壳，也就是塑封体，然后再进行芯片的分析，逆向设计流程如图 3.2 所示。

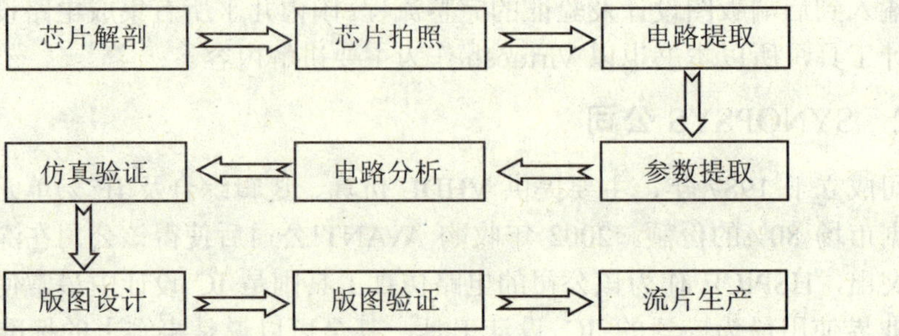

图 3.2　芯片逆向设计流程

设计的具体步骤如下：

◆　腐蚀

一般通过 98%的硫酸加热封装好的芯片，去掉芯片塑料封装。之后可看到芯片、引线框架及键合线，用王水去除键合线、引线框架，当然这时也会把芯片 PAD 处的金属去除。如果钝化层是二氧化硅，则用氢氟酸去除，随后用对应的溶液去除所有的金属层和介质层(每腐蚀一层，都要分区域进行照相)。

◆　染色

到多晶硅时，染色后可以显影，看到 P 阱和 N 阱。

◆　照相拼图

将各层金属照片拼合在一起作为一层图。同样，多晶硅作为一层，有源区也作为一层。然后利用逆向公司提供的软件把拼合图处理成软件可识别的图像文件。其中图片均是按比例处理，这样，可用软件直接测试 MOS 长宽比及最小线宽等。

用固定倍率按照顺序拍得的照片经软件处理后得到如图 3.3 所示的照片。图中右边大窗口显示的是整个芯片的全貌图，这张图是由若干张照片拼合后形成的。左边的三个窗口分别显示某一点不同层次的图片，分别为金属层、Poly 层和有源区层。大窗口目前显示的是第一层，也可显示其他两层。

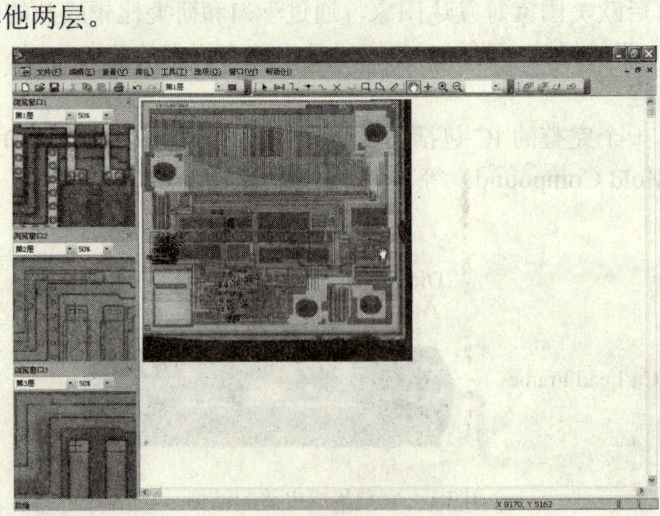

图 3.3　照相拼图 1

以下大窗口的图片是放大后某一区域的照片，鼠标可在图片上移动，相应的小窗口中的三个层次也会随着鼠标的移动而实时变化，显示鼠标所到之处三个层次对应的图片，如图 3.4 所示。

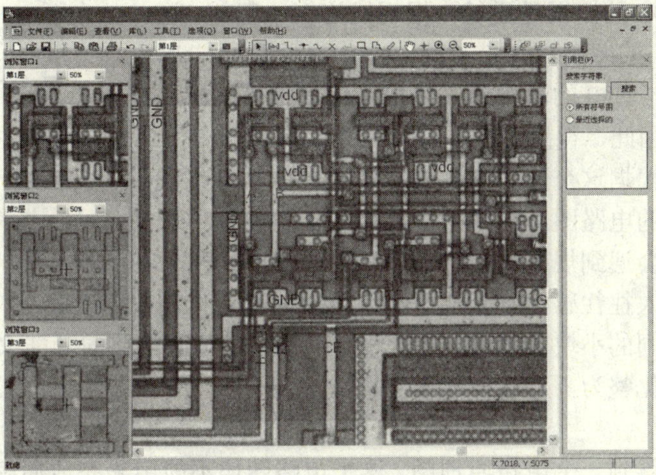

图 3.4　照相拼图 2

◆　标注分块

标注各引脚功能，从芯片引脚出发，把芯片各功能区在全版图上大致区分出来。一般是最先标注电源和地线，这样可以提高后面的分析效率。

◆　提取整理电路

将版图内数字电路按功能分门别类，例如与非门、或非门、D 触发器等，相同的图形电路功能是一样的，不需要多次分析。提取完后将所有的功能模块按版图金属走线方式连接起来。

为了说明电路提取的方法，我们以图 3.4 一张图中的 P21 和 N40 这两只管子组成的电路为例，看电路是如何提取的。参看图 3.5。

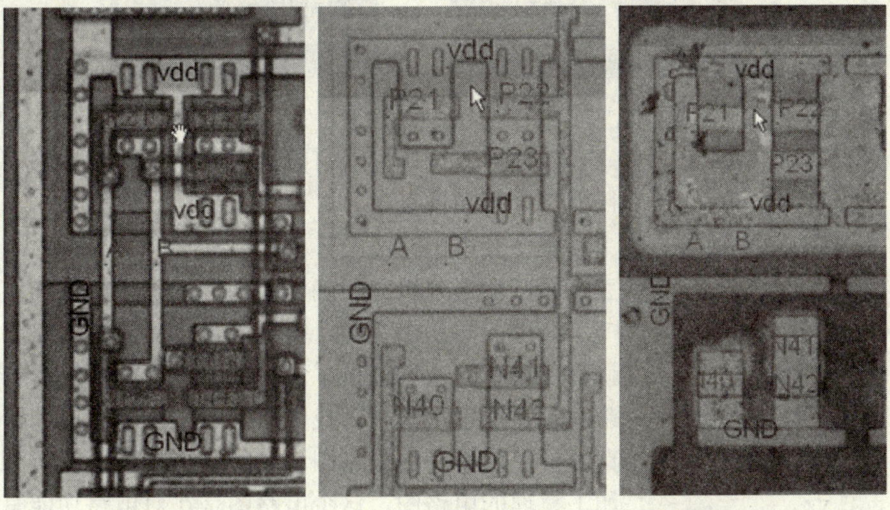

金属层　　　　Poly 层　　　　有源区层

图 3.5　电路提取示意图

如图 3.5 所示，首先将电源和地标注在金属层铝线上，然后根据有源区层结合 Poly 层来判断 P21 是 PMOS 管，N40 是 NMOS 管，然后再回到金属层，来看 PMOS 和 NMOS 的连接关系。由图 3.6 可以看出，P21 的栅极与 NMOS 的栅极是通过一根铝线连在一起的，这根铝线就是 A；P21 的源极与 V_{DD} 相连，N40 的源极与 GND 相连，P21 的漏极与 N40 的漏极通过一根铝线连接在一起，这个铝线就是 B。因此，得到如图 3.6 所示的电路图。

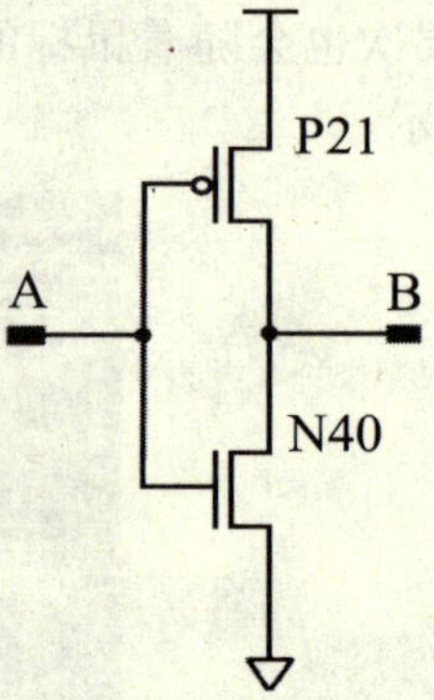

图 3.6　电路提取出来的电路图

其他电路都可根据这个例子提到的方法来提取，最终我们会得到一个完整的电路图，这就是电路提取。在实际提取电路的过程中可能会遇到规模比较大的芯片，电路比较复杂，元器件较多，很多人往往感觉到无从下手。这个时候可以将整个版图划分成不同的小块（Block），划分的原则可以按照电路的功能来分，也可按照物理排列来分，目的是化整为零，这样才便于提取电路。

◆　参数提取

电路提取完毕得到一个电路原理图，这个电路图还不能用来完成后续的工作，因为还不知道各个元器件的参数，比如 MOS 管的宽长比，电阻电容的大小等。因此，必须在照片上将各个元器件的参数提取出来才能满足后续电路分析的需要。还是以 P21 和 N40 作为例子，可在软件中将这两个管子放大，用软件自带的标尺工具来量取两个管子的宽长比，从而得到参数，完成参数的提取。

由图 3.7 得到 P21 的 $W:L=10:4.5$；N40 的 $W:L=10:4.5$，如图 3.8 所示。

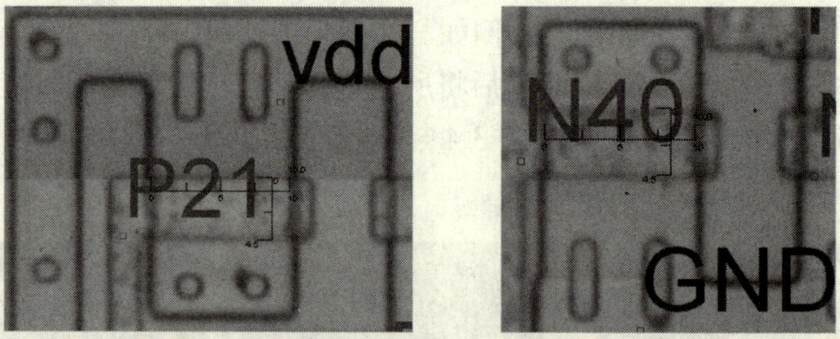

图 3.7　宽长比的测量

参数提取完毕，就可以进入 IC 反向设计的下一步，进行电路分析和仿真了。

◆　分析电路

通过电路分析，明确电路功能，确认电路连接无误。

经过前面几个步骤，得到了带有参数的电路图，接下来就可以对电路进行分析了。对电路进行分析的目的是确认电路的工作原理，并且查找电路提取中可能出现的错误，为仿真分析提供正确的电路图。电路分析完毕，会得到一张经过加工整理的电路图，这个电路图是在对电路功能有一定了解的基础上，将各功能模块做划分后形成的。

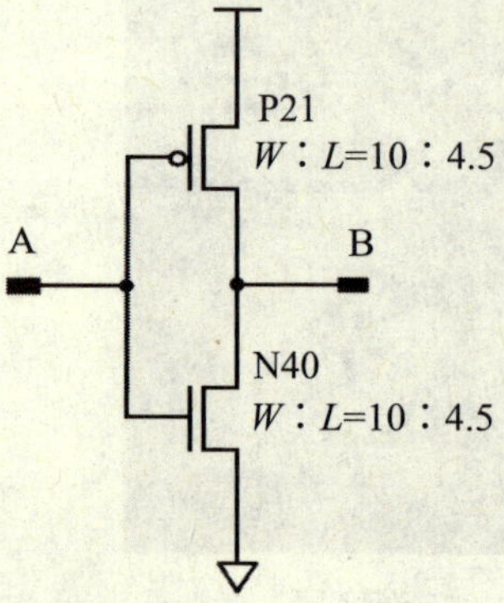

图 3.8　带参数的电路图

◆　仿真验证

分析无误后采用 Hspice、Spectre 等仿真工具进行仿真，并根据新的工艺调整电路参数结构。

◆　版图绘制验证及后仿真

根据新的工艺文件绘制版图，然后 DRC、LVS 验证无误后，对版图提出的网表进行后仿真，并与前仿真对比结果，准确无误之后导出 GDS 文件，进行流片。

3）反向设计图例

目前的反向设计软件都是由国内最大的两家反向设计提供商——上海圣景微电子与北京芯愿景公司各自提供的，可以用来读取相应的版图照片，同时还具有电路整理编辑功能，并能在电路仿真、版图验证等方面与上述三大供应商对应的软件进行兼容，既可以用于反向设计，也可以用于正向设计。

为了对反向设计进一步了解，下面提供几张来自于国外某著名 IC 设计公司的一款模拟芯片的照片，BiCMOS0.35μm 工艺，以使大家对芯片反向设计有一直观印象。图 3.9 所示的芯片是从 Poly 层拍的整体版图照片。从图 3.9 可以大概了解到 PAD 图形布局在芯片四周，面积较大的是电容，可见电容在版图中所占的面积比较大，从图中还可以看到同样占面积的还有电阻。

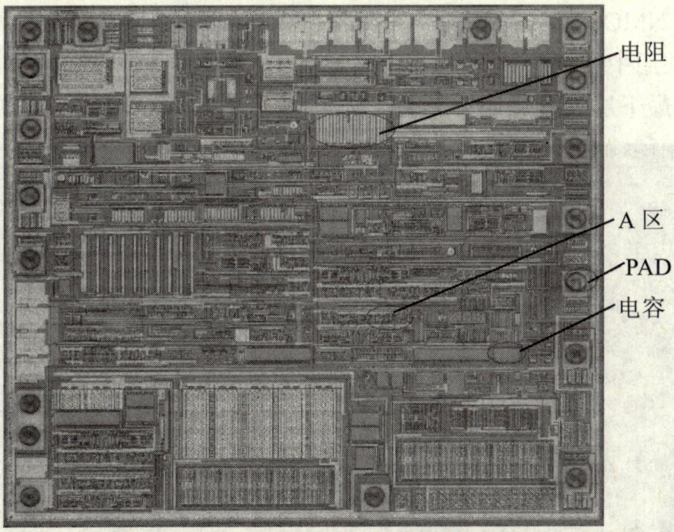

图 3.9　Poly 层看到的整体芯片版图

现在将数字的一部分如 A 区所示的部分放大，近距离了解其内部电路，如图 3.10 所示，此图是从金属层 1 看下去的结构。从图 3.10 中可以看到数字电路分成了两行，共用了中间的一层金属，一般说来，供所有数字电路共用的金属线，而且线比较宽，可以肯定是作为电源 V_{DD} 或 GND 来使用的，因为只有比较宽的金属线才能承受比较大的电流，才有能力提供给所有的电路使用。

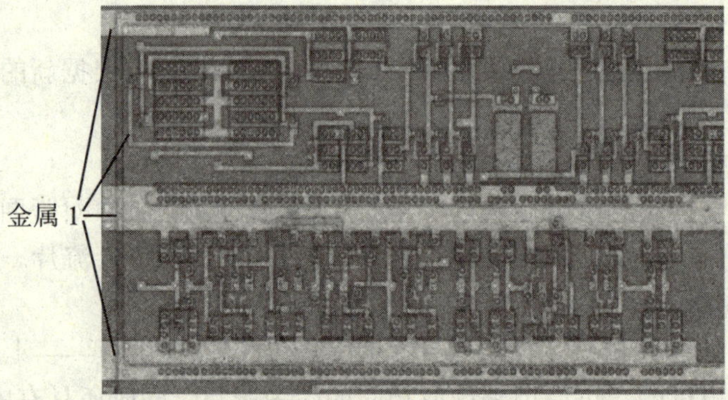

图 3.10　A 区从 M1 层看到的电路照片

图 3.11 是图 3.10 去掉金属层 1 后显示出 Poly 层后看到的电路，从图 3.11 可以看到 POLY 层（粉红色层）即 MOS 管的多晶硅栅。跨接在 POLY 两侧较深色的方形图就是有源区，这样就可以断定一个 MOS 管了，也就是说，一根跨接的 POLY 就代表有一个 MOS 管，所以从本图中红色圈出来的可以推测出有两个 MOS 管，并且这两个管子的栅是接在一起的。判断 PMOS 还是 NMOS 是从对应的栅的宽度来推测的，一般说来，PMOS 管的宽度要比相对应的 NMOS 的栅要宽上一倍左右。同时从图 3.10 中不难发现，整个电路按水平方向大体可以分成四路，两路 NMOS 管放在中间，另两路 PMOS 管分别放在最上边和最下边，这样中间的 NMOS 可以共用中间的金属层 1 作为自己的 GND 端，同样可以推断出图 3.10 中最上层的宽金属层 1 和最下层的金属层 1 是为 PMOS 管提供电流，所以是电源 V_{DD}。

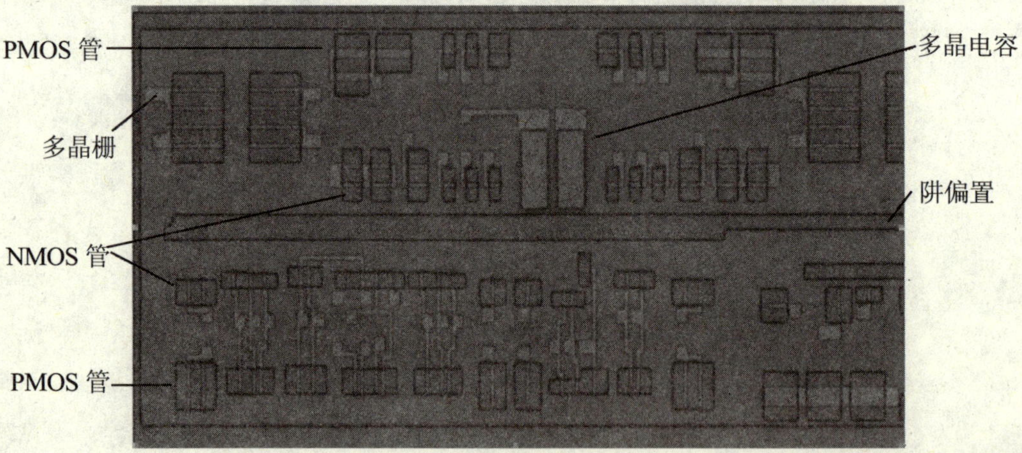

图 3.11　A 区从 POLY 层看到的电路照片

以上简单介绍了反向设计的看图方法，不同芯片版图照片着色的颜色不尽相同，但是其电路的原理及版图布局的基本原理是一致的，这需要平时多学习、多观察，积累更多的版图设计素材，这样就能逐步提高自身的电路版图设计能力。

本章小结

本章讲解了 Linux 的基本操作命令和 vi 编辑器，同时也对目前市场上的三大 IC 设计软件供应商进行了简单的介绍，最后通过一个实际的芯片反向设计例子对逆向设计流程进行了阐述。

思考与练习

一、填空题

1．如果当前目录下存在一个目录 sample，该目录下存在子目录，想要强制性删除该目录时，应该在当前目录所在路径里键入______________________。

2．退出 vi 并保存文档的命令是________________。

3．vi 编辑器分为_______________、________________和______________三种模式。

4．vi 编辑器在命令行模式下按下字母____________就能够进入插入模式。

5. 如果需要在/home/ic 目录下按文件名查找 train.txt 文件，应该键入________________________________命令。

二、选择题

1．Linux 中 ls –l 命令显示的信息包括：(　　)

A．文件权限、文件大小　　B．链接数、文件所有者

C．日期和时间、文件名、文件组别　　D．以上都是

2．Linux 通配符中的“*”代表：(　　)

A．单个字符　　B．任意长度的字符　　C．两个字符　　D．一个字段

3．Linux 中显示当前所处的目录与路径的命令是：(　　)

A．pwd　　B．PWD　　C．pcd　　D．PCD

三、问答题

1．请画出芯片封装结构图，并对芯片封装结构图进行简单的说明。

2．什么叫做反向设计？并简述反向设计流程。

第 4 章 Virtuoso Schematic 使用基础

【知识目标】

（1）了解 Virtuoso 库的管理；
（2）掌握电路图的输入方法与 symbol 的创建；
（3）了解电路图设计流程。

【技能目标】

（1）熟练新建库及新建单元视图；
（2）熟练使用快捷键进行电路图的编辑。

【重点难点】

（1）理解电路的库管理方法；
（2）电路图与 symbol 的对应关系；
（3）理解前端电路设计的流程。

【参考学时】

参考学时为 1 学时。

4.1 初步认识 Virtuoso Schematic 编辑器

Virtuoso Schematic 是集成电路的电路图设计工具。电路设计也称 IC 的前端电路设计，只有当电路设计完成并仿真验证之后才开始下一阶段工序即版图设计（即后端设计）。电路图与版图息息相关，只有熟练掌握了电路的基本知识，才能设计出高质量的版图，因此要求版图设计人员应该具备较好的电路水平。学习版图设计之前，应先了解如何进行电路设计。Cadence 软件集成了前端到后端的所有设计工具，设计功能强大且操作方便。本章通过做、学、练三个环节介绍 Cadence 中的电路设计工具 Virtuoso Schematic 编辑器的操作方法。

4.1.1 启动 Virtuoso Schematic 编辑器

➤➤跟我做1：启动Cadence软件

（1）登录到个人用户后启动命令终端。

（2）新建一目录作为自己电路设计的文件夹（尽量不要在根目录下直接运行 Cadence

软件），例如文件夹名为：mylib。

$mkdir mylib

（3）进入新建的目录下：

$cd mylib

（4）在命令终端下输入 icfb&并回车：

$icfb&

“&”指的是后台运行程序，如果没有输入此符号，则当命令窗口关闭后，所运行程序也随之关闭，建议运行 icfb 时都输入此字符。此时会弹出一个 CIW（Command Interpreter Window）窗口，如图 4.1 所示。此窗口是 Cadence 软件的总窗口，用来监视所有的操作进程。至此，Cadence 设计软件已经启动，关闭此窗口则退出了 Cadence 软件。

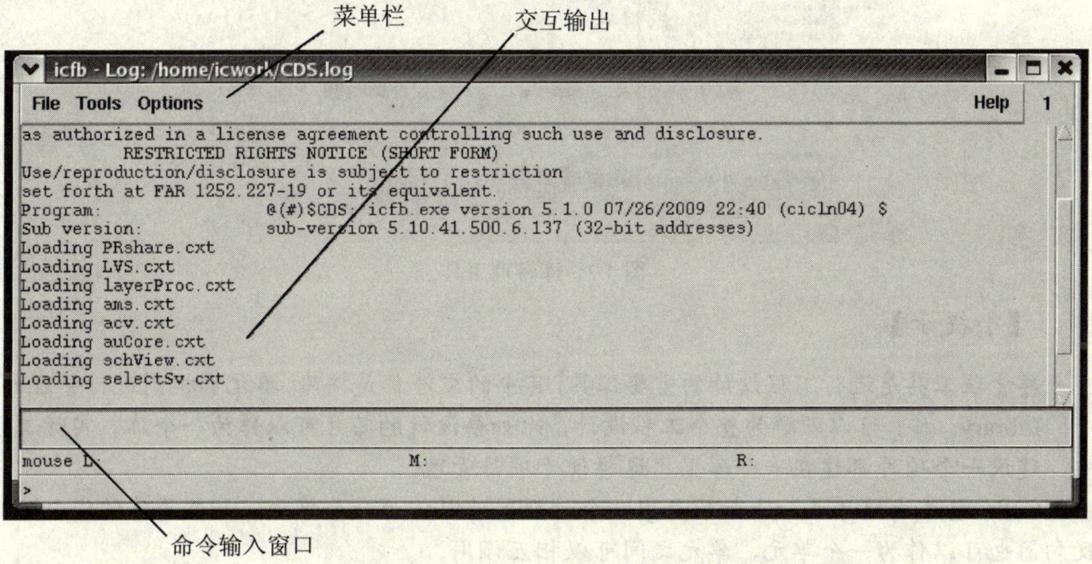

图 4.1　CIW 窗口

【小提示】

Cadence 软件的启动命令不仅仅是 icfb，icms、icde、msfb 等命令也可以启动 Cadence。但 icfb 命令集成了大多数的前端电路到后端版图设计的主要工具，所以经常使用此命令作为启动命令。

有时候 Cadence 启动后，伴随 CIW 窗口还会自动弹出“what’s New…”窗口，窗口中列出了此版本较以前版本的改进和优点。选择 file 菜单中的 close 将其关闭即可。

CIW 窗口是 Cadence 软件的控制窗口，从菜单栏 Tools 中可以调用 Cadence 集成的许多工具，包括电路图设计工程以及版图设计工具等。CIW 窗口主要有三种功能。

（1）菜单栏：可以调用所使用的设计工具，并对设计工具进行系统设置等。

（2）交互输出栏：列出系统信息及实时显示对工具的操作。

（3）命令输入栏：可以直接输入命令进行操作。

4.1.2 启动电路图编辑器

➤➤跟我做2：启动Virtuoso Schematic编辑器

（1)在 CIW 窗口点击 Tools 弹出下拉菜单，鼠标左键点击选择库管理工具 Library Manager，弹出库管理工具如图 4.2 所示。库管理工具是 Cadence 软件具有特色的文件管理工具。

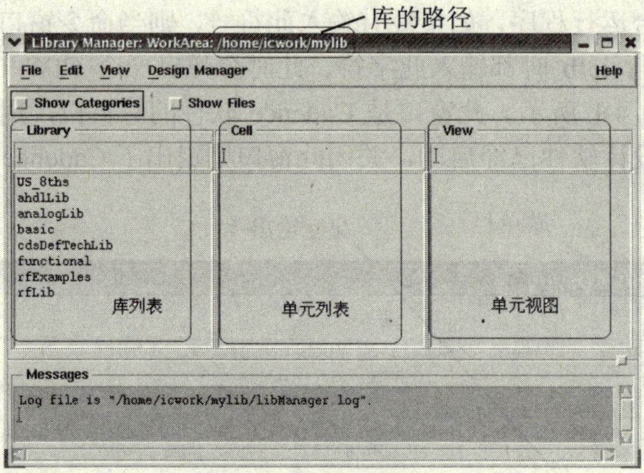

图 4.2 库管理工具

【小提示】

库管理工具是进行工程设计的重要工具，其中的文件都是按库、单元和视图进行管理的。

Library：库，可以理解为整个工程设计，比如要设计的芯片可以作为一个库。实际工程中，建议一个项目都建在一个库里，这样便于项目管理。

Cell：基本电路单元，比如项目中一个计数器可以作为一个单元，一个简单的门电路如反向器也可以作为一个单元，单元之间可以相互调用。

View：视图，这是单元的各种表达形式。有电路形式 Schematic，有版图形式 Layout，还有符号形式 Symbol 等。

（2）新建一个库名。项目工程开始时首先新建一个库，在图 4.2 库管理工具中依次点击 File→New→Library…，则弹出 New Library 对话框，如图 4.3 所示。

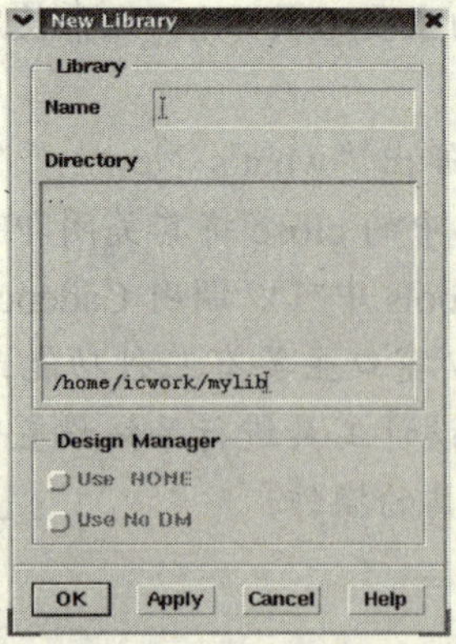

图 4.3 New Library 窗口

图 4.4 Technology File for New Library 窗口

（3）在 Name 一栏中输入库名，例如：my_design。然后点击下方的“OK”按钮关闭，弹出 Technology File for New Library 窗口，如图 4.4 所示。

这个窗口的意思是为新建立的库指定一个工艺文件，工艺文件是半导体生产厂家为版图设计者提供的工艺细节，比如：图层定义、最小间距、基本器件版图、显示方式等。如果只进行电路图设计，则可以选择 Don’t need a techfile（不需要工艺文件），如果是进行版图设计，则可以选择 Compile a new techfile（建立新的工艺文件）或 Attach to an existing techfie（使用一个存在的工艺文件）。这里我们只进行电路图设计，所以选择不需要工艺文件，然后点击“OK”确定。此时通过库管理工具可以看到新建的库，这一个库就建好了。

（4）新建一个单元：由于库 my_design 是新建库，所以鼠标左键选中此库时，发现其中没有任何单元，用户可以创建自己所需要的单元，或者把其他的库里的单元复制进来。新建单元的操作方法是：菜单中依次点击 File→New→Cell View...则出现一对话框架，如图 4.5 所示。

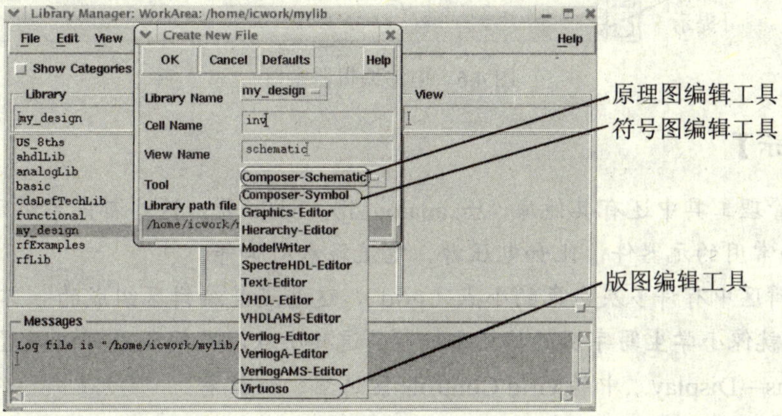

图 4.5　新建一个单元

图 4.5 中，Library Name 一栏是库名，说明要新建的单元放在哪一个库内，这里我们选择 my_design。Cell Name 一栏填入要创建的单元名，例如填入 inv。View Name 不需要我们手动填写，此栏是与下边的 Tool 一栏内选择的工具相对应，选择不同的 Tool 会自动填入不同的 View Name 类型。当工具选择 Composer-Schematic 时，View Name 自动填入 schematic。单击“OK”确定后名字为 inv 的电路图编辑器窗口就出现了，如图 4.6 所示。下面简要说明图中所列出的区域。

电路信息：列出了当前电路编辑器的操作名称。

编辑状态：Cmd 显示了当前的操作命令，Sel 列出了选中器件的个数。

编辑区：用来放置器件，进行器件间的连线。

菜单栏：提供了丰富的操作命令。

常用命令图标：列出将最常用到的操作命令。

鼠标三键：指出左、中、右键的作用。

操作提示：当鼠标处于命令操作期时，此处会提示下一步操作方法。此内容对于初学者非常有用，建议多注意查看此处的提示。

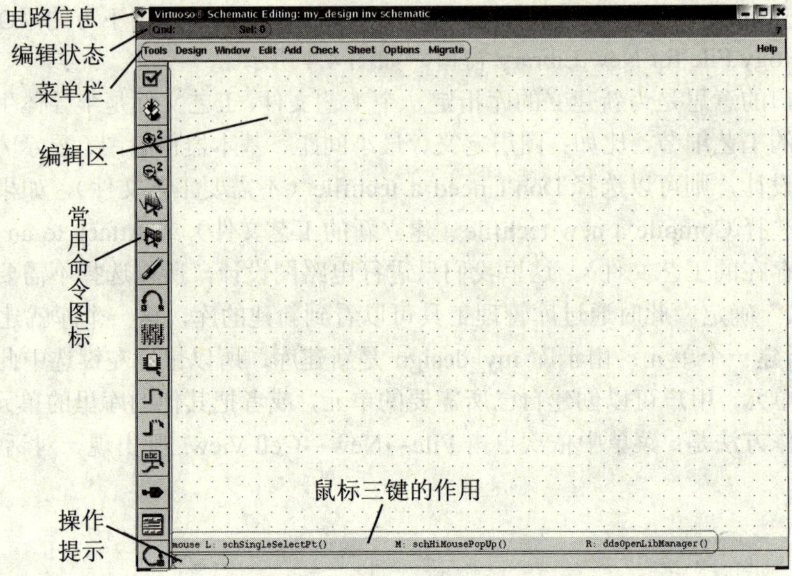

图 4.6　电路编辑器窗口

【小提示】

（1）库管理工具中还有其他库，如 analogLib，basic 等，这些都是系统配置的库文件，可以提供一些常用的元器件，比如电压源、电流源和引脚等。

（2）编辑区中有许多灰白色的小点（grid），这些点是编辑区组成的一部分，有利于器件摆放整齐，就像小学生写字用的格格本一样。这些小点以及间隔是可以设置的，具体设置在菜单 Options→Display…中的 Grid Controls 区域里，试试看。

（3）库名、单元名和视图都可以编辑，比如重命名、删除、复制等。可以在库管理工具中鼠标左键选中所需要编辑的对象，点击鼠标右键进行相关选项即可，类似于 Windows 操作。

4.2　电路编辑窗口常用命令

图 4.6 的电路图编辑窗口是进行电路前端设计的主要窗口，在各个菜单中分门别类地列出了电路设计所用到的所有操作，同时还将最常用的命令以图标的形式和快捷键的方式给出。本节仅对最常用的命令作简要介绍。

➤➤跟我学1：编辑窗口常用命令图标介绍

常用命令图标位于编辑窗口的左侧，这些图标列出了电路图编辑过程中经常用到的命令，将它们单独列出来以供快速选择，共计有 16 个图标，功能注释如下：

——Check and Save：检查并保存（显示电路中的错误与警告，检查结果在 CIW 窗口中显示）。

——Save：保存（不做检查）。

——Zoom in by 2：将当前视图放大 2 倍显示。

——Zoom out by 2：将当前视图缩小 2 倍显示。

——Stretch：可以拖拽对象，将选中的对象进行移动操作。

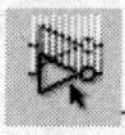——Copy：复制，可以复制选中的对象。

——Delete：可以删除选中的对象。

——Undo：撤销操作，可以将前一个操作恢复。

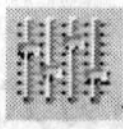——Property：对象属性，可以用来修改对象的特性。

——Instance：添加器件，可以用来添加器件。

——Wire（narrow）：连线，可以用来连接器件。

——Wire（wide）：总线连接，用来连接总线。

——Wire Name：线名，可以用来对一条线命名。

——Pin：引脚，可以用来定义线的输入输出特性。

——Command Option：命令选项，对上述一些操作进行详细说明。

——Repeat：重复命令，可以重复刚刚操作的命令。

【小提示】

（1）命令使用方法：先用鼠标左键点击命令，然后在编辑器图中选择对象。

（2）将鼠标放在这些图标上稍等片刻，它的名字就出现在该图标下面，帮助识别图标，试试看！

（3）当前命令操作完毕后退出切记按“Esc”键退出哦！

➤➤跟我学2：鼠标作用

1．鼠标左键选择：单击可选中单一对象，或者可用“Shift”键或“Ctrl”键或拖拽出一选择框等方法选择多对象，被选中的对象会有一白色方框包围，类似于 Windows 操作。

2．鼠标右键放大：可对选中的区域放大显示，方法是右键在任一位置按下不松开，然后移动鼠标拖曳出一方框后松开右键，这时方框区域将被放大到占据整个编辑窗口。

➤➤跟我学3：命令快捷键

电路设计中使用快捷键可以大大加快编辑速度，电路图编辑器列出了一些常用的快捷键的操作，这些快捷键可以在菜单栏里找到，如图 4.7 所示。

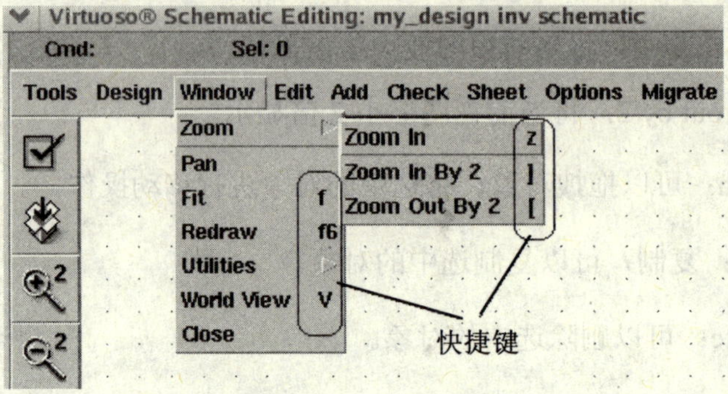

图 4.7 快捷键提示

从图 4.7 中可以看到，菜单中命令后列出的字母或字符就表示了此命令的快捷方式，直接按此字符即可执行此命令。为方便备用查阅，表 4.1 列出了常用的一些快捷键。

表 4.1

快 捷 键	说 明
X（大写）	Check and Save 检查并保存
S（大写）	Save 保存
E（大写）	进入选定的子电路中，并可修改它
E	进入选定的子电路中，但只能读，不能修改
F	Fit，显示整体电路
U	Undo，撤销上一次操作
M	Move，移动对象
C	Copy，复制对象
Del	删除对象
R	Rotate，旋转对象
W	Wire，连线操作
I	Instance，添加器件
L	Wire name，给连线命名
P	Pin，添加引脚

【小提示】

大写的快捷键，使用 shift+字母来执行。

【综合案例】 反向器设计

任何项目的电路设计都是从创建最小单元创建开始的，然后小规模电路调用最小单元，而大规模电路调用小规模电路，直到整个系统的建立完成。本次练习通过一个最小单元——反向器单元的设计，了解单元设计的基本流程并初步掌握常用电路图编辑器的使用方法。

一个单元设计的流程包括以下内容：

（1）在工程库下新建此单元；

（2）打开电路图编辑器；

（3）在电路图编辑器中调入器件，进行连接，形成最终电路结构；

（4）电路图中引入引脚，定义输入、输出端。

（5）根据此电路生成对应的符号（symbol），以方便其他层次调用。以下详细介绍此流程。

1）添加库或新建库

新工程启动后首先要新建库，将工程所需要的所有单元建在同一个库里。通过前面的学习知道了如何创建一个库文件，但是工程设计过程中有时也常常要添加一个库，以方便自己调用，比如上述的 analogLib 库、或者其他工程设计人员已经设计好的库等。这时如果要加到自己的 Cadence 软件下使用，就不需要新建库了，而应该把别人的库添加进来，该如何做呢？添加库的步骤如下：

①打开库管理文件 cds.lib，这个文件是用来管理库文件的，通常放在 Cadence 的工作文件夹下。例如，任务 1-1 里的使用的工作目录是 mylib，打开命令终端，进入到 mylib 目录下，然后通过命令 ls 列出所有的文件，可以看到 cds.lib 文件了。

②通过 vi 打开这个文件，可以看到文件的内容大概如下：

```
INCLUDE /home/icwork/eda/cadence/share/cdssetup/cds.lib
DEFINE mydesign /home/icwork/mylib/my_design
……
```

这个文件是 Cadence 管理库内容的名单，通过简单的语法组成，当 Cadence 启动后，首先是读入这个文件，然后将这个文件所列出的所有文件导入到图 4.2 所示的库管理工具中。可以看出，库名 my_design 是自己刚刚建立的，cds.lib 通过 DEFINE 语句列出，而其他的库如 US_8ths，analogLib，basic 等存在于/home/icwork/eda/cadence/share/cdssetup/cds.lib 这个文件里，通过 INCLUDE 语句将这个文件包含进来，有兴趣的同学不妨把这个文件打开看看。通过这样的方法，就可以把想要添加的库加入进来。

③用 vi 编辑 cds.lib，在文档最后一行其中添加这样的语句即可：

DEFINE　要添加的库名、库的路径

完毕后保存退出，启动 Cadence 后这个库文件就已经存在于库管理工具下了。

本次案例不添加任何库目录，还以 my_design 作为设计库。

【小提示】

要删除一个库文件，可在 DEFINE 前加入一个字符“#”即可。试试看。

2）打开电路图编辑器

因为前节已经建立了一个反向器单元，所以此处只需要打开库管理工具，用鼠标左键单击库，选中 my_design 库后，Cell 中会列出单元 inv，View Name 同时列出了电路图形式 schematic。用鼠标左键双击 schematic，打开 Virtuoso Schematic 编辑器，最终要设计的反向器电路图形状如图 4.8 所示。

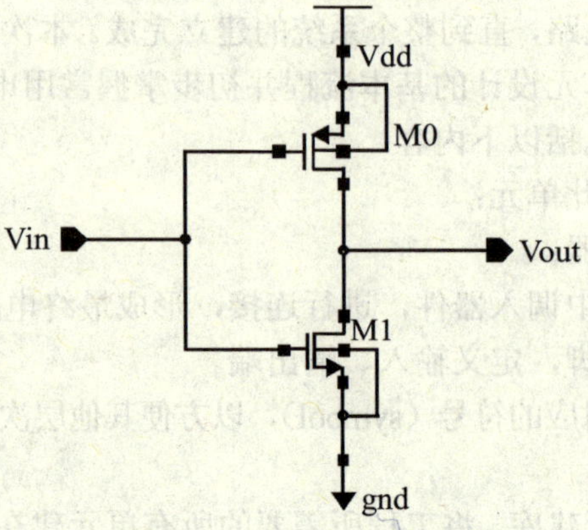

图 4.8　反向器电路图

3）添加器件并连接

从图 4.8 中可以看出，需要添加的器件包括 PMOS 管 M0，NMOS 管 M1，电源 Vdd，地 gnd 以及输入、输出引脚 Vin、Vout。

这些器件都存在于库 analogLib 中，可以从这个库中调出所需要的器件。

注意：工程实践中，半导体制造厂商会提供给用户所需要的设计库，库中会包括各种 MOS 管、电阻、电容等器件，可以从中添加所需要的器件。作为本次练习就从 analogLib 库中调取。完成设计需要的步骤如下所述。

步骤 1：按快捷键“i”或者用鼠标左键点击左侧常用命令图标中的添加图标，打开添加器件窗口，如图 4.9 所示。

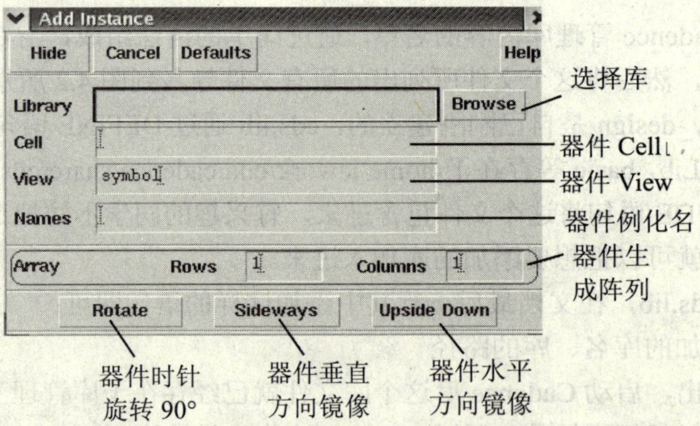

图 4.9　添加器件窗口

其中，Library 是指要添加的器件所在的库，Cell 是指定库内要添加的器件名，View 是要添加器件的视图形式。电路图里都是以 symbol 的形式出现，所以直接给出，不用填写。Name 是器件的例化名，也就是此器件在本电路图编辑器中所标识的名字。

步骤 2：点击 Browse 按键，弹出 Library Browser 窗口，如图 4.10 所示，形式与库管理工具 Library Manager 相同。依次用鼠标左键单击库名 analogLib、cell 中名为 nmos4，View 中会自动选择 symbol，此时会发现所选择的器件会立即填写到添加器件窗口相应的内容中。

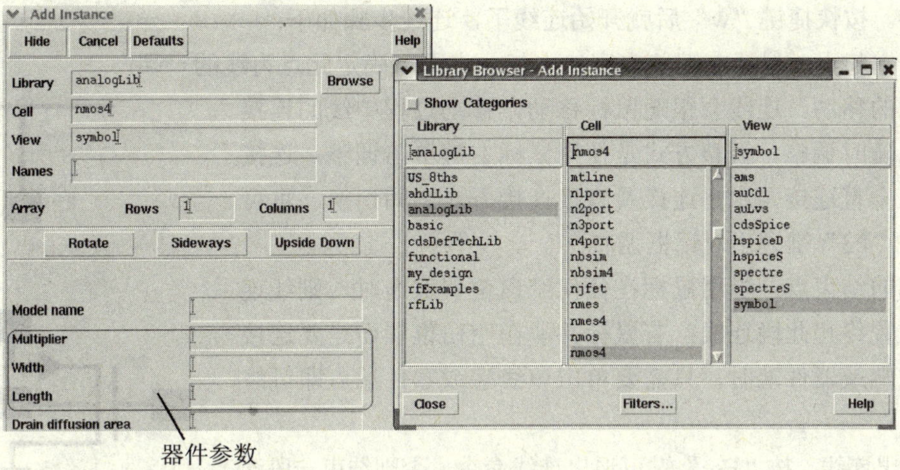

图 4.10　添加器件

同时会发现，在电路图编辑窗口内，鼠标上粘有一个 NMOS 器件，先不要点击鼠标左键，而是在图 4.9 中试着用鼠标左键分别单击器件旋转的三个命令 Rotate、Sideways 和 Upside Down，看看粘着的器件会发生什么变化。添加器件窗口同时会列出此器件的许多特性，暂时先不填写，点击上方的 Hide 按钮隐藏此窗口后在编辑窗口内单击鼠标左健可以放置此器件。单击一次放置一次，直到按“Esc”键退出添加命令。

用同样的办法可以添加 PMOS 管，Cell 中的器件名为 pmos4。

【小提示】

（1）如图 4.10 所示，所添加的器件同时会列出许多相关的参数设置，实际工程中经常用的参数有器件的宽（Width）、长（Length）、并列个数（Multiplier）等，长宽的单位默认为米（m）。参数设置也可以在放置完器件后，用鼠标左键单击要设置的器件，按“q”键打开器件属性对话框进行设置。

实际上器件的长宽一般以微米（μm）为单位，如果器件的长为 10μm，直接在器件长度设置里面输入 10μ 即可。

（2）当对命令进行操作时，电路图编辑窗口左下方都会有英文提示下一步如何操作，您看到了吗？比如现在鼠标上粘有一个器件准备放在编辑窗口内时，左下方就会有如图 4.11 所示的提示（意思是为这个器件点一个位置进行放置）。

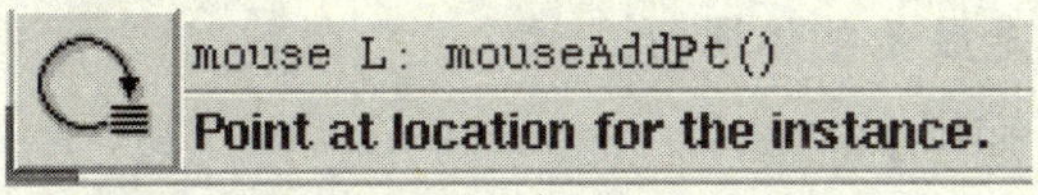

图 4.11　命令提示框

（3）记得经常按“x”键保存您的设计哦（养成好的习惯很重要啊）。

步骤 3：添加电源 Vdd，地 gnd。这两个器件也在库 analogLib 中，Cell 名分别为 Vdd，gnd。放置完毕后如图 4.12 所示。

步骤 4：开始连线吧！

连线有粗细线之分，粗线用在数字系统的总线中，普通连线用的是细线，这里我们使用细线连接。按快捷键“w”后就开始连线了，连线步骤如下：

①确定起点。鼠标左键单击窗口内任一点即可确定此点为线的一端。

②线的移动。连线会跟随鼠标移动，移动过程中线的连接方式可以随时调整。调整方式是使用鼠标右键单击调整，连接方式会在垂直连接、水平连接及直接连接方式之间切换，也可以直接按“F3”键调出对话框调整。

③线的结束点。当用鼠标在任何空白位置双击时，则线连接以此位置终止此段连线；若鼠标并非在空白位置而是要连接到其他线端或器件端时，只需要单击该线端或器件端点即可终止连线。

④退出连线。按“Esc”键可退出连线命令，否则结束一段连线后会继续下一段线的连接。

注意：鼠标在各个器件间移动时，当靠近鼠标的器件端口（红色的小方块）处会出现一个黄色的菱形的小框，这个菱形框是用来捕捉端点的，说明连线要连接此端口时必须点到菱形区域内才能连接成功。

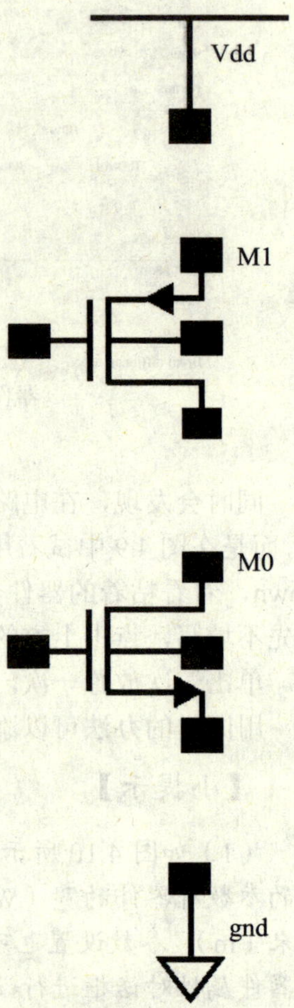

图 4.12　放置器件

【试试看】

（1）试试按“Del”键删除一个器件，方法是先按删除键“Del”，然后点击器件就可以连续删除了，记得按“Esc”键退出啊，否则鼠标一直处于删除状态。快捷键“u”可以把刚删除的器件恢复出来。

（2）试试用 Copy 按钮吧，快捷键是“c”，方法是先选择这个命令，然后用鼠标左键点击选择器件，接着为选中的这个器件点击一个参考点进行 Copy，参考点的意思就是新 Copy 的器件移动时距离鼠标移动的相对位置。鼠标移动时，器件会跟着移动，点击鼠标就可以放置器件了。如果要将选中的器件以一定的方式复制多个，可以在选中器件后按“c”，然后按“f 3”，试试看！

（3）试试按“[”、“]”可以放大、缩小视图。

（4）“F”键的作用是显示整体图形。

步骤 5：加上输入、输出 pin。

首先按快捷键“p”调出添加引脚对话框，如图 4.13 所示，在 Pin Name 一栏中输入要添加的引脚名如 Vin，因为这个引脚是反向器的输入端，于是在 Direction 一栏中选择 input，默认其他选项，再选择 Hide 隐藏这个窗口，会发现鼠标中有一个名为 Vin 的红色小图形，将其在反向器的左侧位置点击鼠标左键放置后，使用连线命令将此 pin 与反向器输入端连接在一起即可。用同样的方法，添加一个名为 Vout 的 pin，Direction 一栏中选择 ouput，默认其余选项后隐藏对话框，然后把它放在反向器右端，再与反向器输出连接在一起。

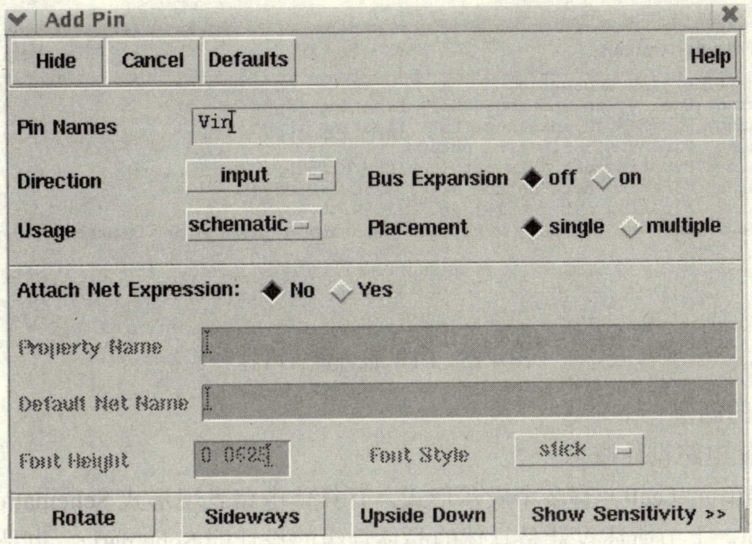

图 4.13　添加 pin 对话框

步骤 6：检查并保存。

命令快捷键是“x”。电路设计时养成经常保存设计结果的习惯很重要，Cadence 同时还会帮助检查设计的电路是否有错误或警告，检查主要是针对电路的连接关系是否有短路情况（此时会报出错误）或者端口悬空没有连接（此时会报出警告），优秀的设计师会经常检查自己的设计结果，假如反向器中两个 MOS 管栅端未连接，如图 4.14 所示。检查结果如下，虽然没有错误，但有 6 个警告，电路图中同时也会把有警告的端口以黄色框加“X”的形式显亮出来，查看 CIW 窗口警告的内容，如图 4.15 所示。从 CIW 中可以看出，器件 M1、M0 的 G 脚是悬空的，没有接任何信号，同时引脚 Vin 也是悬空的。修改悬空的引脚按反向器的方式连接好，再检查直至没有任何错误警告，则反向器的电路图设计就完成了。

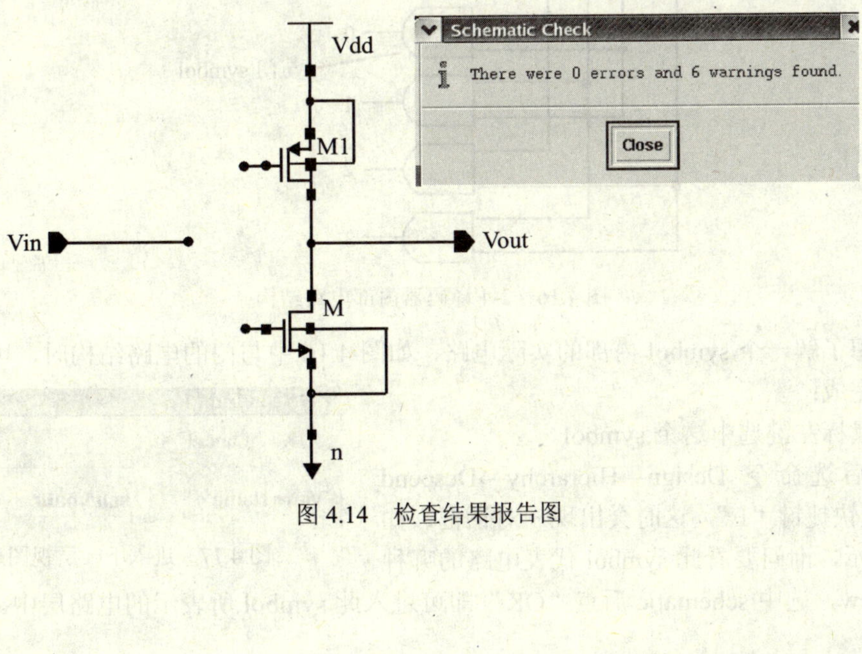

图 4.14　检查结果报告图

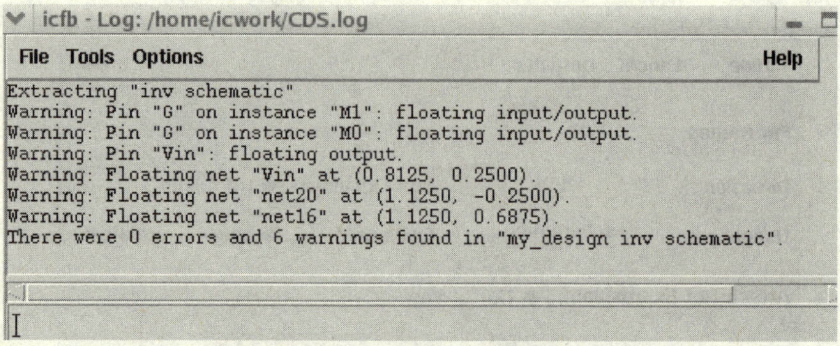

图 4.15 CIW 报告警告内容

4）symbol 的创建

（1）层次化电路设计概念

一个反向器单元（cell）有多个表示形式，有具体电路表现形式 Schematic，也有符号表现形式即 symbol。上节所述设计是具体的晶体管级的设计即 Schematic，也是电路最底层的设计。symbol 只是用一个电路符号来代表晶体管级电路或者下一级电路。在实际工程中，电子系统都是层次化设计的，即先由底层晶体管构成各种门级电路，如反向器、或非门、与非门等，然后由这些门级电路组成高一级别功能的电路，如 D 触发器、译码器等，再根据需要层层向上，构建成规模更大的电路系统，上一层电路叫父电路，下一层电路叫做子电路。当上层次电路调用反向器时，只需要调用它的 symbol 即可。如图 4.16 所示的 2-4 译码器，是由反向器的 symbol 和与门的 symbol 组成的。这样组成的电路容易理解且电路直观性强，另外还可以看出，上层电路内部器件的 symbol 可以复制使用。

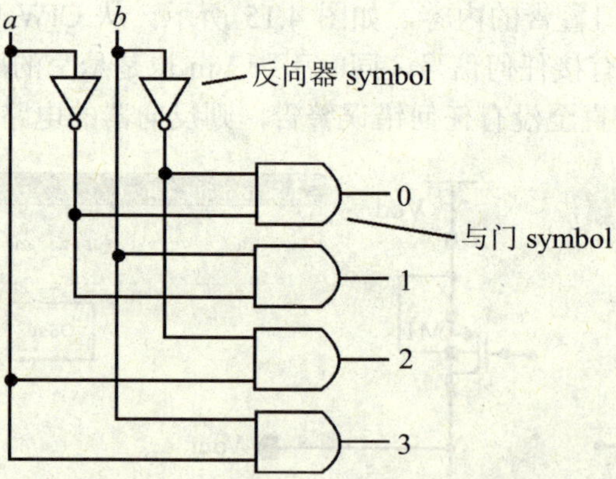

图 4.16 2-4 译码器内部电路结构

如果想了解一个 symbol 内部的实际电路，如图 4.16 中与门的电路结构时，可以通过如下步骤来完成：

①用鼠标左键选中这个 symbol。、

②然后选命令 Design→Hierarchy→Descend Edit…，或快捷键“E”，这时会出现一对话框，如图 4.17 所示，询问要看此 symbol 代表电路的哪种类型的 View，选中 schematic 后点“OK”即可进入此 symbol 所表示的电路层中。

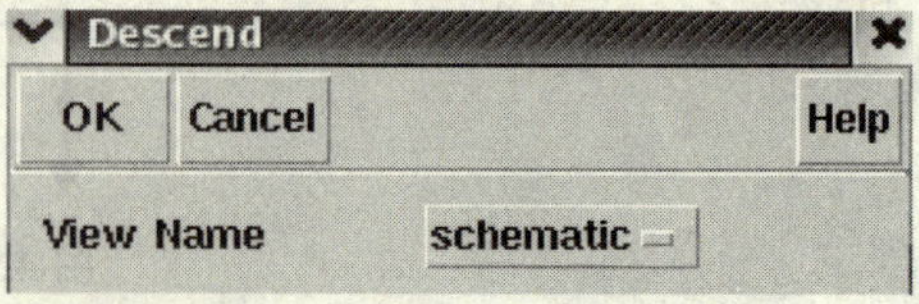

图 4.17 进入下一层视图选择

③返回上一层电路可用快捷键“Ctrl+e”。

说明：由于本库还没有出现其他层次化电路，所以暂时无法演示上述步骤。

（2）反向器的 symbol 创建

反向器的 symbol 创建步骤如下：

①打开所建反向器的 schematic 视图。

②检查并保存无误后选命令：Design→Create Cellview→From Cellview…，弹出一对话框，如图 4.18 所示。此对话框列出了要转化成 symbol 的一些信息，比如从电路图转成 symbol，使用的转换工具是 Composer-symbol 等。确认无误后点击“OK”确认。

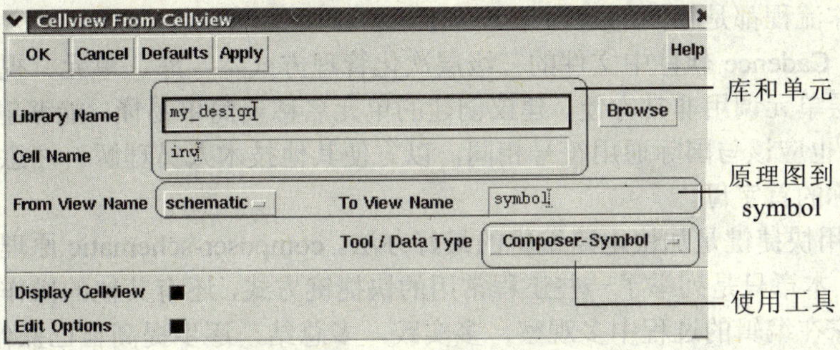

图 4.18　转换视图确认

③此时弹出一对话框，如图 4.19 所示，此对话框是关于对生成的 symbol 引脚的一些设置，Pin Specifications 选项中会列出反向器电路中所有的 Pin，并把这些 Pin 根据输入、输出特性分别放在 Left Pins 一栏或 Right Pins 一栏，也可以按照自己的习惯进行调整放置。设置完成后点击“OK”确认。

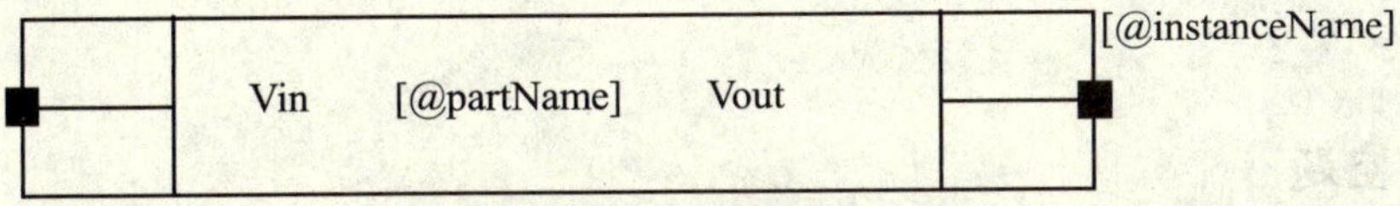

图 4.19　系统生成的 symbol

④此时 Cadence 会弹出 symbol 编辑窗口，窗口内会按系统默认方式生成一长方形的 symbol，引脚会按图 4.18 所示的引脚位置进行放置，如图 4.19 所示。

注意：此 symbol 编辑窗口虽然与电路图编辑窗口很相似，但实际上它只是一个类似于 Windows 操作系统下的画图工具，提供各种画图方法，如直线、圆、圆弧等图形，可以参照编辑器左侧的图标工具和 Add 菜单栏中的 Shape 选项。在此编辑器里可以画出任何图形。

⑤修改图 4.19 的 symbol。删除红色的边框和绿色的方框，保留 Pin 脚和名称及连线点，然后根据自己的意愿调用左侧的线命令（Line）来画出所需要的三角图形。同时，Add 菜单下 Shape 里有圆（Circle）的操作命令，可以用来画出一个圆形图案，并将它们连接在一起即可。为了保证所使用的图形能直观反映电路的功能并且符合国际惯例规定，建议画出的符号应与图 4.20 所示一致。

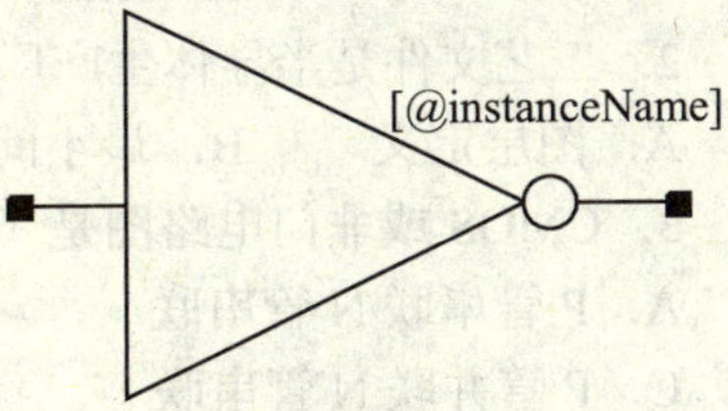

图 4.20　修改后的 symbol

⑥保存关闭此编辑窗口即可。此时在库管理器中可

以查到反向器 Cellview 中已经存在的 symbol 图形了，表明 symbol 就已经建成了。

本 章 小 结

1．集成电路设计首先需要进行系统规划、功能定义，然后进行电路图设计，这就是所说的前端设计，只有当前端设计达到性能指标要求时，才能进入版图设计阶段。本章介绍了 Cadence 软件下的 composer-schematic 原理器编辑器的操作流程。无论简单的小电路还是大规模电路，操作流程都是相同的。

2．介绍了 Cadence 软件中文件的三级层次化管理方式——库、单元、视图。这样的管理方式对于上层单元调用非常方便，建议创建的单元名称要简单易懂，能够望文生义，同时做成的 symbol 也应该与国际通用符号相同，以方便其他技术人员理解。注意：数字和下划线不能作为名称的首字母。

3．熟悉应用快捷键是加快电路编辑的最好办法。composer-schematic 原理器编辑器操作功能十分强大，本章只是列举了一些工程常用的快捷键方式，还有其他的操作方式未能一一列出，希望大家在编辑的过程中多观察，多实践，多总结，逐步提高自己操作水平。

4．电路图编辑器与 symbol 编辑器用法十分相似，只不过前者是进行电路连接的，而后者只是一个画图工具，左侧同样提供了一些常用操作工具，最常用的操作工具用于画线段、圆以及圆弧。提示：操作时注意观察窗口左下方的操作说明，按照提示方法操作。

思考与练习

一、填空题

1．启动 Cadence 时输入命令“icfb&”，命令中带&表示 Cadence 将在______运行。

2．Virtuoso Schematic 中添加器件的快捷键命令是______。

3．cds.lib 文件是用来______________。

4．Virtuoso Schematic 中“F”键的作用是________________。

二、选择题

1．Cadence 的启动命令有（　　）。

A．icfb　　B．icms　　C．icde　　D．以上都是

2．工艺文件是半导体生产厂家为版图设计者提供的工艺细节，它包括了（　　）。

A．图层定义　　B．最小间距　　C．基本器件　　D．以上都是

3．CMOS 或非门电路图是（　　）。

A．P 管串联 N 管串联　　B．P 管并联 N 管并联

C．P 管并联 N 管串联　　D．P 管串联 N 管并联

4．CMOS 与非门电路图是（　　）。

A．P管串联N管串联　　　　　　B．P管并联N管并联

C．P管并联N管串联　　　　　　D．P管串联N管并联

三、简答题

1．简述 Cadence 库管理工具的结构，并对结构中的每一部分进行简单的说明。

2．简述 CIW 窗口的主要功能。

3．以二输入端与非门为例，说明 Virtuoso Schematic 单元电路设计的流程。

第 5 章　版图编辑器 Virtuoso 使用基础

【知识目标】

（1）理解 Virtuoso 技术库的配置；
（2）学会定制 Virtuoso 的编辑环境；
（3）理解显示层的作用。

【技能目标】

（1）熟练掌握显示层的设置和操作；
（2）熟练使用快捷键进行几何图形绘制。

【重点难点】

（1）层的含义和操作方法；
（2）几何图形的逻辑操作。

【参考学时】

参考学时为 2 学时。

第 4 章介绍了 Cadence 原理图设计的操作，在确认原理图达到设计要求之后，下一步就是以代工厂（Foundry）提供的半导体工艺文件为准，依据设计规则进行版图设计。要注意的是，集成电路设计时，从原理图到版图都要以代工厂提供的工艺文件和工艺准则为依据进行设计，Cadence 只是提供了一个操作平台。Cadence 最精华的部分其实也就是在版图操作方面，即版图编辑大师 Virtuoso。与其他的版图编辑软件相比，具有界面漂亮友好；操作方便高效；功能强大完备的特点，在业界的使用率最为广泛。从本章开始以国内某工艺厂商的 0.5μm 2P3M CMOS 工艺为依据对 Virtuoso 的操作进行详细介绍。

5.1　Virtuoso 界面介绍

Virtuoso 从启动到设计完成始终与代工厂工艺密切相连，不同的代工厂将提供不尽相同的工艺文件给设计单位使用，工程设计人员首先对相应工艺文件在 Virtuoso 下配置完成以后，才可以启动相应的 Virtuoso 界面。本节首先介绍工艺文件的配置，然后介绍启动 Virtuoso 界面。

5.1.1　Virtuoso 工艺文件配置与关联

由于版图设计与半导体工艺密切相关，所以在启动 Virtuoso 之时，设计单位必须向晶圆代工厂申请相关的工艺文件，得到工艺文件后方可进行相关版图设计，设计检查无误后向代工厂提交相应的 GDSII 式文件进行流片生产。整个设计流程如图 5.1 所示。

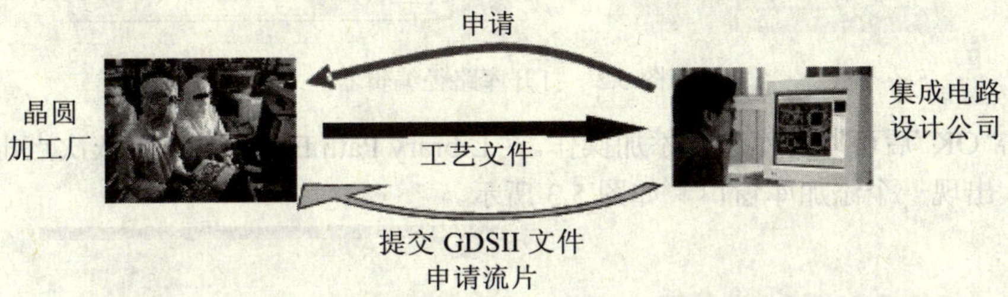

图 5.1　集成电路设计单位与晶圆厂的关系图

代厂商提供的工艺文件包括两部分：

（1）技术文件（Technology file）

技术文件包含了设计必需的厂家制备半导体的多种信息，这些信息对设计，尤其是版图设计很重要。它提供了厂家所能生成的层的定义，各种器件的符号及几何、物理电学设计规则以及针对 Cadence 工具的规则定义，如自动布局、布线的规则，版图转换成 GDSⅡ格式时所使用的层号定义等。

现如今绝大多数代工厂都提供一套完整的工艺设计文件 PDK（Process Design Kits）给设计单位。PDK 文件除包括了一般工艺文件的内容外，还包括了器件的 SPICE 参数，晶体管、电阻、电容等元件和通孔（via）、焊盘等基本结构的版图，以及与设计工具关联的设计规则检查 DRC（Design Rule Check）、参数提取（Extraction）和版图电路图对照 LVS（Layout vs Schematic）文件。

（2）显示文件（Display.drf）

显示文件是工艺文件对应，是各个层的颜色配置，它定义了此工艺中各器件版图的颜色图案等，比如金属层 1 的颜色、阱区的颜色等。合理的定义显示文件可以有效地提高工程师对版图的识别效率，减小视觉疲劳。

➤➤跟我做1：版图编辑器Virtuoso启动配置

（1）将代工厂提供的层定义文件 techfile.tf 和层显示文件 display.drf 放在 Virtuoso 启动的目录下，这样 Virtuoso 启动时会自动调用此两个文件。如放在第四章所述的目录 mylib 下。

（2）进入到目录 mylib 下，启动 Cadence 软件，命令为：icfb&。

（3）在打开的 Library Manager 中调入厂家的器件库文件，这个器件库文件一般放在工艺文件中的 libs 文件夹中。我们以添加库的形式将此器件库加入当前的 Library Manager 中，步骤如下：

① 在 Library Manager 窗口中依次点击 Edit→Library Path…。出现如图 5.2 所示的窗口。

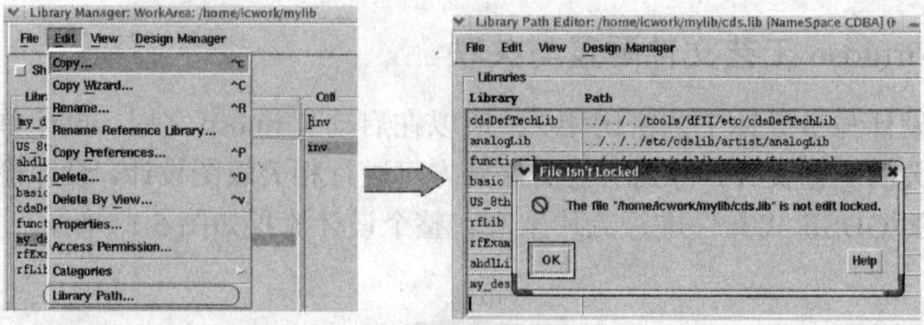

图 5.2　打开库路径编辑器

②点击“OK”后可以对库进行添加操作。在 Library Path Editor 窗口中依次点击 Edit→Add Library…，出现一个添加库窗口，如图 5.3 所示。

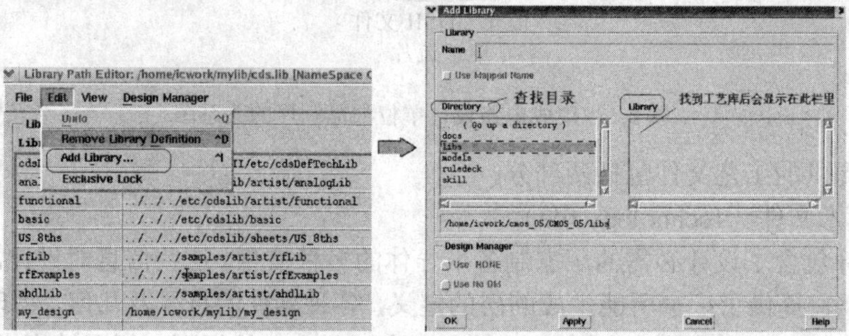

图 5.3　查找库

③在查找目录一栏中层级打开目录，找到厂家提供的工艺库目录 libs 后双击，相应的库文件就会显示在 Library 一栏中，本例中对应的库文件为 cmos05MS。选中 cmos05MS 文件后，单击“OK”确认。这样，器件库文件就添加到 Library Manager 中了，如图 5.4 所示。

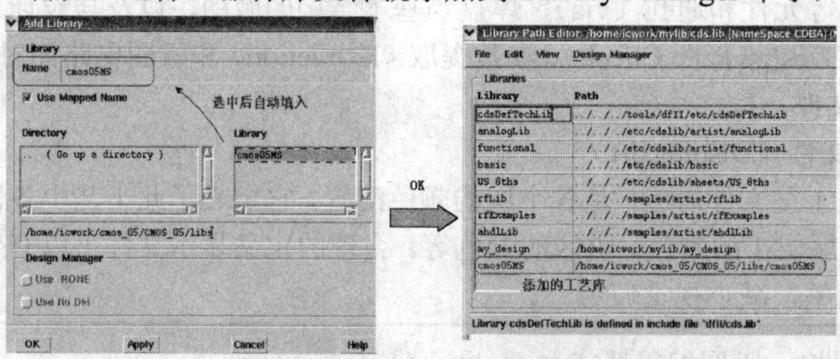

图 5.4　添加后的工艺库

④保存后覆盖原有的 cds.lib 文件，退出即可，如图 5.5 所示。

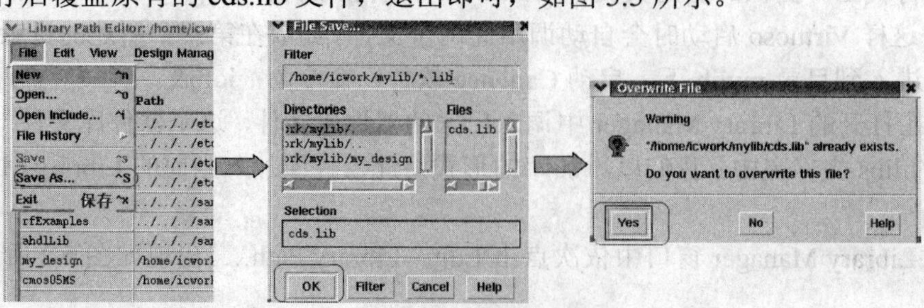

图 5.5　保存库的设置过程

（4）至此，打开 Library Manager 后，可以看到库中已经添加的器件库文件 csmc05MS。所有的器件信息已经在库中可以看到，包括晶体管 PMOS、NMOS 以及金属层的信息等。

器件库加入进来以后，可以将设计库如第四章建立的项目库 my_design 与器件库关联起来，这样，就可以在项目库 my_design 内进行版图设计时直接利用器件库的信息，比如层的定义和颜色显示等。

➤➤跟我做 2：工艺库与项目关联

（1）在 CIW 窗口中依次点击 Tools→Technology File Manager…，出现对话框如图 5.6 所示，此对话框可以对工艺库文件进行各种操作。

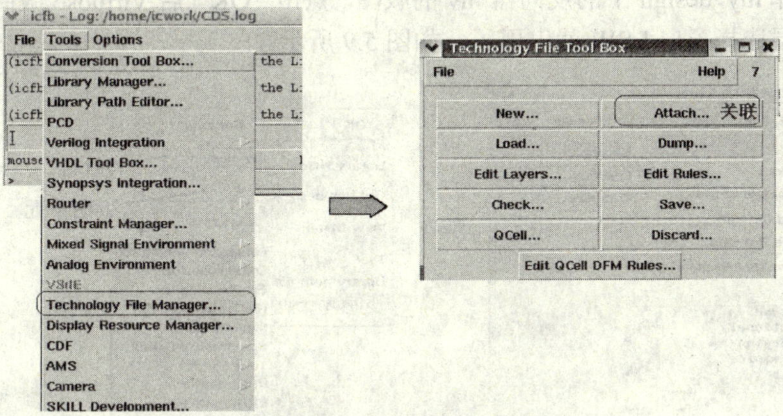

图 5.6　工艺库的管理工具

（2）在此处点击选择关联（Attach…）选项。表明是对工艺库进行关联操作。此时出现如图 5.7（a）所示对话框。询问要将当前哪个设计库与哪个工艺库进行关联，此处我们选择将设计库 my_design 与工艺库 cmos05MS 关联起来，如图 5.7 中设置所示。确认后关闭如图 5.7（b）所示的对话框，CIW 同时显示关联成功。

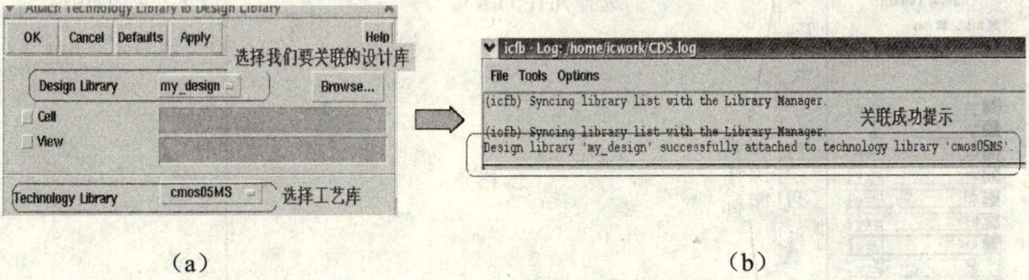

图 5.7　关联库的选择与 CIW 提示

【小提示】

新建设计库的时候也会提示进行相关的工艺库关联操作，具体的操作可以参看第 4 章启动电路图编辑器一节的内容。

5.1.2　Virtuoso 编辑窗口的布局

相关的工艺文件配置完成以后，此时就可以开始启动 Virtuoso 工具进行版图设计工作了。

➤➤跟我做 3：启动 Virtuoso

（1）启动 Cadence 软件后，在 CIW 中打开 Library Manager 窗口，然后依次点击 File→New→Cell View…，出现一个新建文件对话框，这里同样选择设计库 my_design，Cell Name 选择 inv，View Name 不做选择，Tool 选择 Virtuoso，如图 5.8 所示，说明此时要设计的版图是设计库 my_design 下的反向器 inv 的版图。点击“OK”后 Virtuoso 版图设计窗口以及相应工艺的层选择窗口 LSW 就出现了，如图 5.9 所示。

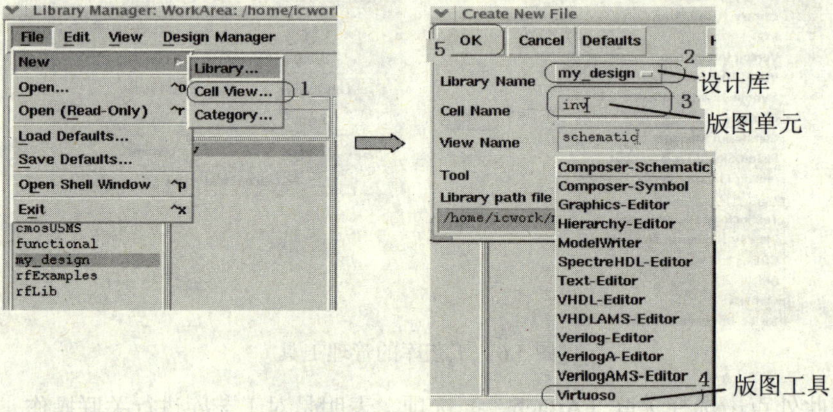

图 5.8　启动流程

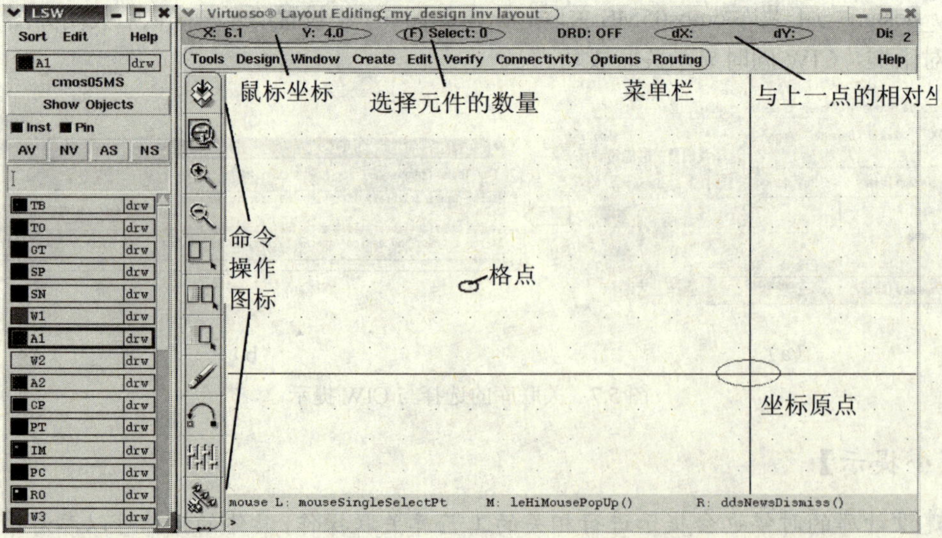

图 5.9　Virtuoso 版图设计窗口以及层选择框 LSW

【小提示】

（1）是不是觉得和第四章的原理图编辑窗口有点像？只不过多了一个层选择窗口 LSW（Layer Select Window）而已。

（2）如果库管理器中单元的 View 一栏中已经有 layout 了，可以双击 layout 打开！或者在 layout 上点击鼠标右键，可以选择编辑方式打开或者以只读方式打开。

Virtuoso 版图设计窗口的布局与原理图编辑器相似，左侧一列是命令操作图标，上方包括菜单栏、坐标与相对坐标、选择对象的数量等。编辑区中有一个坐标轴，以及布满的有规则的小白点，称为格点（Grid）。这些格点对于以后图形的对齐操作非常有用。

由于使用工具目的不同，所以操作命令略有不同，下面介绍工程中常用到的几个主要栏目：

➤➤跟我学 1：命令操作图标介绍

——Save：保存命令。

——Fit Edit：将选择的对象全屏放大并处于可编辑状态。

——Zoom In by 2：放大 2 倍显示。

——Zoom Out by 2：缩小 2 倍显示。

——Stretch：对选择的边框对象进行拉伸。

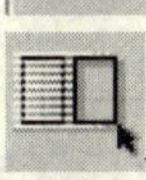——Copy：对选择的对象进行复制。

——Move：对选择的对象进行移动。

——Delete：删除选中的对象。

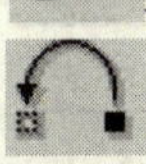——Undo：撤销上一次的操作。

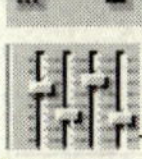——Property：查看选中对象的属性。

——Instance：添加元器件。

——Path：画等宽线。

——Polygon：画多边线。

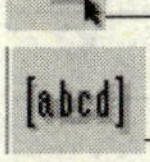

——Label：创建文本标识。

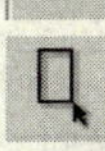——Rectangle：画矩形。

——Ruler：创建标尺。

具体的操作方法可参看本书 5.3.3.3 节讲述的内容。

➤➤跟我学 2：坐标与 Select 介绍

版图设计时会产生大量的图形，各个图形间距必须满足代工厂提供的规则约束。坐标的提供可以帮助设计人员快速定位各种图形的相对位置。注意，Virtuoso 版图中坐标长度单位默认为 1μm，坐标的状态栏位于窗口上方第二行，用来表明鼠标、选择、目标等信息。

X，Y——实时显示鼠标的当前坐标值。

dx，dy——输入的上一点坐标与当前鼠标的坐标差。

（F）Select：0——选择方式：选择全部对象（F）或部分对象时的对象总数。

选择方式介绍请参看 5.2 节讲述的内容。

➤➤跟我学 3：快捷键介绍

菜单栏包括 Tools，Design，Window，Create，Edit，Verify，Connectivity，Options，Routing。最常用到的菜单是 Design，Window，Create，Edit 以及 Options，表 5.1 给出了这些常用菜单中的命令快捷键表示。

表 5.1 常用菜单操作命令及快捷键

菜单项	命令	解释	快捷键
Design	Save	存盘	F2
	Hierarchy ▶	子版图操作	
		Return 返回	Shift+b
		Edit In Place	x
		Tree	T
		Retune To Level	h
	Properties	属性	q
Window	Zoom ▶	In	z
		In by 2	Shift+z
		Out by 2	Ctrl+z
	Fit All	全部显示	f
	Redraw	相当于刷新	Ctrl+r
	Create Ruler	创建标尺	k
	Clear All Ruler	删除所有标尺	Shift+k
Create	Rectangle	创建矩形	r
	Polygon	创建多边形	Shift+p
	Path	创建等宽线	p
	label	创建文字标识	l
	Instance	添加对象	i

续表

菜　单　项	命　　令	解　　释	快　捷　键
Edit	Undo	撤销	u
	Redo	恢复操作	Shift+u
	Move	移动对象	m
	Copy	复制对象	c
	Stretch	拉伸对象	s
	Delete	删除	Del 键
	Merge	合并对象	Shift+m
	Select All	全选	Ctrl+a
	other ▶	Chop 切除	Shift +c
Option	Display…	显示设置	e
	Layout Edit…	版图设置	Shift+e

注意：表中“Shift+字母”表示软件中对应字母的大写方式，“Ctrl+字母”表示对应软件中的^+字母。

5.1.3　Virtuoso 编辑窗口的设置

了解了版图编辑窗口的布局后，在进行版图设计之前还要进行窗口的初始化设置，以方便版图的输入。菜单栏 Options 中的 Display 选项和 Layout Editor 经常用来设置版图编辑窗口，Display 选项用来当前正在工作的窗口进行显示，不会影响其他的工作窗口，而 Layout Editor 相当于对版图软件整体进行控制，Display 选项的各个内容栏如图 5.10 所示，下面介绍在实际工作中经常用到的一些控制选项。

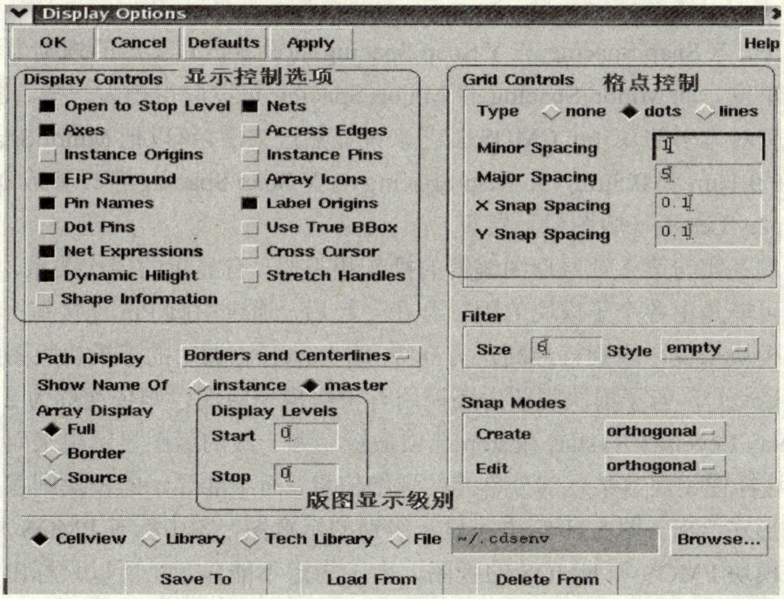

图 5.10　Display 选项设置窗口

1. Display Options 窗口设置

◆ Display controls（显示控制选项）

这个区内的选项用来控制版图中对象（object）的出现。最常用的有：

Pin Name——当版图内有 Pin 对象时，可以控制是否显示这个 Pin 的名称。

Dynamic Hilight——动态显亮。当把鼠标移动到某个对象上时，这个对象的边框会立即变成高亮度虚线，这称为动态显亮。关闭动态显亮会提高鼠标移动的速度，默认为选中。

Nets——版图中如果有引脚（Pin）标示为同一个名称，则版图中会以飞线的形式将这些引脚连接在一起，以提醒设计者注意防止断路。

◆ Grid Controls（格点控制）

为了方便将图层对齐，版图编辑区提供了格式显示方式，相当于小学生用的写字本里的横线。格点的设置非常重要，特别是当采用不同的设计规则进行设计时要选用不同的格点设置，否则会影响画图的质量。

Type 控制显示方式。可以选择用点（dots）显示的方式或者线（lines）显示的方式，也可以选择不显示格点（none）。

格式根据屏幕的缩放分成两种：小格点（Minor）和大格点（Major）。如图 5.10 所示，小格点的间距是 1 微米（μm），而大格点的间距是 5μm。

仔细观察鼠标在版图中移动，会发现鼠标实际上是以一定的间隔（Spacing）进行“跳动”前进的，这称为 Snap Spacing。当鼠标沿水平方向移动时，称为 X Snap；在垂直方向移动时，称为 Y Snap。X Snap Spacing 与 Y Snap Spacing 的设置大小也就是指定了每次跳动的距离。

一般情况下，X Snap Spacing 与 Y Snap Spacing 的设置以代工厂的规则为依据，取规则中尺寸的最小单位。而 Minor Spacing 和 Major Spacing 可以取得稍大一些。图 5.10 中四个参数的数值设置对本书的 0.5μm CMOS 工艺来说显然过大了，可以把 Minor Spacing 和 Major Spacing 设置在 0.1μm 和 0.5μm，X Snap Spacing 与 Y Snap Spacing 都设置成 0.01μm。

◆ Display Levels（版图显示层级）

版图的绘制其实与第 4 章原理图编辑的操作相类似，有显示的层次关系，也就是说，一个模块的版图可能是由各个子模块的版图合在一起后，通过引脚 Pin 连接在一起构成的，这样，对于这个模块来说，级别就最高，为 0 级（0 Level）。调用的子模块版图的级别稍低，称为 1 级（1 Level），若子模块版图内还调用有下级模块版图，则依次称为 2 级、3 级等。可以通过 Display Levels 中的 start 和 stop 选项来控制哪一级的版图显示出来而其余的级别不能显示起来，这样便于观察某一部分单元的详细信息，而不能显示的模块则在其版图位置以轮廓和名字的形式给出。图 5.11 给出了显示级别的示意图，图中标有 PMOS 和 NMOS 的位置就是对应子模块 PMOS 和 NMOS 的版图，由于指定不能显示，所以只标出了名称。

快捷键：Ctrl+f，只显示最高级 0 级的图形；Shift+f，显示所有级别的图形。Virtuoso 默认层次级别为 0～32 级。

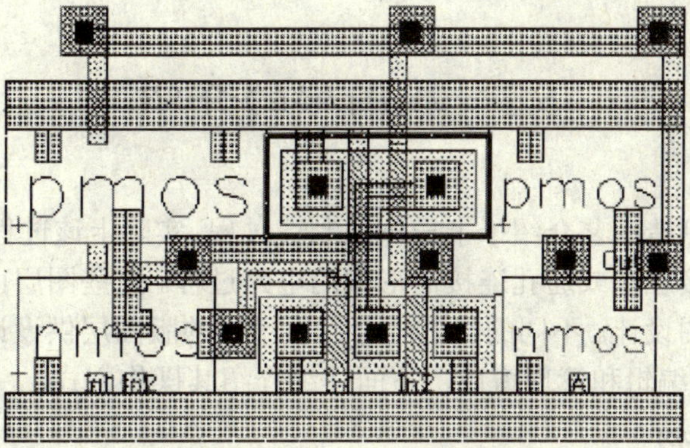

图 5.11　显示级别的含义

【小提示】

层别显示与工程实践再一次提醒我们：版图设计也是层次化设计，先从低层单元版图做起，比如反向器、与非门等基本模块的设计，然后再组建高一级的模块版图，依次向上来完成最终的版图设计。

2. Layout Editor 设置

Layout Editor 如图 5.12 所示，这个窗口中最常用的就是 Gravity Controls 一栏中的 Gravity on 选项了。Gravity 顾名思义就是重力的意思，引申过来就是吸引力。也就是说如果鼠标移动时靠近对象边框，会被此对象边框吸附过来，就像受到引力一样，可以根据需要打开引力或者去掉引力。

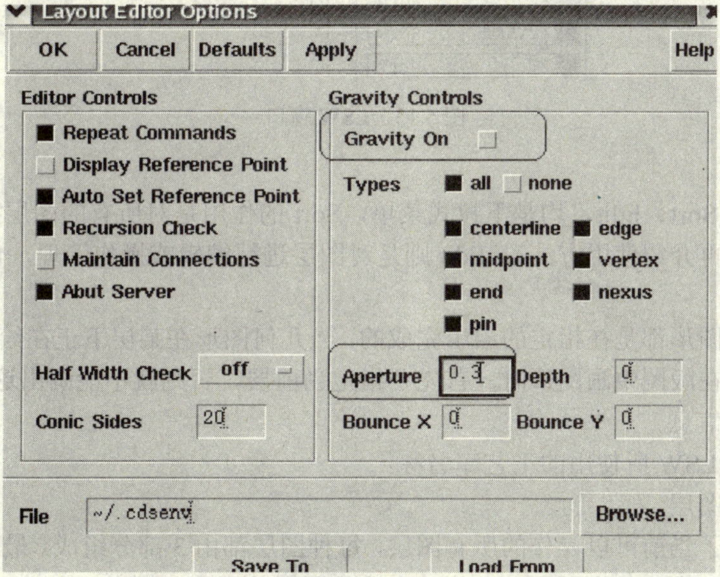

图 5.12　Layout Editor 选项

Aperture：表示吸引力发生作用的范围。当目标出现在这个距离范围内时，鼠标便会被吸引。一般取默认值为 0.3μm。

5.2 版图层的介绍

第 3 章的半导体制造工艺介绍了半导体的制造过程，实际上该过程是由各个图层绘制的几何图形叠加后经由接触孔或通孔连接而形成的电路过程。这些图层由代工厂提供，而图层上的图形则来源于版图设计。不同的代工厂会提供不同的版图层供设计使用，版图层选择窗口 LSW 就是这些层的编辑和管理窗口，下面详细介绍其操作方式。

5.2.1 LSW 介绍

当 Virtuoso 启动后，LSW 会随之一同启动，而只有当 Cadence 系统关闭时，LSW 才会关闭。LSW 窗口如图 5.13 所示。

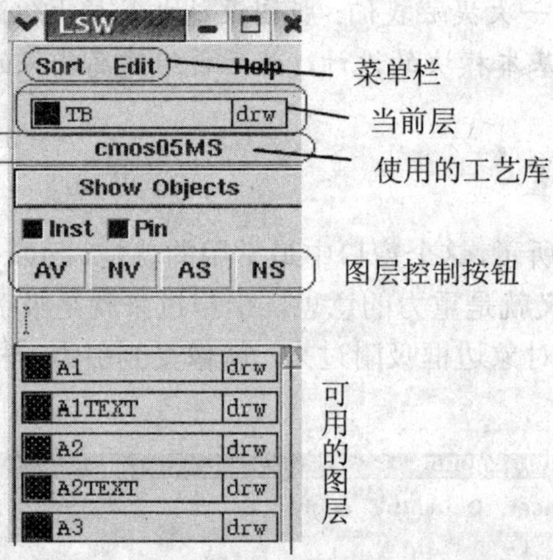

图 5.13 LSW 窗口

◆ 菜单栏

菜单栏包括 Sort、Edit，均是下拉式菜单，Sort 的作用是对所有的图层按照某种方式进行排列（这里不再介绍使用方法）；Edit 则是对图层进行编辑或操作管理，使用较多。

◆ 当前层

版图中几何图形都是在指定的层中完成的，当几何图形在某层下正在绘制时，则把此层叫做当前层。要在版图中画图形时，首先要指定当前层，否则就不能画出这一层的图形。

◆ 工艺库信息

此栏会显示 LSW 所使用的工艺库名称。

◆ 可用的图层

此区域列出了当前可以操作的所有图层，每种图层都由 3 部分组成。最左侧表示图层的颜色和填充图案，中间是本图层的名称，右边是图层的用途。

在图 5.13 中，图层的 A1 层表示的是金属铝 1 层，右侧的 drw 表示的是绘图层(drawing)。图层的 A1TEXT 层表示的是金属铝 1 的文字层，右侧的 drw 表示的是绘图层（drawing）。也就是说可以用此层对金属铝 1 层进行文字标注。

更多的图层含义可以参考工艺手册，一般情况下，版图设计时使用最多的是绘图层 drw。

◆　图层控制按钮

可以使用以下的图层进行操作。

AV——All Visible：下方的所有图层在编辑区域都可见；

NV——Not Visible：下方的所有图层在编辑区域都不可见；

AS——All Selectable：下方所有的图层在编辑区中都可以被选择；

NS——Not Selectable：下方所有的图层在编辑区中都不可以被选择。

图层按钮操作方法：

（1）AV 与 NV 配对使用；AS 与 NS 配对使用。

（2）AV 与 NV 的使用：鼠标左健单击 AV，则下方所有图层都正常显示，图层的背景为白色。若点击 NV 按钮，则除了当前图层背景为白色外，其余图层背景都为灰色，且图层前的颜色和图案消失，其中图层背景灰色表明图层不可选，图层颜色和图案消失表明图层不可见。

（3）AS 与 NS 的使用：使用方法与 AV 和 NV 相似，当图层可选时背景为白色，不可选时背景为灰色。可以用这种方法对某一图层进行选择编辑而不影响其他图层，以防对其他图层误操作。

（4）用鼠标左中右键对图层的操作：

左键单击——选择当前层，若此图层原来不可见，则此时变为可见，同时作为当前层使用；

中键单击——选择图层是否可见；

右键单击——控制某一图层是否可选。

代工厂提供的图层不但包括绘图层，还有其他的一些供制备使用或辅助工作的层次。这些层在绘制的过程中可能使用不到，所以可以设置 LSW，使常用的一些层列在可用的图层中，而将用不到的层次暂时隐藏，方法如下：

➤➤跟我做 1：设置 LSW 有效层

（1）在 LSW 中打开下拉菜单 Edit，选择 Set Valid Layer…选项，出现如图 5.14 所示的设置有效层窗口。

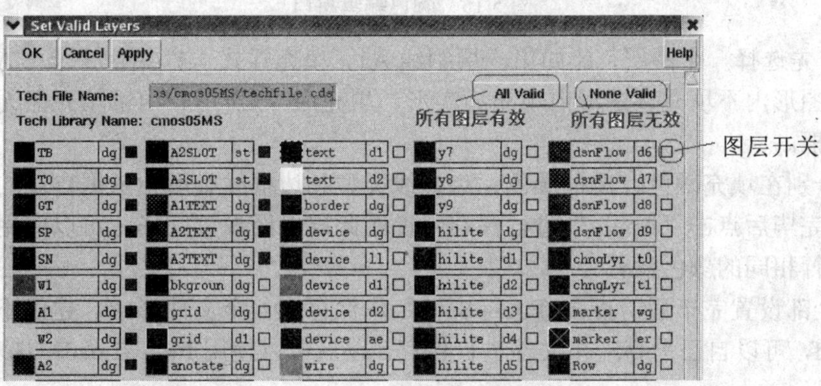

图 5.14　设置有效图层

（2）在图 5.14 中所列的图层名称后都有一个小方框，这个小方框就是图层的开关选项。

用鼠标左键单击小方框后，小方框被填充成深红色，表示此层有效，这时 LSW 的图层中会列出此层，选择完后点击“OK”键即可。

（3）按钮“All Valid”与“None Valid”表示所有图层都在 LSW 中列出或都不在 LSW 中列出。

5.2.2　层的颜色和图案设置

在 LSW 窗口中列出的所有的图层都可以作为当前层来绘图，在版图设计时，所有的图层在区域中都是相互叠加在一起的，为了容易区分不同的图层，通常将它们设置成不同的颜色和填充图案。默认的填充颜色和图案就是由初始配置的工艺文件 display.drf 来指定的，也可以自己配置个人喜欢的颜色和图案。配置方法如下：

➤➤跟我做 2：图层的颜色配置

（1）单击 LSW 的 Edit 下拉菜单，选择 Display Resource Editor…选项，出现如图 5.15 所示的显示颜色编辑窗口。

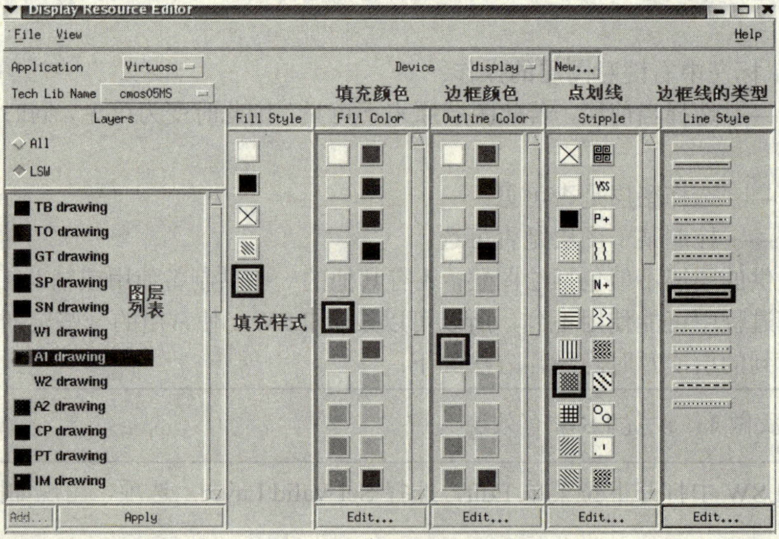

图 5.15　颜色编辑窗口

（2）首先选择一个图层，比如第一层铝线 A1，填充样式一栏共有 5 个小方框，从上到下分别表示图形内不填充、图形内填充成实形、填充成“x”形、内部填充但无边框、内部填充且有边框。

（3）分别在填充颜色、边框颜色、点画线类型和边框线类型中依据自己的爱好选择并进行设置，完毕后点击“Apply”进行保存，说明此层已经设置完毕，可以应用。然后可再选其他层进行相同的颜色设置。

（4）全部设置完毕后，点击 File→Save…，保存成一个文件形式，建议不要覆盖原来的 display.drf，可以自己另存一个文件进行保存。以后可以使用 File→Load…选项进行调用，方便操作。

5.3　版图的输入

版图的输入首先要选择在哪一层进行工作，也就是要选择当前层，然后根据工具提供的输入操作进行输入。

5.3.1　当前层的设置

当前层的设置有两种方法，一种就是在讲述 LSW 功能时，介绍的用鼠标左键点击图层可以使此图层变成当前层，另一种方法就是使用 Layout Tap 命令，步骤如下：

（1）在 LSW 窗口中选 Edit→Tap 命令

（2）在编辑区中用鼠标左键点击某一层中的图形，则此层变成当前层。此时 LSW 层中的当前层同时也会变成此层的名称。

例如原来的图层为第一层金属层 A1，使用此命令后在图形上点击第二层金属层 A2，则当前层变为 A2 层，同时 LSW 的当前层名称也随之变为 A2。

5.3.2　各种几何图形的画法

打开 5.1.2 节为例的反向器的版图练习绘制几何图形。可以看到，整个版图编辑区是空白的，按下快捷键“f”可以将坐标原点放置在区域中央，坐标分成四个象限部分，版图主要在第一象限部分工作，即坐标原点的右上角。确定好格点以后就可以几何输入了，几何图形的绘制主要集中在菜单 Create 下，包括了各种各样的图形创建，常用的几何图形有：矩形、多边形、等宽线、圆和圆弧等。下面介绍各自的绘制方法。

➤➤跟我做 1：矩形绘制（Rectangle）

（1）首先选择某一图层为当前层，表明要将矩形绘画在此层中。方法：用鼠标左键在 LSW 的层列表中单击一层，如金属层 1（A1）作为当前层。

（2）单击 Create→Rectangle 或快捷键“r”，即开始绘制矩形图形。注意编辑区域的左下角，Virtuoso 同时会给出此命令的如下操作提示：

Point at the first corner of the rectangle

即，指出要画矩形的第一点。

（3）在编辑区中单击任一点作为矩形的第一点，之后放开鼠标并移动，会发现一个黄色矩形框会随着鼠标的移动而变化。同时屏幕左下角 Virtuoso 也会给出下一步操作的如下提示：

Point at the opposite corner of the rectangle

即，指出要画矩形的对角点。也就是说，矩形的长和宽是由两个对角的顶点决定的，如图 5.16 所示。

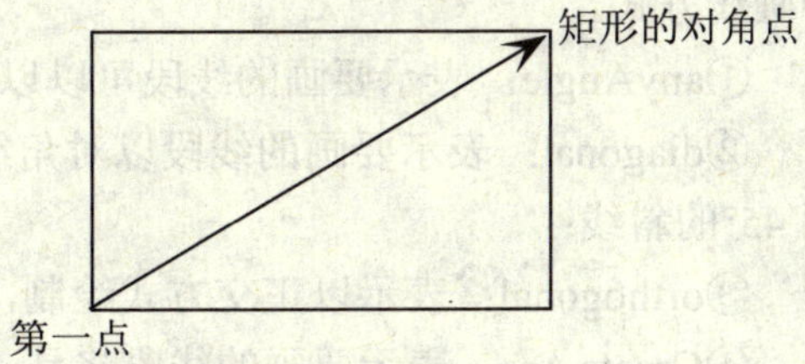

图 5.16　矩形的确定方法

（4）鼠标移动到确定点后单击，矩形就显

示在屏幕上了。此矩形绘制完毕后，Virtuoso 默认建立矩形的命令还没有停止，还可以再继续画其他的矩形，当把所要画的矩形全部绘制完毕后按“Esc”键退出创建矩形命令。

（5）点击 Design→Save（快捷键 F2）保存。

【小提示】

（1）要养成时刻观察屏幕左下方的操作提示的好习惯；

（2）时刻保存所绘图形。

➤➤跟我做 2：矩形多边形（Polygon）

（1）同样以 A1 为当前层，单击 Create→Polygon 或快捷键“shift+p”，即开始绘制多边形。注意编辑区域的左下角，Virtuoso 同时会给出此命令的如下操作提示：

Point at the first corner of the Polygon：

即，指出要画多边形的第一点。

（2）在编辑区单击确定一点，放开鼠标并移动，会有一根黄线从第一点开始跟随鼠标移动，Virtuoso 同时会给出此命令的如下操作提示：

Point at the next point of the Polygon：

即，指出要画多边形的下一点。

（3）连续用鼠标单击确定多边形的顶点，则前一点与后一点会连接起来形成多边形的一个边，最后双击鼠标，则多边形起点与终点连接在一起构成一个封闭的多边形图形。多边形的各个边可以是正交的，即是由水平线或者垂直线组成的边，也可以是由任意斜线组成的多边形，如图 5.17 所示。

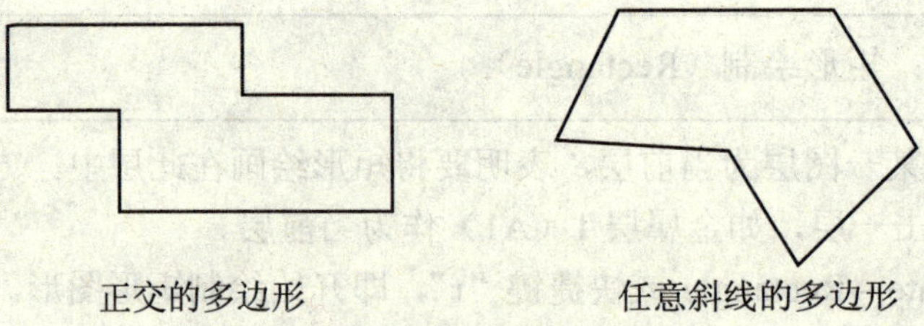

图 5.17　多边形的形状

在画线的过程中，可以随时利用对话框来调整线的特征，对话框可利用快捷键“F3”调出，如图 5.18 所示，框中主要内容说明如下：

Snap Mode：移动方式，用来调整所画线的特征，下边下拉菜单中列出了主要使用的三种画线方式。

①anyAngle：表示要画的线段可以以任何角度方式绘制；

②diagonal：表示要画的线段以对角线的方式绘制，既可以画水平线或垂直线，也可以画 45°的斜线；

③orthogonal：表示以正交方式绘制，即只能画水平线段或垂直线段；

④Create Arc：表示要画的线段将是弧线，根据提示进行操作即可。

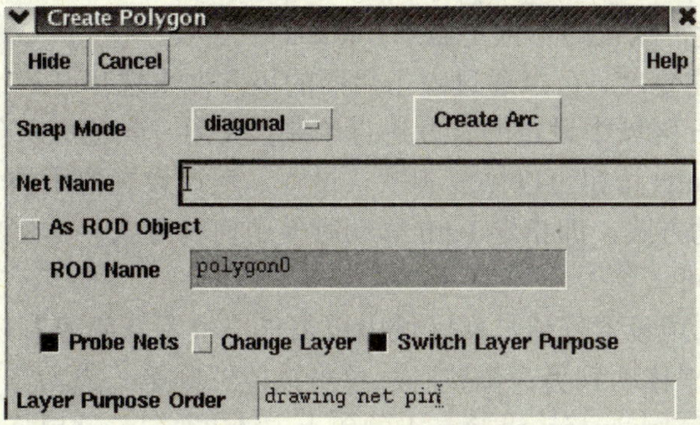

图 5.18　多边形属性对话框

【小提示】

“F3”键的功能十分强大，只有在创建或修改图形的过程中才可以激活此键功能，以帮助我们实施适当的操作方式。不同的操作对象调出的“F3”键的内容也有不同。

➤➤跟我做 3：等宽线（Path）

等宽线是具有一定宽度的直线或折线，在绘制金属层的连线时会经常使用到，等宽线形状如图 5.19 所示。

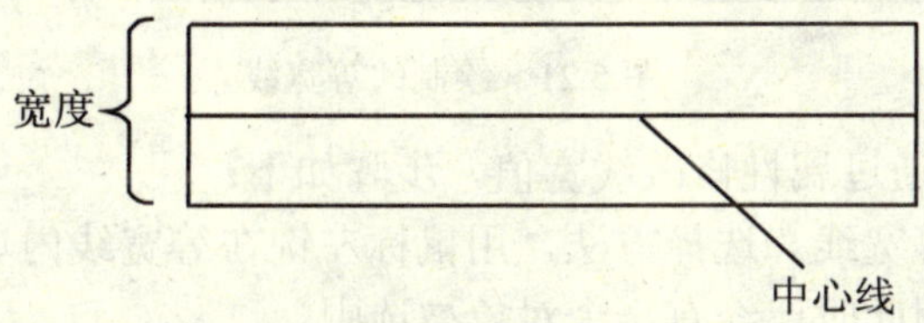

图 5.19　等宽线形状图

等宽线绘制步骤如下：

（1）单击 Create→Path 或快捷键“p”，即开始绘制等宽线。此时按“F3”键调出创建等宽线对话框，如图 5.20 所示，图中主要选项说明如下：

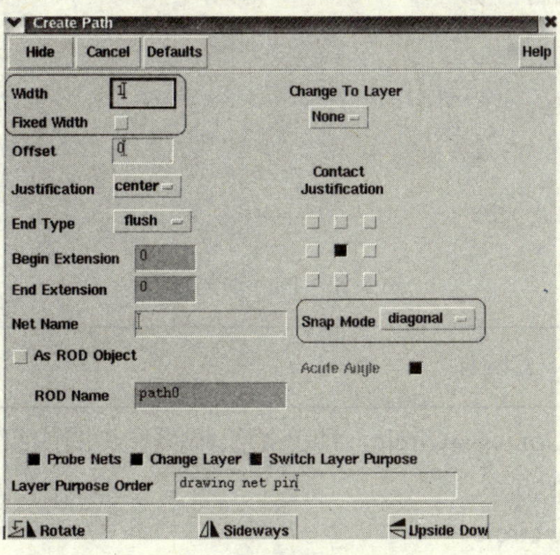

图 5.20　Path 对话框

Width：线的宽度，默认的单位是微米（μm）。

Fixed Width：固定宽度，可以通过点击后面的小方框来选择开启或关闭。开启时颜色变成深色，表示用 Width 区域中设定的宽度进行绘制；关闭时颜色成灰色，表示线宽与上次设置的相同。点击 Defaults 按钮可以恢复到默认设置，默认设置值由技术文件定义。

Snap Mode：移动方式，即指定 Path 移动时使用何种方式。本例中以 diagonal 为例。

其他选项默认即可。

（2）按图中的选项设置好后，在区域中单击任一位置开始绘制，可发现一条等宽线跟随鼠标移动，鼠标水平移动到另一位置时，单击该位置则第一点与第二点形成一条等宽线。

（3）此时开始第三点选择，沿第二点的斜上方 45°方向移动鼠标，则等宽线以 45°方向跟随移动，到某一位置后双击鼠标确定之，则此等宽线完成。

（4）按“Esc”键退出创建 Path 命令即可。

最终形成的等宽线大致如图 5.21 所示。

图 5.21　绘制的等宽线

绘制完毕后，可以通过属性修改线宽值，步骤如下：

（1）选择所画的等宽线。选择方法，用鼠标左键在等宽线内单击，坐标状态栏中会显示（F）Select：1，说明此时已经有一个对象被选中。

（2）按快捷键“q”，出现等宽线的属性框，如图 5.22 所示。从图 5.22 中可以看到此 Path 所用的层及线宽，可以直接修改线宽值或改变图层等。

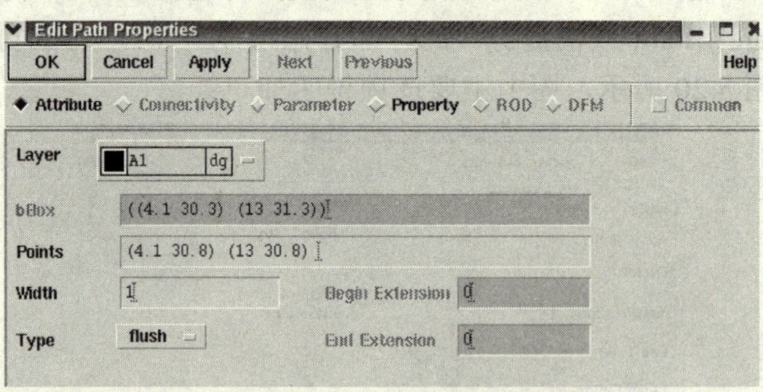

图 5.22　Path 的属性框

➤➤跟我做 4：圆（Circle）

（1）单击 Create→Conics→Circle，即开始绘画圆形。圆的绘制主要是确定圆心点和半径，此时提示栏会提示：

Point the center of the circle：

即，指定圆心点。

（2）鼠标左键在图中任意位置后，即确定了圆心位置，此时提示行为：

Point at the edge of the circle：

即，指定圆周上的一点。

（3）此时移动鼠标到适合位置后，单击即可形成一个圆形。

椭圆（Ellipse）的形成过程与画矩形相似，确定矩形对角线两顶点后即可画出椭圆形状，绘画命令也在 Create→Conics 菜单栏下，椭圆图形如图 5.23 所示。

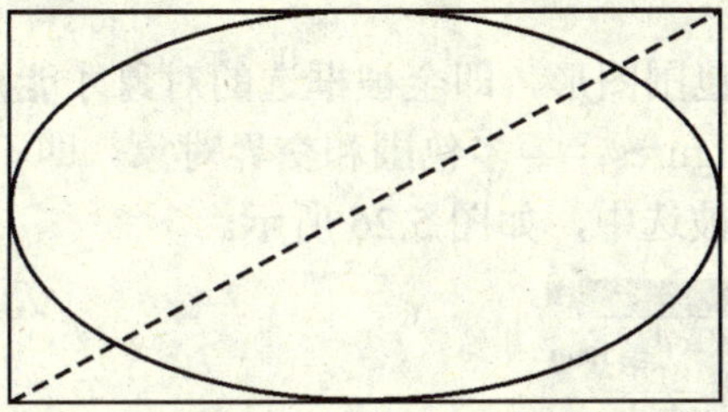

图 5.23　椭圆绘制示意图

➤➤跟我做 5：圆环（Donut）

圆环的绘制过程与圆的绘制过程相同，以同一个圆心做出不同大小的圆来形成的。绘制过程如下：

（1）单击 Create→Conics→Donut，提示行显示：

Point at the center of the Donut：

即，指定圆环的圆心。

（2）用编辑区中的任意位置用鼠标单击，即确定了圆心，接着提示行显示：

Point at the inner edge of the Donut：

即，指定圆环的小环（内环）。

（3）移动鼠标后在某一位置单击即指定了内环大小。

此时提示行提醒指定外环的位置：

Point at the outer edge of the Donut：

（4）然后继续移动鼠标向远离圆心的位置移动，到外环位置时单击确定，这样一个环形图形就完成了。按“Esc”键退出圆环绘制命令即可。圆环如图 5.24 所示。

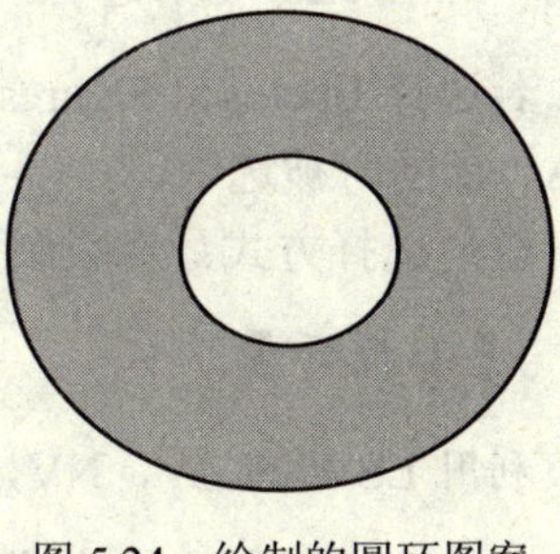

图 5.24　绘制的圆环图案

5.3.3　其他操作和命令

5.3.3.1　选择操作

对几何图形进行修改或编辑首先需要完成对象的选择，Virtuoso 提供了丰富的选择方式来选择对象。归纳起来有如下几种方法。

◆　鼠标左键单击图形内部选择：用鼠标单击图形内部，此图形将被选中，选择多对象的时候也可以使用 Shift+单击来组合使用，Ctrl+单击对象将取消此选中的对象，同时“Ctrl+a”键表示全选。

◆　框选选择：利用鼠标左键单击一点后不放开，拖动鼠标可以画出一个矩形框，矩形框内的对象被选中，而与矩形框交界的对象分两种情况：①被选中；②未被选中。

可以通过菜单栏 Selection Options 进行设置，如图 5.25 所示，说明如下：

Select Mode（选择方式）：

Full——将对象视为整体进行选择；

Partial——把对象视为分散的物体，可以分开选择。

本栏一般默认方式为 Full，建议不要修改。

Full Mode（全选方式）：

Enclosed Figures——全包围图形，即全被框选的对象才能被选中；

Enclosed and Crossed Figures——多包围和交界对象，即不仅全被包围的被视为选中，就是与选择框交界的也视为被选中，如图 5.26 所示。

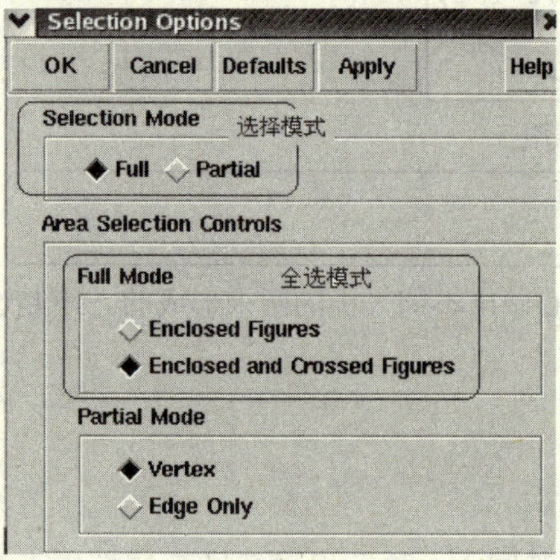

图 5.25　选择选项

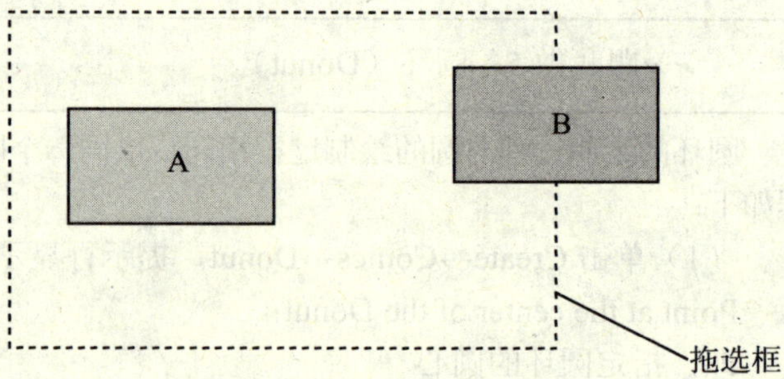

图 5.26　选择方式说明

若选择 Enclosed Figures，则只有 A 图形被选中；若选择 Enclosed and Crossed Figures，则 A、B 同时被选中。

取消选择方式：在版图空白地方单击鼠标左键即可。

【小提示】

利用 LSW 的 AV，NV，AS，NS 四个按钮以及鼠标对图层操作可帮忙快速进行选择。

5.3.3.2　图层的生成

Virtuoso 工具可以对两个图形进行逻辑操作，生成第三个图形，这个操作命令在菜单 Create→Layer Generation…中来完成，打开后出现的窗口如图 5.27 所示，操作步骤如下。

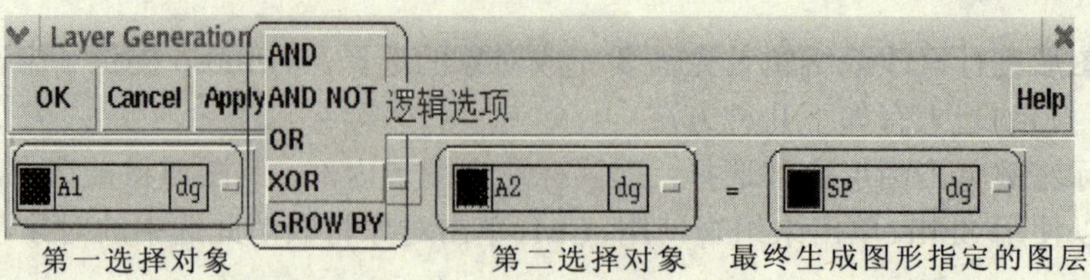

图 5.27　生成图层逻辑选项

（1）首先选择两个图形作为操作对象；

（2）打开如图 5.27 所示的生成图层窗口，在第一对象和第二对象中分别填入两个对象所在的图层；

（3）选择逻辑操作后，在最终要生成的图层中选择一个图层，作为新生成图形的图层；

（4）单击“OK”，即有新的图形产生，并且新图形的图层即为指定的图层。

逻辑选项中四个逻辑操作的含义如图 5.28 所示。

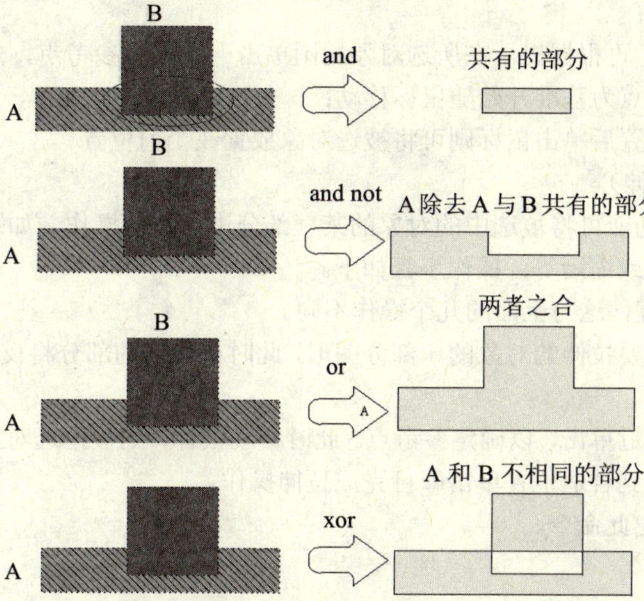

图 5.28　图层的逻辑操作含义示意图

【小提示】

生成的新图层会叠加在原来的图形上，即图 5.28 中的 A、B 图中，有时会让人观察不到新图形的出现。此时可以使用 LSW 的此图层可见，其余不可见功能来观察到新生成的图层图形。同时逻辑操作不会影响原来的 A、B 图形。

5.3.3.3　常用编辑命令介绍

菜单栏 Edit 下列出了几乎所有的编辑对象的方法，下面介绍一些常用命令的操作方法。

◆　Undo（撤销上一步操作）

快捷键：u，此命令可以撤销上一步的操作，一般设定可以撤销操作的限制为一次，如果需要连续撤销，则需要在 CIW→Options→User Preferences…中的 Undo Limit 中进行设置值。建议按默认撤销第一次操作。

◆　Redo（恢复撤销的操作）

快捷键：r，可以恢复刚撤销的操作。

◆　Move（移动对象）

快捷键：m，操作步骤如下。

①首先选择对象；

②按“m”键后，根据提示行在所选对象周围单击一点作为参考点，然后移动鼠标，则被选对象以参考点为基准开始随鼠标移动；

③移动到确定位置后单击鼠标则可将被选对象放置在当前位置。

移动过程中可按“F3”键来调整移动的方向，以下其他操作都有相同的“F3”键功能。

◆ Copy（复制对象）

快捷键：c，操作步骤如下。

①首先选择对象；

②按“c”键后，再根据提示在所选对象周围单击一点作为参考点，然后移动鼠标，则复制后的对象以参考点为基准开始随鼠标移动；

③移动到确定位置后单击鼠标则可将被选对象放置在当前位置。

◆ Stretch（拉伸）

快捷键：s，此功能可将被选中的对象的某一部分进行拉伸操作，如矩形一边的拉长或缩短，Path 线的拉长或缩短等。操作步骤如下。

①首先按“s”键，这与上面的几个操作不同。

②用鼠标框选需要拉伸的对象的一部分图形，此时被框选的部分将反白色进行显亮，说明被选中。

③在框选对象附近单击，以确定参考点。此时移动鼠标，则被框选对象将随着鼠标方向被拉伸或缩减。移动到合适位置单击即可完成拉伸操作。

④按“Esc”退出此命令。

【小提示】

版图中如果有调过来的子电路则不能被拉伸，需要在子模块中修改完毕后再调入进来。

◆ Properties…（属性）

快捷键：q，先选中对象后再按此快捷键，则会出现此对象的一些信息。

◆ Search…（搜索）

Virtuoso 提供了强大的搜索功能，可以设置不同的条件进行相关搜索。

◆ Merge（合并）

快捷键：shift+m，同一图层的两个对象，如果有交叠，则可以通过合并将两个对象变成一个合并后的对象。通常在最终提交版图时进行整体合并，操作步骤如下：

①选择需要合并的两个或多个对象；

②按 shift+m，完成合并。

◆ Chop（切除）

快捷键：shift+c，可以将一个对象分割成两个对象。操作步骤如下：

①选择需要切除的对象；

②按“shift+c”键，开始切除；

③根据提示行提示，单击输入矩形的一个点，然后移动到另一个位置单击，这样鼠标会画出一个矩形，被此矩形框住的部分将被切除掉。

◆ Move Origin（移动坐标原点）

整体版图完成后，需要将坐标原点移到版图的左下方，即要将版图图形的左下角定为坐标原点。如果移动整个版图则需要框选所有对象，移动过程中容易漏掉或者相对位置发生难于察觉的错误，这时就需要移动坐标轴，而图形不移动，可以用此命令完成，步骤如下：

①单击 Edit→Other→Move Origin，即在编辑区中，坐标原点已经粘贴在鼠标上；

②移动鼠标到版图的左下方，找到版图的左下方顶点后，单击即可。

5.4　版 图 输 出

版图经过修改检验，设计无误后，可以将版图输出，即将版图转换成标准格式 GDSII 文件输出，然后将此文件交给代工厂进行掩膜制造并最终生产出实际的集成电路。GDSII 输出的步骤如下：

①单击 CIW→Export→Stream…后，出现 Stream Out 对话框，如图 5.29 所示。

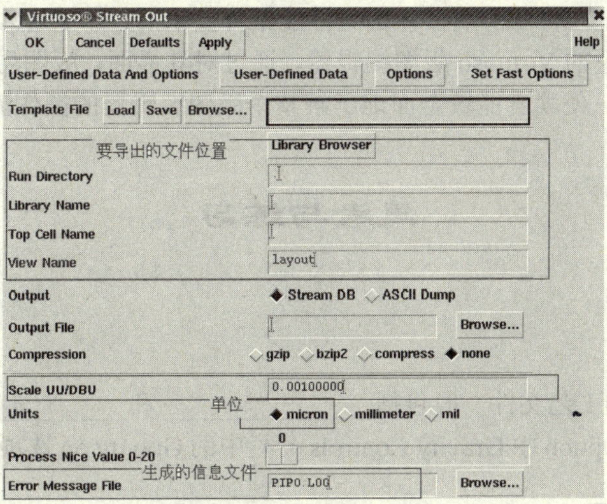

图 5.29　版图输出对话框

图 5.29 中主要分成三个类别，各项说明如下。

◆　要导出的文件部分

Run Directory——指定导出的 GDSII 文件放置在哪个目录下；

Library Name 和 Top Cell Name 以及 View Name 三栏可以通过单击 Library Browser 按钮进行填写，Library Browser 按钮将会打开库管理器，在其中找到需要导出的器件的 layout 后，单击此 layout，则所有信息自动会填入此三栏中。

◆　单位

Scale UU/DBU——一般与版图的捕捉格式设置一致，默认单位为μm。

◆　生成的信息文件

Error Message File——在文件输出的过程中，如果设置有误或版图有错，Virtuoso 会给出一份输出报告，可以自己设置此报告的名字。输出完毕后可以打开此文件进行查看输出的内容。

②设置完毕后，点击“OK”，即可。如果输出正常，则会弹出一信息窗口，显示输出成功，如图 5.30 所示。

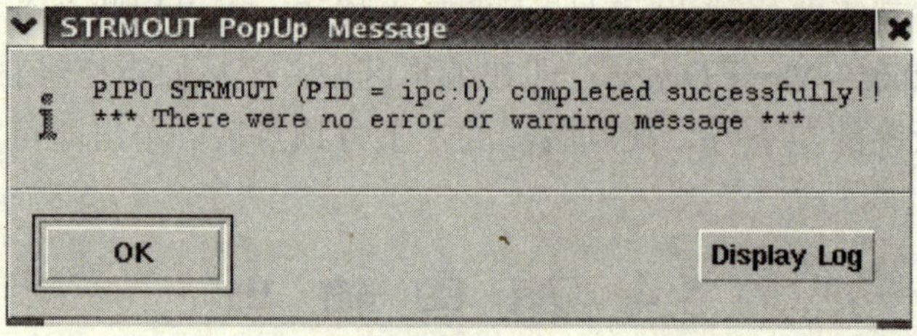

图 5.30　版图输出成功的提示窗口

本 章 小 结

集成电路设计时，只有在前端设计达到性能指标要求后，才能进入版图设计阶段。本章介绍了 Cadence 软件下的 Virtuoso 版图编辑器。通过对其界面、版图层次、版图输入、版图输出四个方面的介绍，使读者能较全面地了解整个版图编辑器的操作流程和操作方法。

思考与练习

一、填空题

1．代工厂提供的工艺文件一般包括＿＿＿＿＿＿＿＿和＿＿＿＿＿＿＿＿两部分。

2．Layout Editor Option 中 Gravity Controls 一栏中的 Gravity on 选项设置的作用是＿＿＿＿＿＿＿＿＿＿＿＿＿＿＿。

3．LSW 是英文＿＿＿＿＿＿＿＿＿＿＿＿＿＿＿＿的缩写。

二、选择题

1．Cadence Virtuoso Layout Editor 标尺工具的快捷键是（　　）。

A．R　　B．C　　C．M　　D．K

2．Cadence Virtuoso Layout Editor 版图设计窗口默认坐标长度单位是（　　）

A．微米（μm）　　B．纳米（nm）　　C．毫米（mm）　　D．米（m）

3．Virtuoso 工具可以对两个图形进行逻辑操作，生成第三个图形。如图 5.31 所示。E1 和 E2 分别属于不同图层，通过下面（　　）图层生成命令可以生成如图 5.31（b）所示的新图层 E3？

A．E1 AND E2 = E3　　B．E1 AND NOT E2 = E3

C．E1 OR E2 = E3　　D．E1 XOR E2= E3

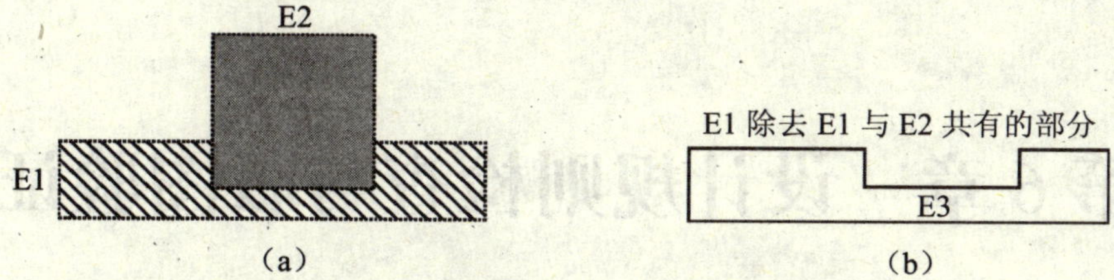

图 5.31　选择题 3

三、简答题

1. Virtuoso 可以通过 Grid Controls（格点控制）对格式显示方式进行设置，以适应不同的需求。请根据图 5.32 所示的 Grid Controls 中各设置项的作用分别进行说明。

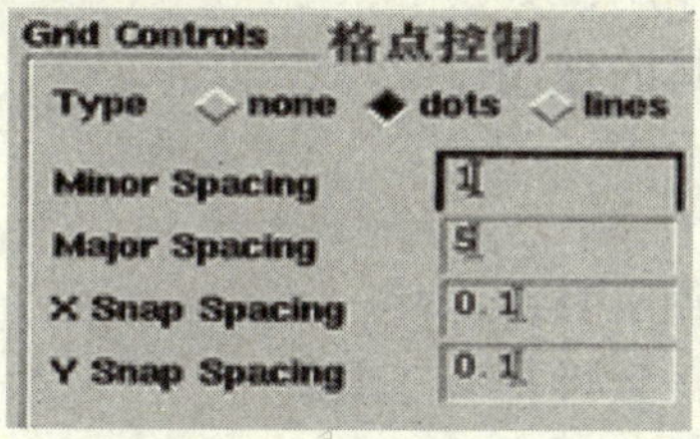

图 5.32　简答题 1

2. 请简单说明图 5.33 所示 LSW 窗口中的 AV、NV、AS、NS。

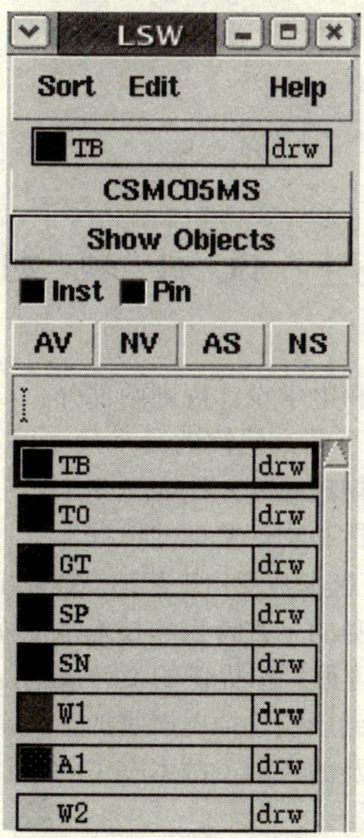

图 5.33　简答题 2

第 6 章 设计规则检查与版图验证

【知识目标】

（1）理解版图设计规则；
（2）理解版图物理验证的作用；
（3）学会版图物理验证工具的使用。

【技能目标】

（1）熟练掌握设计规则检查工具；
（2）熟练掌握电路与版图一致性检查工具。

【重点难点】

（1）设计规则的应用；
（2）物理验证流程的掌握。

【参考学时】

参考学时为 2 学时。

6.1 设计规则

设计规则包括几何设计规则和电学设计规则两部分。

其中几何设计规则明确规定了各个层次的最小尺寸以及层次间的交叠最小尺寸和间距最小尺寸等，体现了制造工艺的物理限制，比如光刻工艺中的分辨率、多层光刻版的套准、刻蚀、表面不平整等，是版图设计和物理验证的依据。

而电学设计规则明确了具体工艺参数及由工艺结果抽象出的电学参数，是电路仿真的基础。

这些规则是各代工厂根据本身的工艺特点和技术水平而制定的，因此不同的工艺就有不同的设计规则。版图设计者必须遵循厂家提供的设计规则，执行规范化设计标准，否则，芯片的性能、功能或者成品率将受到影响，情况严重的话甚至会导致芯片报废。

由于电路仿真不是本书所涉及的范围，故本书中的设计规则所指的是几何设计规则。

6.1.1 设计规则概述

在版图开始设计之前，首先必须理解并熟记版图设计规则。本节以本书使用的 0.5μm 2P3M 硅栅 CMOS 工艺的规则文件为例介绍 CMOS 工艺中常用的一些设计规则。

1. 术语定义

术语定义如图 6.1 所示。

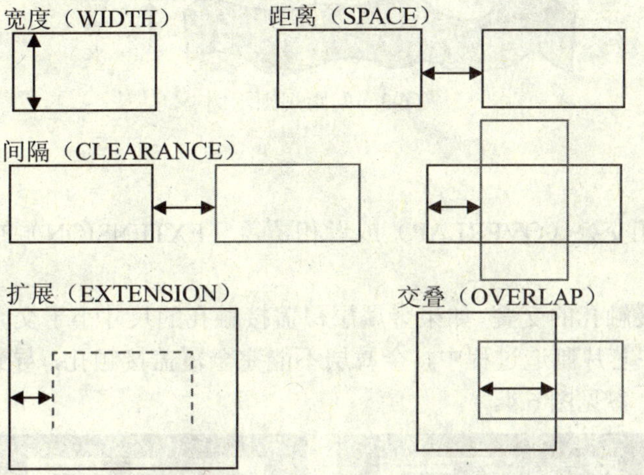

图 6.1　术语定义示意图

2. 宽度规则

如果版图绘制时线宽小于规则规定的最小宽度，则在芯片制造过程中有可能由于刻蚀等原因造成该图形有缺口，严重的甚至会导致断路。参见图 6.2。

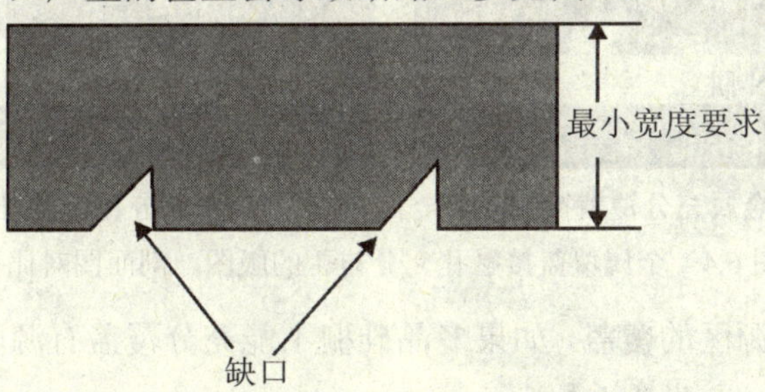

图 6.2　宽度规则示例

【小提示】

在集成电路制造中，版图上绘制的图形有时需流过电流，比如用于电路电气连接的金属层。一般绘制该图形时其线宽要比最小规则大得多，其线宽值由流过该图形的电流的大小决定。

3. 间距规则

两个图形之间的间距（SPACE 或者 CLEARANCE）有最小距离要求，如图 6.3 所示。如果版图绘制时图形之间的距离小于间距规则要求的最小距离，则在芯片制造过程有可能会造成两个图形短路。

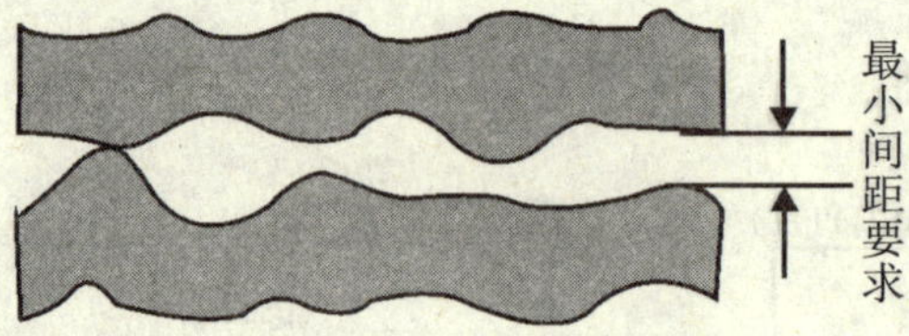

图 6.3 间距规则示例

4. 交叠规则

两个图形之间相交叠（OVERLAP）或者相覆盖（EXTENSION）的区域有最小的尺寸要求。

对于金属层与接触孔的交叠，如果金属层覆盖接触孔的尺寸小于交叠规则要求的最小尺寸要求，则有可能在芯片制造过程中，金属层不能完全覆盖接触孔，导致连接不可靠，严重的甚至会导致开路。参见图 6.4。

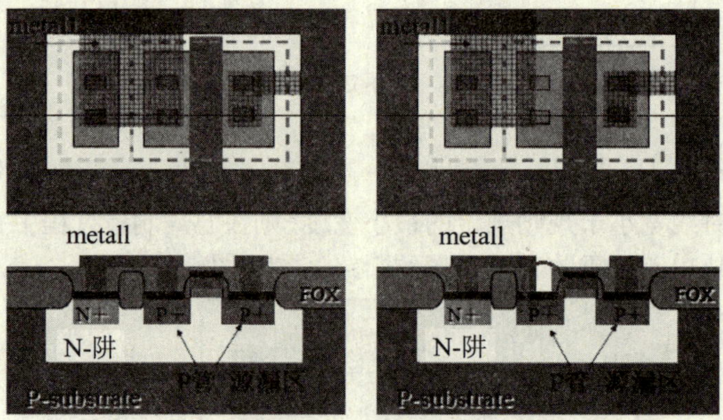

（a）金属充分覆盖接触孔　　（b）金属未充分覆盖接触孔

图 6.4 金属覆盖接触孔充分与否的版图、剖面图对比

对于多晶硅栅对有源区的覆盖，如果多晶硅栅不能充分覆盖有源区，在注入的时候会导致源漏短接，造成短路。参见图 6.5。

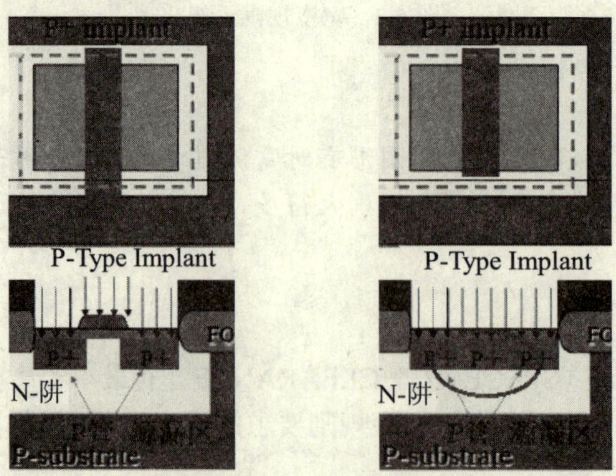

（a）多晶硅栅充分覆盖有源区　　（b）多晶硅栅未充分覆盖有源区

图 6.5 多晶硅覆盖有源区充分与否的版图、剖面图对比

6.1.2　实际设计规则解读

由芯片制造厂提供的设计规则文件详细给出了各个图层的设计规则，下面以 0.5μm 2P3M 硅栅 CMOS 工艺规则文件中的 N 阱部分为例进行设计规则的解读。

1. N-well（TB）层设计规则

N-well（TB）：

This mask defines the N-well for P channel devices。

a. N-well width for interconnect	2.5
b. N-well width for resistor	4.0
c. N-well spacing with different potential	4.0
d. N-well spacing with same potential （N-well pattern shall be merged if space is less）	1.4
e. Overlap from N-well to N+ inside N-well（pick up）	0.4
f. Space from N-well to N+ outside N-well	2.1
g. Overlap from N-well to P+ inside N-well	1.3
h. Space from N-well to P+ outside N-well（for P-well pick up）	0.8

注：（1）单位为μm；（2）除非特别说明，这些规则都是绘制时的最小尺寸，即大于等于右边规定尺寸。

2. N-well（TB）层设计规则解读

各设计层的尺寸（单位为μm）及设计规则如图 6.6 所示。

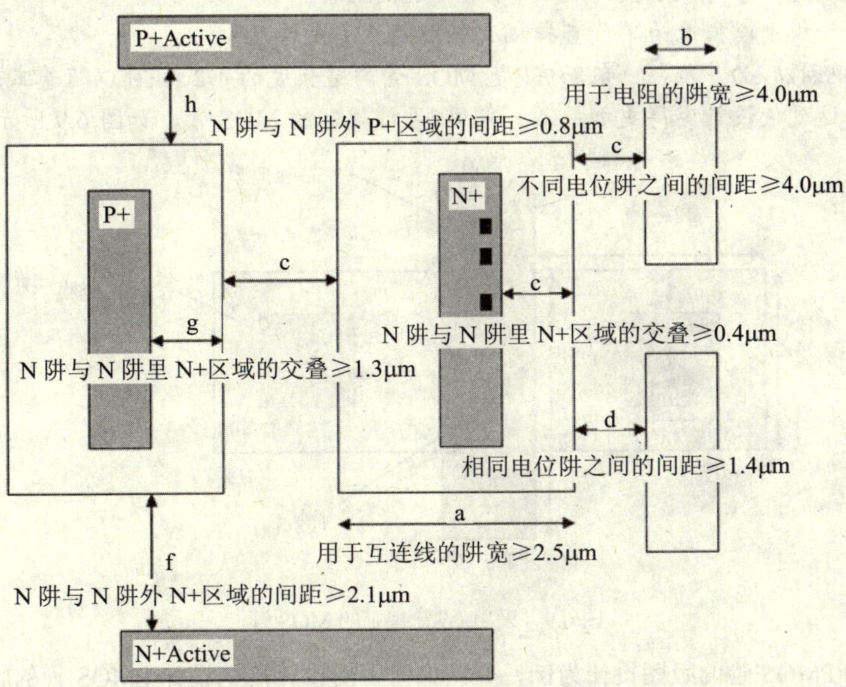

图 6.6　各设计层的尺寸及设计规则

3. 设计规则实例

实际设计规则实例如图 6.7 和图 6.8 所示。

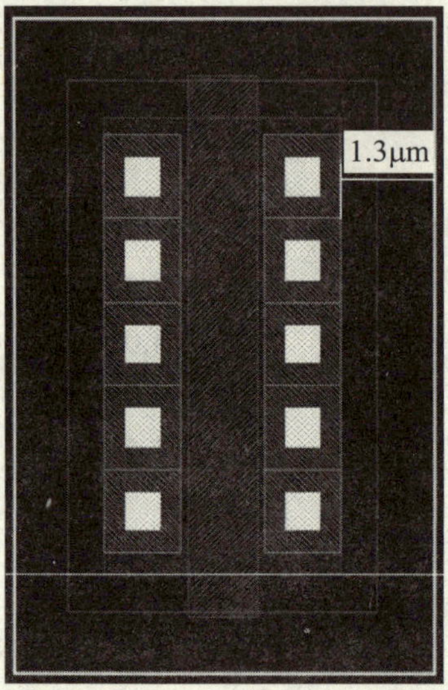

Overlap from N-well to P+ inside N-Well≥1.3μm

图 6.7 N 阱盖出阱内的 P+区域需大于等于 1.3μm

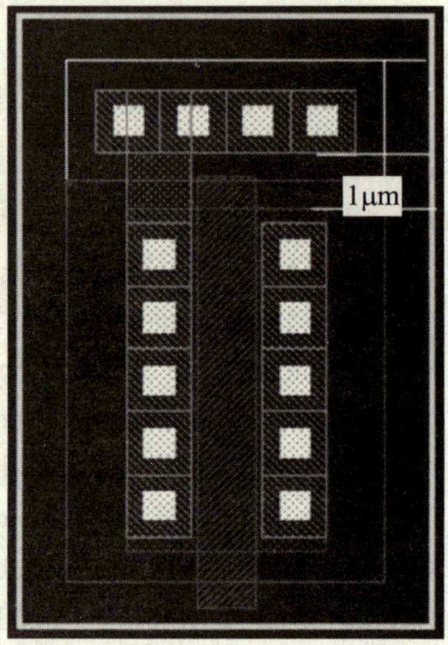

Spacing of N+ Active to P+ Active inside N-well≥1.0μm

图 6.8 N 阱内的 N+有源区和 P+有源区的间距需大于等于 1.0μm

【小提示】

设计规则通常分为微米设计规则和λ设计规则两种：

微米设计规则以微米为单位直接描述版图的最小允许尺寸；

λ设计规则以λ为基准，一般而言λ是 MOS 管沟道长度的 1/2。λ可以随着工艺的改进而线性缩小，这就使设计变得更加灵活。采用λ设计规则的 MOS 管，如图 6.9 所示。

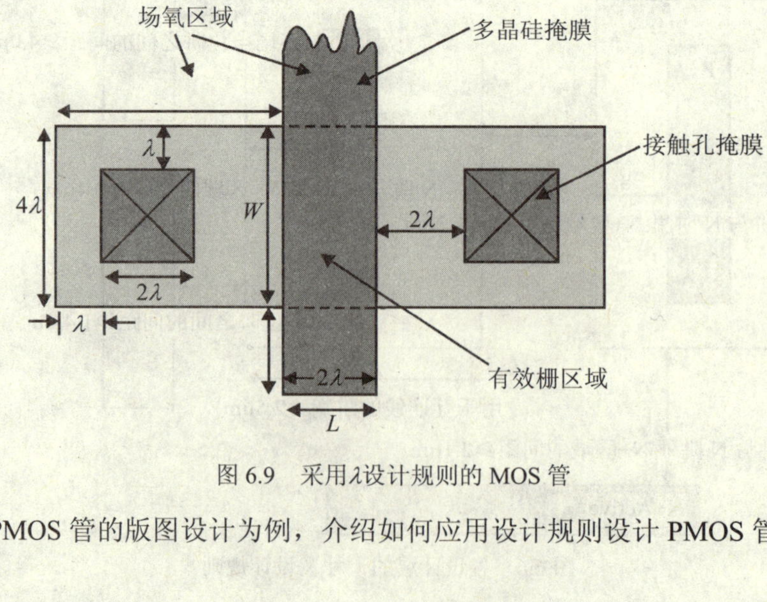

图 6.9 采用λ设计规则的 MOS 管

下节以 PMOS 管的版图设计为例，介绍如何应用设计规则设计 PMOS 管的版图。

6.1.3　设计规则应用实例

预备知识：在对 PMOS 进行版图设计之前，应该首先了解 PMOS 的制造过程，然后依据工艺提供的图层说明知道各层的含义和用途，这样才能确定设计 PMOS 版图所需要的图层，之后根据图层的设计规则再进行设计即可。

一般各个代工厂提供的普通 MOS 管的制造工艺大致相同，本章使用的工艺也不例外，根据其制造流程可以得知 PMOS 晶体管的版图涉及以下几个图层（对应于掩膜版）：

（1）P-Sub（衬底层）：本工艺不提供，所有空白的区域默认为衬底层。也有其他工艺提供本层，若提供，则必须画出。

（2）N-Well（N 阱层）：即 TB 层，所有的 PMOS 都制作在 N 阱中，作为 PMOS 晶体管的衬底。

（3）Active Area（有源区）：即 TO 层，主要用来确定晶体管的制造区域，其他的则是低电阻掺杂区和衬底接触等区域。这个区域是和场氧区对应的，有源区覆盖薄的栅氧层，而这个区域之外的都是比较厚的场氧层。

（4）Poly（硅栅）：即 GT 层，用来确定晶体管的栅区。

（5）P+（P+注入区）：即 S P 层，用来注入 P 型材料，确定 PMOS 晶体管源漏区域。

（6）Contact（接触孔）：即 W1 层，用来将半导体与金属引线连接起来。半导体包括 N 型硅、P 型硅和多晶硅等。

通过以上分析确定要输入的图层后，就可以开始进行 PMOS 晶体管设计了。

在实际的芯片制造过程中，除上述掩膜版外，还需要增加如阈值电压调整、钝化层等掩膜版，这些附加的图层和对应的工艺不在这里讨论。

➤➤跟我做 1：设计 PMOS 晶体管版图

（1）在版图编辑器界面设置格点

打开方式：在版图编辑器界面点击 Options 中的 display 进行格点设置。格点的设置如图 6.10 所示。

（2）绘制有源区 Active Area

规则规定：Active width for PMOS must be ≥ 0.6μm。对初学者而言，尽量把宽度拉宽一些，不必拘泥于规则规定的最小值。于是在这里假设有源区长宽各取 5μm 画一个矩形，具体步骤如下：

① 用鼠标单击 LSW 图层中的有源区层 TO，使之成为当前层。

② 用鼠标移动到编辑区中，点击以便激活当前窗口，表示在当前窗口工作。

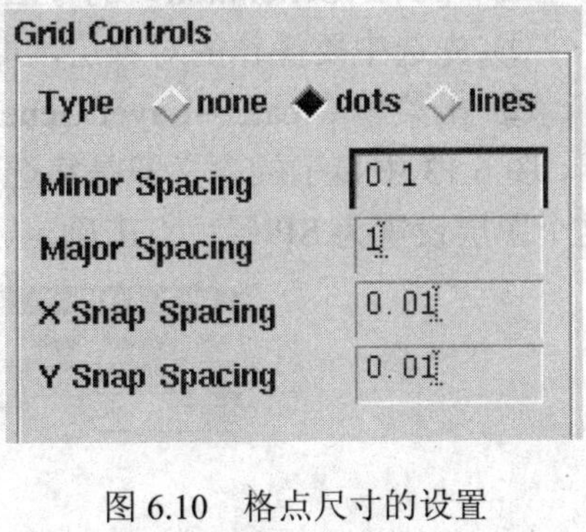

图 6.10　格点尺寸的设置

③ 按快捷键“r”开始绘制矩形图，在编辑区坐标的右上角绘制一个矩形框，长和宽分别都为 5μm。最终有源区尺寸如图 6.11 所示。

【小提示】

在绘制图形的过程中，可以随时调出标尺（Rule）测量对象的尺寸。调取方法为按快捷键“k”，然后单击要测量的两点即可。消除所有尺寸为单击“Shift+k”。

（3）绘制晶体管的多晶硅栅极

在 LSW 中单击 GT 层为当前层。多晶硅栅极位于有源区中部，PMOS 晶体管规则：栅宽最小为 0.55μm，且多晶硅栅 overlap 有源区至少 0.55μm。这里我们就取栅宽 1μm，overlap 有源区 0.8μm。采用等宽线 Path 来绘制多晶硅栅，中线距左右各 2.5μm，最终所画出的 Poly 如图 6.12 所示。

图 6.11　有源区的绘制尺寸

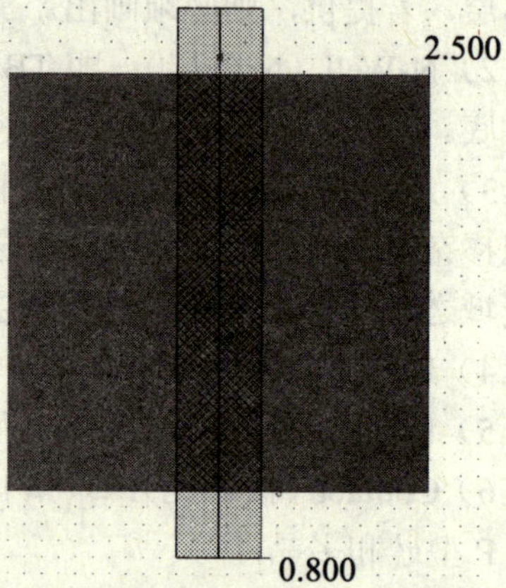

图 6.12　多晶硅尺寸最终绘制图

在绘制和移动的过程中，会大量用到标尺（Ruler）以及移动（Move）、拉伸（Stretch）等操作键。同时，可以配合鼠标右键拖拽框进行放大缩小操作。操作时一定要保证完全对准标尺，不能有丝毫误差，以防以后验证时报错。

（4）绘制 SP 层

在多晶硅栅放置好以后就可以绘制 SP 层了。SP 规则：SP enclose Active Area 至少 0.5μm，这里也取 0.5μm 即可。可以有多种方法绘制，从练习和学习的角度出发，这里采用层生成（Layer Generation）的办法进行绘制。绘制步骤如下：

① 先选中要操作的对象层，即选中有源区图形。

② 击菜单 Create→Layer Generation…弹出层产生窗口，对其中各项的设置如图 6.13 所示，图 6.13 中显示的含义即是将选中的有源区图形向外扩展 0.5μm 以后形成另外一个图形，这个图层设置为 SP 层。点击确定。

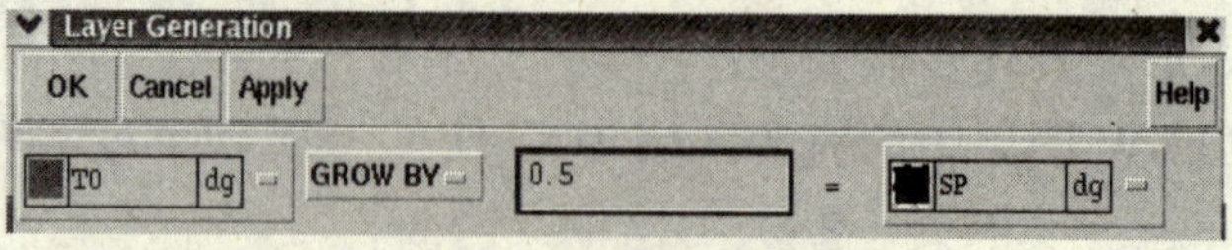

图 6.13　层生成窗口设置

④ 此时编辑区会自动生成一个 SP 层图形，如图 6.14 所示。

（5）绘制 N 阱

N 阱规则：Overlap from N-well 到 P+ inside N-well 至少 1.3μm，这里取 2μm。同样可以

利用生成 SP 图形的方法，即将 SP 层向外扩展 2μm 来生成 N-well。这样生成的图形如图 6.15 所示。

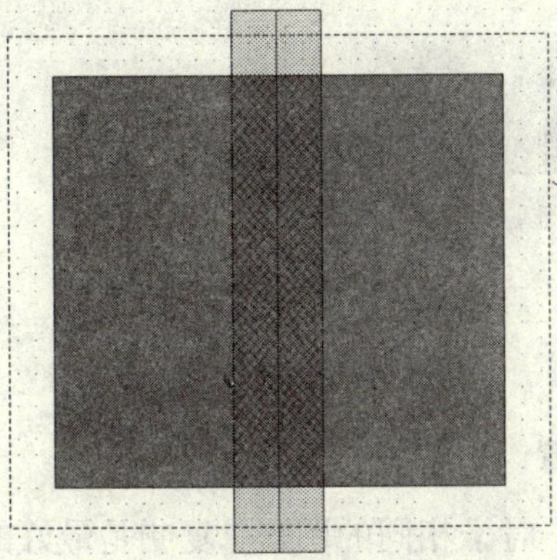

图 6.14　生成的 SP 图形

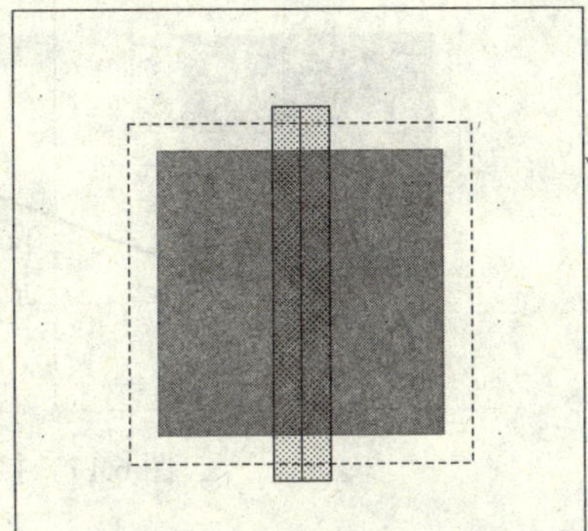

图 6.15　生成的 N-well 图形

（6）绘制 PMOS 晶体管的源漏区的接触孔 W1

接触孔规则：正方边，面积为 0.5μm×0.5μm，space to poly 至少为 0.4μm，本例取 0.5μm；Active Area overlap contact 至少为 0.3μm，本例取 0.3μm；contact to contact 至少为 0.5μm，本例取 0.8μm；晶体管源区和漏区能画几个接触孔是由晶体管的宽度决定的，在满足边界距离的条件下，应该均匀排列尽可能多的接触孔。本例源区（假设在 poly 左边）和漏区各放 4 个接触孔。

具体绘制方法如下：

①单击 LSW 中的 W1 图层，设置为当前层。

②在编辑区中空白位置处先画一个 0.5μm×0.5μm 的矩形。可借助标尺和格点进行绘制。水平方向和垂直方向的最小格点间距为 0.1μm，当画矩形时，将矩形第一个点设置在一个格点上，然后将鼠标分别向下方和右方移动 5 个格点后点击，于时就完成了接触孔的绘制。如图 6.16 所示。

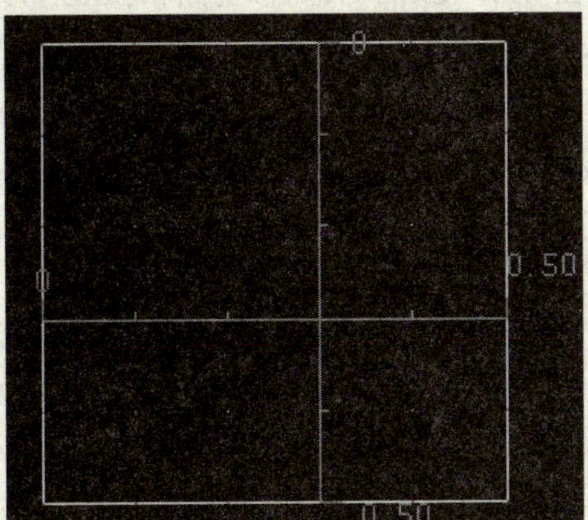

图 6.16　接触孔图形

③将画好的接触孔移动至源区的下方，按规则规定放置好，其尺寸如图 6.17 所示。

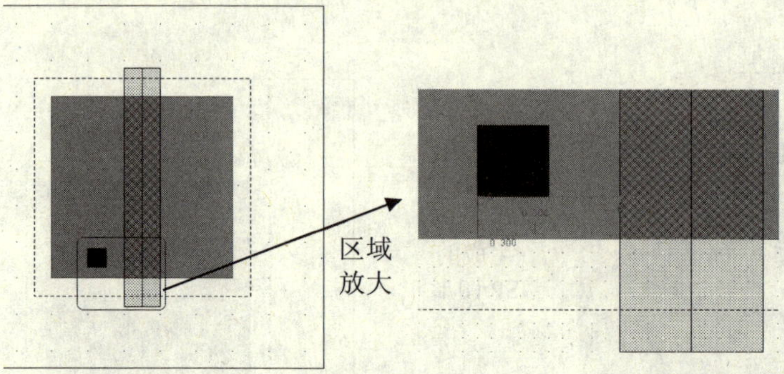

图 6.17　接触孔的放置位置

④其余的接触孔可以通过复制生成阵列的方法获得。对于相同的图形，复制是最好的办法，这样可以消除人为因素造成的误差，复制方法如下：首先选择要复制的接触孔。接着按快捷键“c”开始复制，此时按“F3”键进行复制操作选项。弹出的窗口设置如图 6.18（a）所示，设置完毕后，双击“Apply xy”后即可在垂直方向上复制出三个接触孔，如图 6.18（b）所示。

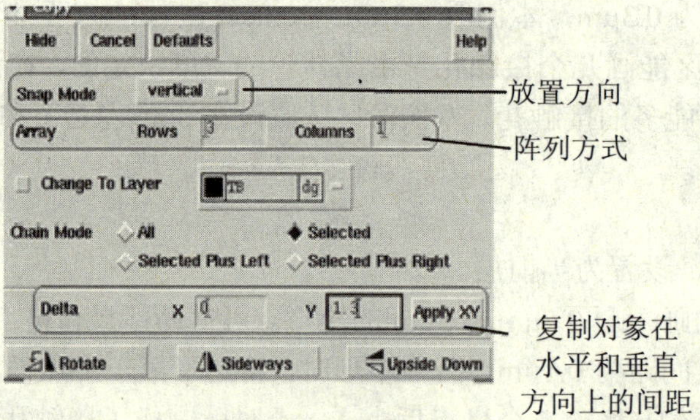

（a）复制阵列选项

（b）复制阵列后的图形

图 6.18　复制阵列选项和复制阵列后的图形

⑤同样，对于右侧要绘制的四个接触孔，可以将左侧的四个接触孔选中并复制到右边相同位置即可。绘制后的图形如图 6.19 所示。

注意：在操作复制时按“F3”键将上一步的阵列设置取消，同时改 Snap Mod 方式为 diagonal。

（7）通过金属 A1 分别将源漏引出。

A1 规则：A1 overlap contact 至少 0.3μm，这里取 0.3μm，分别将源漏引出。绘制出的 PMOS 晶体管如图 6.20 所示。

（8）绘制阱区接触孔

PMOS 晶体管的衬底是 N-Well 区，为了保证隔离 N-Well 区与芯片衬底 P-sub，一般将 N-Well 的电位通过接触孔接到芯片的最高电位 V_{DD} 处。由于 N-Well 是轻掺杂的，为了将金属与 N-Well 的连接区域形成欧姆接触（即降低金属与衬底连接时接触孔的电阻），需要在接触区域进行重掺杂，并且掺杂类型与衬底的导电类型一致，即在接触区域进行 SN 注入。这一点很重要。绘图的步骤如下：

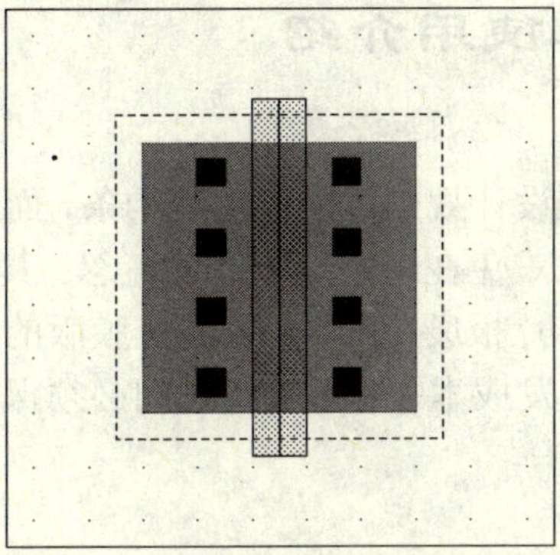

图 6.19　复制阵列后的图形

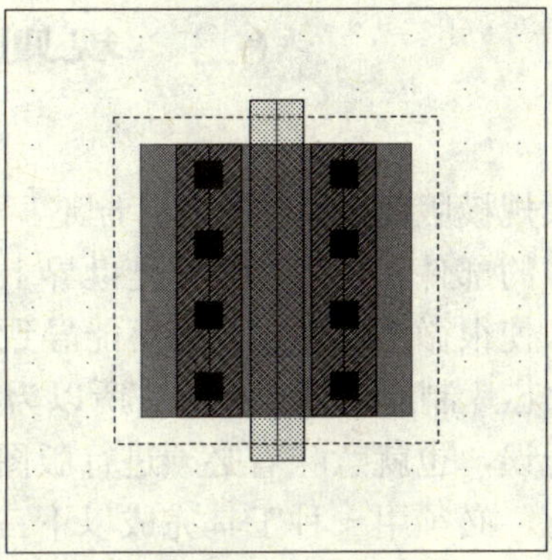

图 6.20　金属 A1 连入源漏后的图形

①在图中选择一个 contact 复制到 N-well 区域。

②在此 contact 区域覆盖矩形的 SN 注入。注意保证 SN 与 contact 和 N-well 的规则要求。适当的时候可以拉宽 N-well 区。

③使用金属 A1 连接到此 contact。

④对添加的金属 A1 进行文字标注，便于版图的查看。A1TEXT 层专门用于对 A1 进行标注，本层在版图制造时不会生成相应的掩膜。标注时首先选择 A1TEXT 层为当前层，之后在编辑区中按快捷键“l”（字母 L 的小写）调出标注对话框，在 Label 框内输入 VDD 后，点击“Hide”后相应的字母就会粘在鼠标上，用鼠标在金属 A1 单击后，标注名就会确定下来。

注意：字母会有一个小的十字形，只有十字形落在金属 A1 上才说明标注与此金属是连在一起的，如图 6.21 所示。最终完成的图形如 6.22 所示。

【小提示】

在面积允许的情况下，应该尽可能多地设计阱接触，以保证阱区电位与电源接触良好。工程中，更常用的是阱接触环（ring），即将接触孔围着阱区形成一个环状。

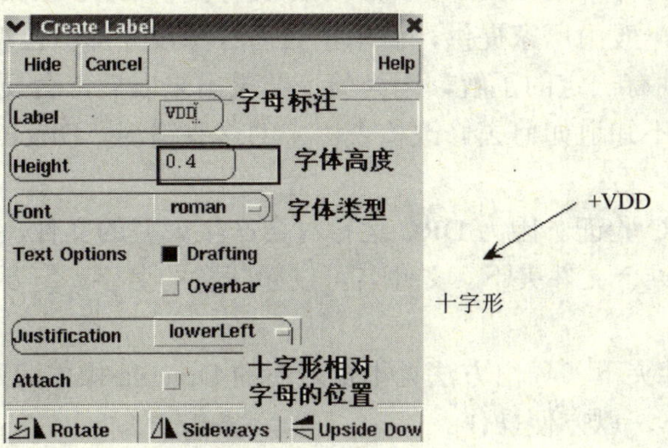

图 6.21　标注设置与十字形示例

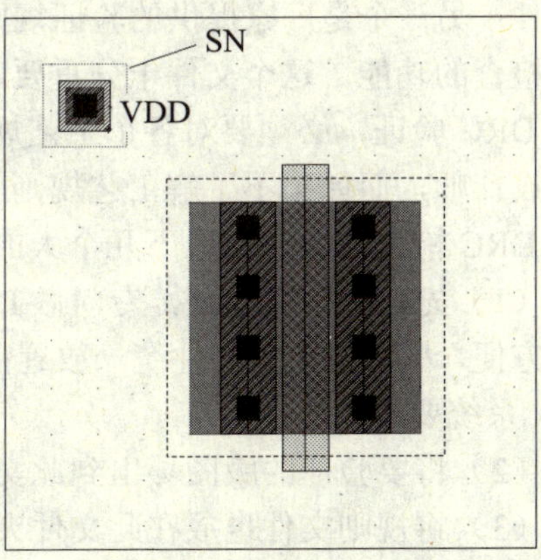

图 6.22　完整的 PMOS 版图

6.2 规则验证工具使用介绍

在大规模版图设计中，芯片制造厂商提供的工艺设计规则可能多达几千条，而且芯片版图有很多的部件和连线，即使是世界上最严谨的人也难免在个别地方产生疏忽；其次，芯片版图中即使很微小的错误，也可能导致制造出来的芯片报废；再次，制造掩膜版的费用比较高，同时芯片制造周期也很长，所以为了降低芯片开发成本、缩短流片时间必须保证制版数据准确无误，也就意味着必须进行版图验证。

因此，必须用一种工具完成以下三种验证任务。

（1）DRC（Design Rule Checking）检查：即验证设计的几何规则，它保证版图符合流片厂家的要求，可以保证在工艺线上制造出来的芯片图形是符合设计时的版图要求的。如果不进行这一步验证的话，就有可能发生线条在光刻过程中被刻断、短接等情况，从而导致流片失败。

（2）LVS（Layout VS Schematic）检查：即把得到的版图和电路原理图进行比较，看它们是否一致。

（3）LPE（Layout Parameter Extraction）检查：即把版图中所有存在的寄生的电阻、电容提取出来进行检查，确定是否影响正常电路工作。

只有当这些检查确认无误后才可以提交给代工厂进行流片。

目前，最常用的验证工具有 Cadence 集成的 Dracula 和 Mentor 公司推出的 Calibre 工具。Cadence 集成的交互式线验证工具 Diva 也相当好用，具有操作方便快捷的特点，适合早期时中小规模单元的版图验证。随着版图规模的扩大及工艺的复杂，现在使用的几率逐渐减小，而 Dracula 和 Calibre 成为验证工具的主流产品。下面将分别简单介绍这两种工具，并在本章最后演示 Dracula 的详细操作过程。

6.2.1 Dracula DRC 工具使用介绍

Dracula 做 DRC 时，它的工作需要有两个文件：一个是版图文件，一般为 GDSII 格式的文件；另一个是厂家提供的验证规则文件（Rule File），Rule File 文件提供 DRC 工具怎么进行检查的功能。这个文件十分重要，一般由厂家提供，偶尔也会由版图设计师自己编写。要做 DRC 验证，必须要对各个工艺规则有一定的了解，因为验证结果出来以后，会反馈给版图设计师，而如果不了解工艺规则就不知道如何去修改检查出来的这些错误。Dracula 下进行 DRC 检查需要完成以下几个大的步骤：

（1）先建一个文件夹，专门做 DRC 验证。因为 DRC 运行时会产生大量的文件，为了查找方便，尽量将这些文件统一放置在一个文件夹下。文件名可以起任意的名字，但要符合 Linux 系统要求。

（2）将要验证的版图导出到此文件夹下（导出方法见本章最后的 Dracula 操作演示）。

（3）将规则文件也放在此文件夹下，以方便操作。

（4）利用 vi 编辑器修改规则文件内容的前几行设置信息，主要是指定 INDISK（版图的名字）以及 PRIMARY（版图顶层名称）以便让此规则文件和版图名称对应起来。

（5）在终端下启动验证工具 PDRACULA。

（6）编译规则文件。

（7）完成后运行编译生成的文件 jxrun.com 开始检查。

（8）在版图中通过接口打开 Dracula 工具箱，利用工具可以查看检查出来的所有信息并根据规则进行修改直至无错误。

6.2.2　Calibre DRC 工具使用介绍

Calibre 的操作过程与 Dracula 相比更加“人性化”、更加简单，同时不需要对规则文件进行修改，也不需要在终端下输入批命令等。只需要在调出的窗口中正确填入规则文件的路径及设置一些其他的检查方法即可运行。Cadence 软件可以和 Calibre 进行接口，且直观的图像化接口便于初学者使用。下面简单地介绍操作过程。

Calibre 的前期准备：Mentor 公司提供了 Calibre 的 skill 文件，可以在 Cadence 环境下将 Calibre 集成进来，作为版图的交互工具使用。Cadence 集成 Calibre 方法如下：

（1）首先按 Calibre 的安装方法正确安装 Calibre 文件；

（2）在 Cadence 的启动变量，在 cdsinit 中加入此行：

load（“calibre_install_dir/mgc_skl.skl”）;

（3）启动 Cadence 即可。

Cadence 启动后，打开一个版图就会发现菜单一行最后会有一个 Calibre 菜单，这样在版图的编辑过程中就随时可以直接从 Calibre 菜单中调出 DRC、LVS 等各种检查工具了，如图 6.23 所示。

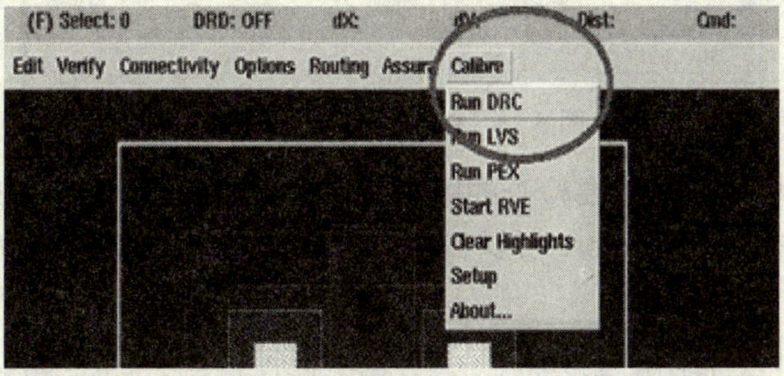

图 6.23　版图中集成的 Calibre 验证工具

Calibre DRC 的操作有如下几个步骤：

（1）在版图中单击 Calibre→Run DRC，弹出 DRC 对话框，如图 6.24 所示。

（2）把 Load Runset file 对话框直接调入以前做检查时的默认设置，如果以前设置过，则可以将设置的内容保存起来，以便以后直接使用。如果是第一次启动，则点击“New Runset”按键取消此框。等第一次设置完后可以将设置的内容通过 file→Save 保存起来。

（3）在 DRC 的选项窗口左侧有一列标签栏，红色的代表这个标签栏里的内容需要设置，绿色的表示已经完成设置。但是对于待定的 DRC 不一定完全正确，有时还需要修改。当显示灰色的时候表示此时不需要填写内容。

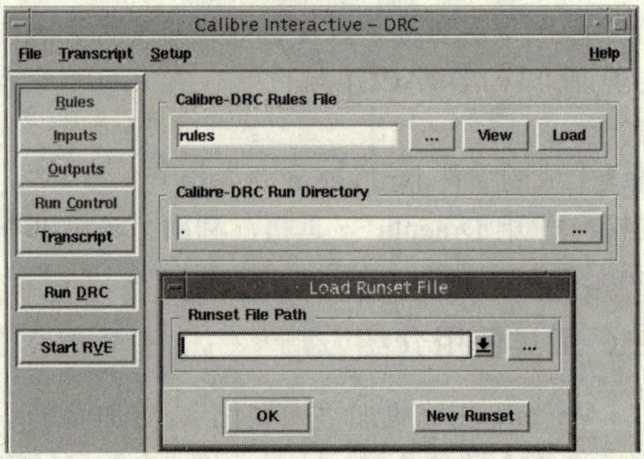

图 6.24　Calibre DRC 对话框

（4）在 Calibre DRC Rules File 一栏内填入规则文件的路径，在 Calibre－DRC Run Directory 里输入要 RUN DRC 的路径，建议建一个专门的目录。如果路径正确则可以看到 Rules 已经变成绿色，表示 Rules 里的设置完成了。另外，当把鼠标停留在所需要填写的内容栏时，Calibre 会自动弹出提示说明，如图 6.25 所示。

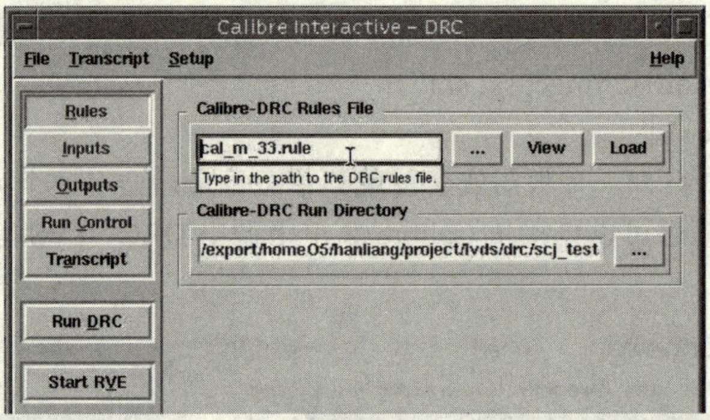

图 6.25　Rules 标签栏的内容

（5）input 标签栏用来输入要检查的版图文件，与 Dracula 一样，版图文件的格式也需是 GDSII 格式的文件。不过 Calibre 可以自动导出这种文件，不需要手动操作，如图 6.26 所示。

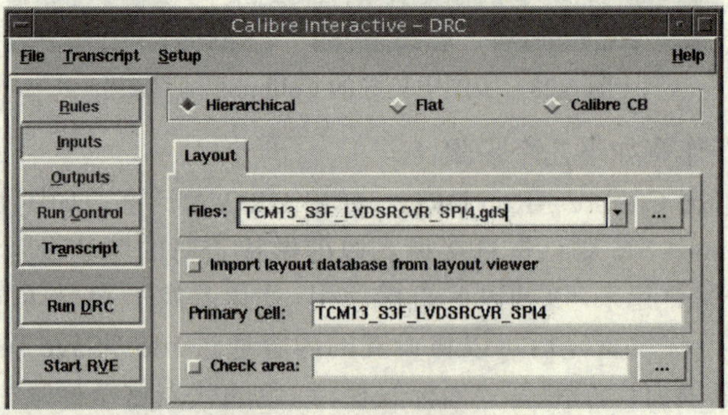

图 6.26　input 标签栏

layout 选项卡中要在 Files 一栏处填入需要检查的 GDSII 格式版图文件。如果当前版图的 GDSII 格式文件还没有导出，也可以选中下面的“Import layout database from layout viewer”

选项，这样 Calibre 在 Run DRC 时就先把当前的版图输出为 GDSII，名字就是上面填写的 GDSII 名称。

Hierarchial：以层次的方式检查，建议选此项。

Flat：将版图中的层次全部打散后检查。即所有子模块的版图全部解体，与顶层模块版图平级。这种情况只是在最后一次做 DRC 时使用。

Primary Cell：顶层单元名，一般情况下是默认的。

其余默认即可。

（6）设置完毕即可单击标签栏的“Run DRC”开始检查。Calibre 开始工作，完毕后会自动弹出一个简述的结果文件（DRC Summary Report）以及一个错误列表窗口 RVE，如图 6.27 所示。在 RVE 窗口中，左侧窗口会分门别类地列出错误，相同类型的错误会列在一起。用红色的“×”表示有 DRC 错误，假设没有 DRC 错误，会出现一个绿色的“√”。点击每个错误时，右边的窗口就会显示当前错误所在位置的坐标。

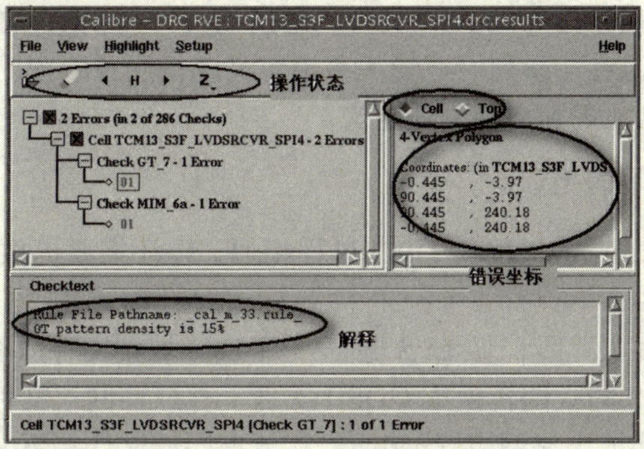

图 6.27　错误列表的各栏说明

Cell：显示此错误在底层单元中的坐标。

Top：显示此错误在顶层单元中的坐标。

Checktext：为当前错误的注释，这个注释是 Rule File 里以@开头的语句。

状态栏中从左往右的含义：

■ 清除高亮；

■ 高亮显示上一个错误；

■ 高亮显示当前的错误；

■ 高亮显示下一个错误。

当点开一个具体的错误时，比如下面的第一个 Check GT_7-1 Error，有一个错误：01，双击 01，版图上就会直接显示当前错误所在的位置，并在当前错误处用某种颜色高度闪亮（闪烁），改完当前错误后就可在 01 处点击鼠标右键选中 Error Fixed，这样就表示这个错误已修改，相应的红色的 01 也会变成绿色的 01。

（7）把所有的错误修改完毕后按照上面的流程重新导出 GDSII 版图进行 DRC 检查，直到 DRC RVE 的图显示“No Errors”，这才表示 layout 已经通过了 DRC 的检验。

6.3 电路与版图一致性检查（LVS）

DRC 检查无误后，下一步就需要验证所设计的版图与电路图是否一致，即检查版图中是否有漏掉的器件；是否有错误的连线；连接关系是否一致；对应的器件版图尺寸与电路的设计尺寸如晶体管的宽长比是否一致等。当验证的结果与电路图无误时，即可通过 LVS 检查。

6.3.1 LVS 的规则文件

验证工具做 LVS 时，需要提供电路图的网表文件（Schematic netlist），同时验证工具也会通过某种规则对要验证的版图进行器件识别并最终产生版图的电路网表（layout netlist）。随后，验证工具通过两个网表文件的对比找出所有不一致的节点关系报告，以供下一步的修改。因此，代工厂会提供一份 LVS 规则文件。此规则文件与 DRC 的规则文件不同，其中定义了各个层次关系，并通过一系列的逻辑关系来定义连接层及版图的器件，有兴趣的同学可以参看相关工具下的 LVS 规则文件语法定义。

6.3.2 Dracula 下的 LVS

Dracula 工具进行 LVS 的过程与 DRC 过程相似，但还需要提供电路原理图的网表。操作主要有如下几个步骤：

（1）先建一个文件夹，专门做 LVS 验证，将 LVS 规则文件放在此文件夹中。

（2）将欲进行 LVS 的版图转换成 GDSII 文件，存放在同一文件夹下。

（3）将电路图转换成电路网表（netlist）存放在同一文件夹下。

（4）用 vi 修改 LVS 规则文件：指定 INDISK 为版图的 GDSII 文件名，在 PRIMARY 后面写上 Top Cellname 的名称即可。

（5）接着将电路网表转换成 LVSLOGIC.DAT 类型的文件。方法是在终端下进入到验证的文件夹下，输入：LOGLVS，终端调出一程序，接着在冒号后输入“cir 电路网表名”，这样就开始编辑网表。编辑成功后在终端下输入 con Top Cellname 的名称。这样就会将 top cell 转换成 XTR 文件；最后在冒号后输入“x”退出此程序。

（6）在同一路径下，键入 PDRACULA，在提示符后输入“/g lvs 规则文件名”，“/f”退出，生成 jxrun.com。

（7）终端下输入./jxrun.com 开始运行 LVS 检查。

（8）程序结束后，生成多个文件，可通过 lvs.lvs 来查看错误。

lvs.lvs 会详细给出两个网表的对比情况，再列出每一个不匹配的错误，有时一个错误会造成连带的其他错误。所以，此时只需要修改一处绝对的错误，重新做 LVS 时，就会消除其他的错误。具体的对比报告需要一个个地找出来检查，修改完版图保存，重新导出后从第（6）步骤开始即可做再次检查，直至没有错误。

6.3.3 Calibre 下的 LVS

Calibre 下的 LVS 与 DRC 相似，但操作相对便捷。以下简要介绍 LVS 的操作过程。

（1）单击菜单 Calibre→Run lVS，出现 LVS 操作窗口，如图 6.28 所示。

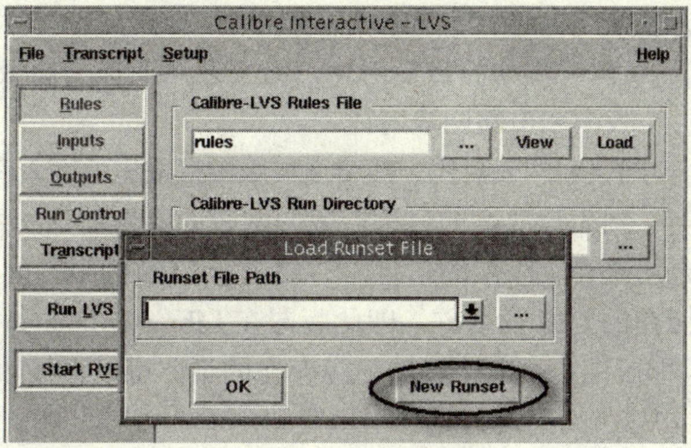

图 6.28　Calibre LVS 窗口

（2）Load Runset File 的设置方法与 DRC 的方法一样。对于第一次运行，点击“New Runset”取消即可。

（3）从图 6.28 中可以看到标签栏中“Rules”和“Input”栏都是红色，说明没有设置正确。“Rules”栏主要是用来设置规则文件。如图 6.29 所示，“Calibre–LVS Rules File”一栏中填入工艺厂商提供的 LVS 规则文件。“Calibre –LVS Run Directory”一栏指定要在哪个目录下运行，此时填入单独建立的 LVS 的文件夹即可。

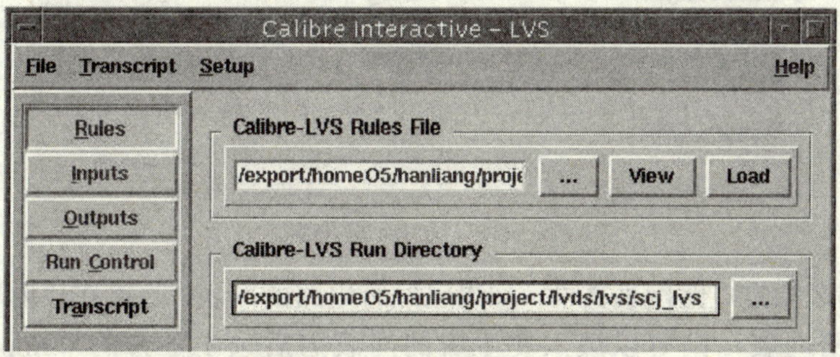

图 6.29　Rules 标签栏内容

（4）Input 一栏是用来指定版图的 GDSII 文件以及要对应的电路原理图的网表文件。如图 6.30 所示。

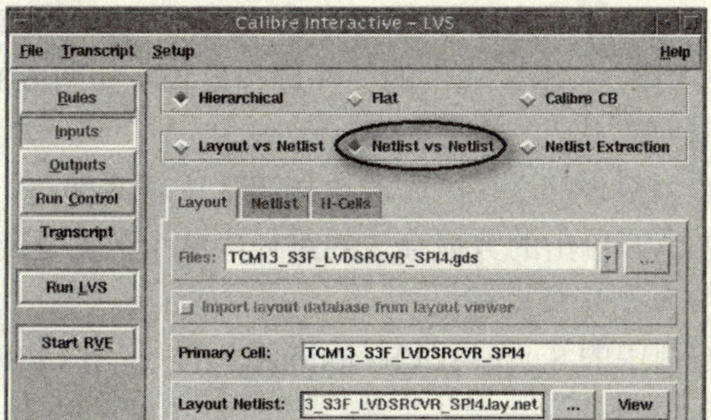

图 6.30　Inputs 标签中 Layout 各项说明

下面对其中各项进行说明：

Hierarchical——层级方式。对于版图来说，如果版图内有层次调用，则用此选项。

Flat——打散方式。可以将层次打散后对比，给工艺厂商提交前做一次即可。

Layout VS Nelist——版图和电路网表对比。

Netlist VS Netlist——网表和网表对比，即将通过版图提取出的网表和电路网表进行对比。

Netlist Extraction——网表提取，即只进行版图网表的提取。

Layout 选项卡中是用来设置版图的信息，即要进行 LVS 的版图的名称如下：

Primary Cell——版图的 Cell 的名称，即此版图在 Library Manager 中的 Cell 的名称。

Layout Netlist——即版图的网表，如果已经存在的话，可以直接填入网表名，然后使用 Netlist VS Netlist 进行 LVS；如果没有则不用填写。

Import layout database from layout viewer——此选项选中表示可以从当前版图中直接生成 GDSII 文件并覆盖原文件。如果不选，则默认 LVS 运行文件夹下已经存在且不用更新。

netlist 选项卡中是用来设置电路网表的信息，如图 6.31 所示。

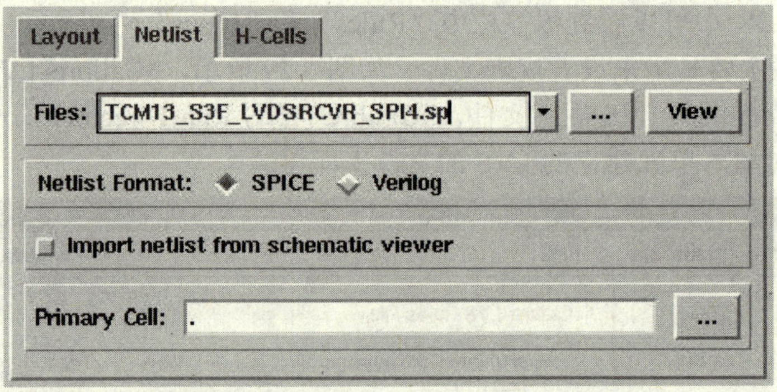

图 6.31　Netlist 选项卡

Files——用来指定电路网表文件，如果已经有电路的网表，直接在栏内填入即可；如果电路还没有导出网表，则可以填入要生成的网表名后选中下方的“Import netlist from schematic viewer”，这样 Calibre 会自动对电路生成指定网表。电路的导出最好用 Cadence 的 CDL 导出，具体导出过程可参考 Dracula LVS 演示过程。

Primary Cell——指定电路的 Cell 名称，默认即可。

H-Cells 是使用 Hierarchical 模式做 LVS 时才需设定，一般不需要专门设定。

（5）outputs 标签栏用来对 LVS 输出的文件进行设置，如图 6.32 所示，主要需填写的其实就是一项，也可以选择默认。

LVS Report File 是输出报告的文件，一般选择默认选项即可。

SVDB Directory 是 LVS 输出的数据存放的路径，这个数据是用 Calibre RVE 来 Debug 时读入的数据，一般选择默认选项即可。

（6）单击 Calibre 窗口中的 Setup→LVS Options，可以调出 LVS 检查设置选项卡，如图 6.33 所示。

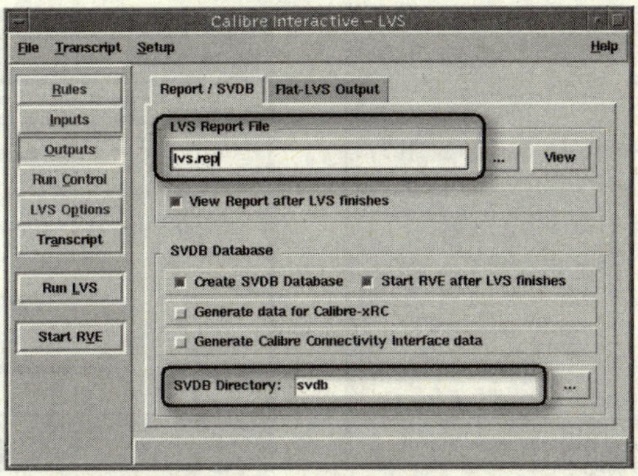

图 6.32　LVS 输出选项

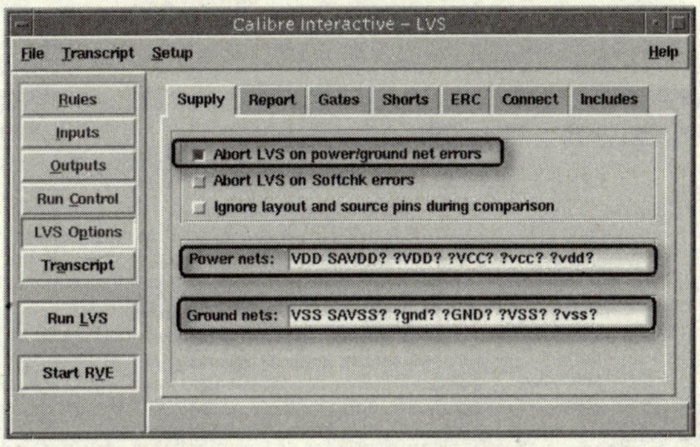

图 6.33　LVS Options 选项卡

这个选项卡提供了在 LVS 过程中遇到问题的处理办法，常用的是 Supply，介绍如下：

Supply：此栏主要处理电路问题，“Abort LVS on power/ground net errors”表示当电源和地短路时 LVS 程序终止。“Power nets：”和“Ground nets”栏内应该分别填入当前版图中的电源和地的名称。

（7）Run Control 一栏主要用来设置操作系统的选项，默认即可。

（8）Start RVE 一栏用来查看 LVS 的结果窗口，当 LVS 执行完毕后，可以点击此按钮进行查看 LVS 报告内容。

（9）当步骤（1）到步骤（7）设置完毕后，即可点击此按钮进行 LVS。

当 LVS 运行完毕后，会弹出两个窗口分别是 RVE 窗口和输出报告窗口，如图 6.34（a）、（b）所示，若电路图和版图完全对应，则会出现绿色的笑脸符号，否则就像 DRC 一样，会给出相应的红色的错误提示符号。同时 RVE 也会显示“Design Match”。

若版图和电路图不匹配，则在 RVE 和 LVS Report 中给出的报告，可以在 RVE 中点击进行查看各种错误的原因。下面介绍在 RVE 中查看常用错误的方法，在如图 6.35 所示的 LVS 报告中，可以看出共计有四类 7 处错误，分别是：

①四处 Net 错误，表示连线关系有不对应的错误；

②一处 Instance 错误，表明有器件版图不匹配；

③一处 Port 错误，表明版图和电路图中有输入、输出端口不匹配；

④一处 Property 错误，表明有部分属性不匹配。

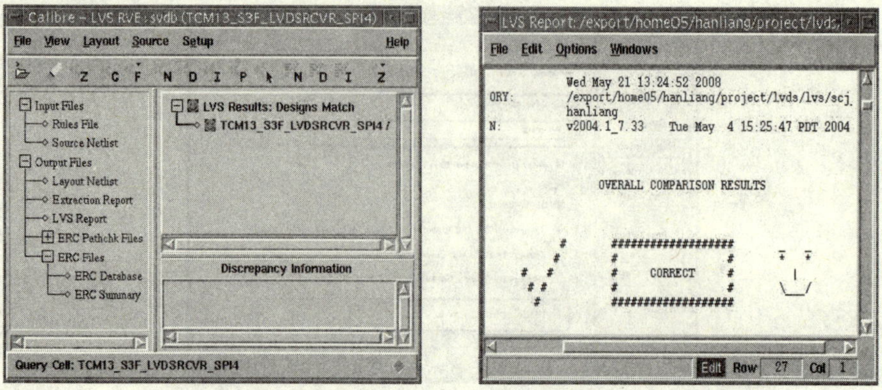

（a）RVE 窗口　　　　　　（b）输出报告

图 6.34　LVS 正确时的输出结果

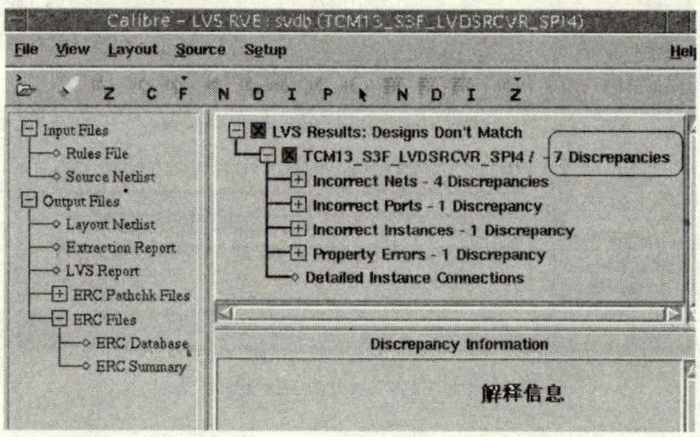

图 6.35　LVS 的错误信息

查看错误的方法：打开各个错误前的“+”号即可。

注意：LVS 检查时先查看连线的错误，因为连线的错误有可能是导致其他错误的根源，所以经验上应该先检查连线错误，解释信息处会给出详细的错误提示，以方便检查。下面举例说明之。

（10）连线检查。假设单击第二个错误连线处，解释信息处会给出相应的解释，如图 6.36 所示。解释处左列为 Layout 中连线的名称，右列为电路图中的连线的名称。表明 layout 中一条连线对应着电路图中的两条连线，表示电路图中此两线有开路错误，或者版图中的两条线有短路错误。若查看版图中线名 X89/inp 的位置，可以双击此线名，则版图视图会移动至此线的位置并动态显亮此线。这样就可以查看此线的连接状态，若有错，修改即可。或者打开电路图，查看 Net1483 和 Net1393，检查是否有开路现象。

【小提示】

建议将所有错误的连线修正以后，重新 Run LVS，这样可以消除其他的一些伪错误信息。

（11）Instance 检查：打开 Instance 错误，如图 6.37 所示。LAYOUT NAME 中列出了相应子模块中的器件 X89/X8422/M13，它与电路原理图中的器件 M_130_133 类型不一致，即提示“bad component subtype”，前者使用的模型是 P33，后者使用的模型是 P12。

修改方法：在电路的网表文件中将器件 M_130_133 的模型修改为 P33 即可。

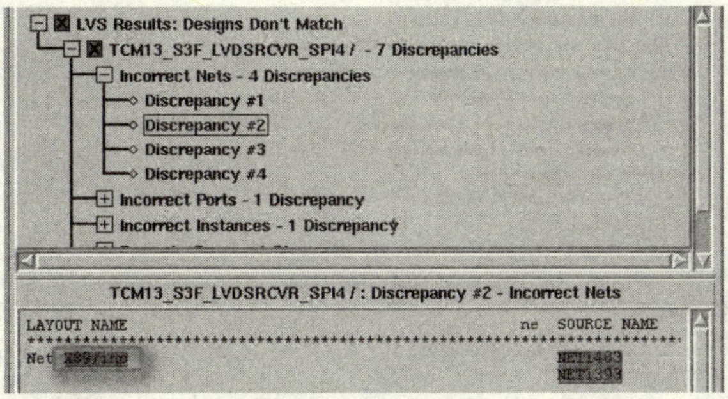

图 6.36　连线错误解释

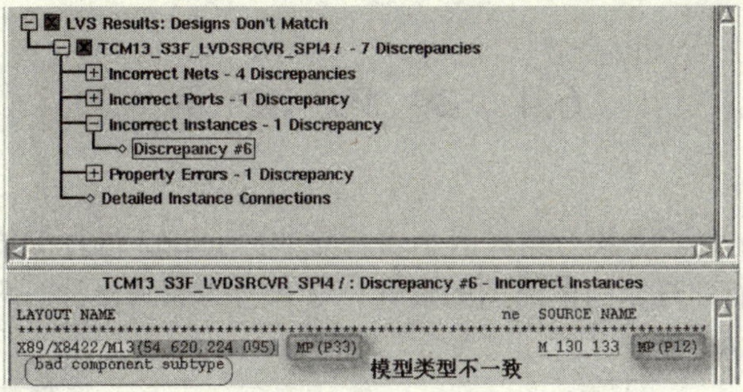

图 6.37　Instance 不匹配

（12）Ports 检查：版图模块完成以后，需要添加输入、输出端，即添加 Ports，这些 Ports 应该和电路图的 Ports 一致，否则 LVS 会报错。打开 Ports 报错的内容，如图 6.38 所示。可以看出，在 layout 中一个 Port 名为 DOUT，而电路图中却是 DOUT_E，修改过来即可。

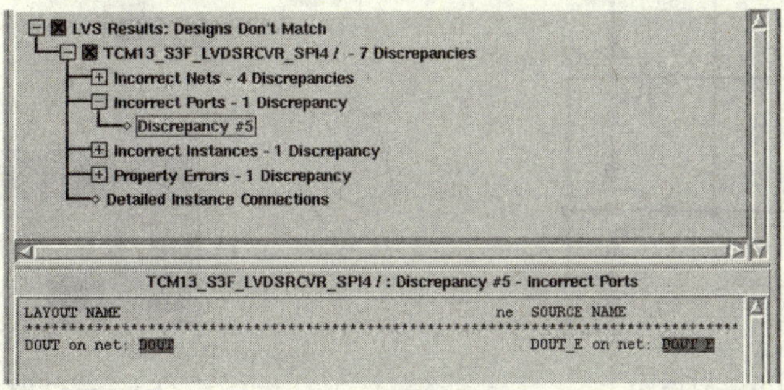

图 6.38　Ports 不匹配

（13）Property 检查：打开 Property 错误内容，如图 6.39 所示，解释栏指明了版图和原理图中相应器件的属性不匹配的原因。原因很明显，这里的宽度是 4μm，而电路图中却是 8μm，检查以后，将相应的图中的错误修改即可。

【小提示】

（1）所有错误修改完毕后，需要重新做 LVS，以防止出现其他的错误。

（2）以上只是列举了一些错误类型，实际中还会遇到其他的一些错误，对于复杂的 LVS 错误的理解和判断需要长期实践经验的积累。

（3）建议查看 LVS 的输出报告，此报告会详细列出两者对比的信息。

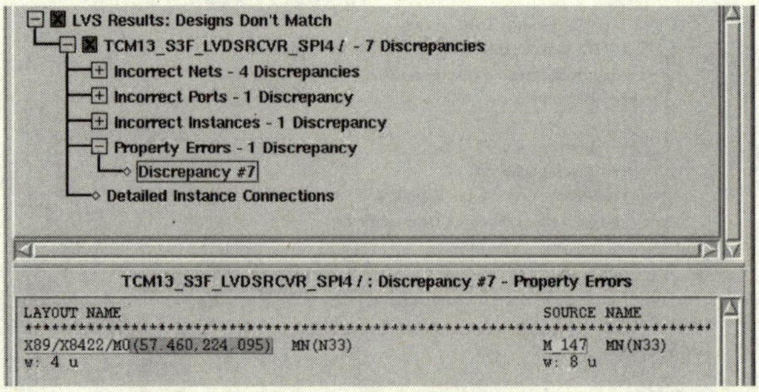

图 6.39 Property 不匹配

6.4 实例演示

本实例以 Dracula 验证工具为例对两个输入与非门 nand2 进行 DRC 和 LVS 验证。需要完成的前期准备工作有：与非门电路图的设计，与非门的版画设计。两者完成后的图形分别如图 6.40（a）和图 6.40（b）所示。

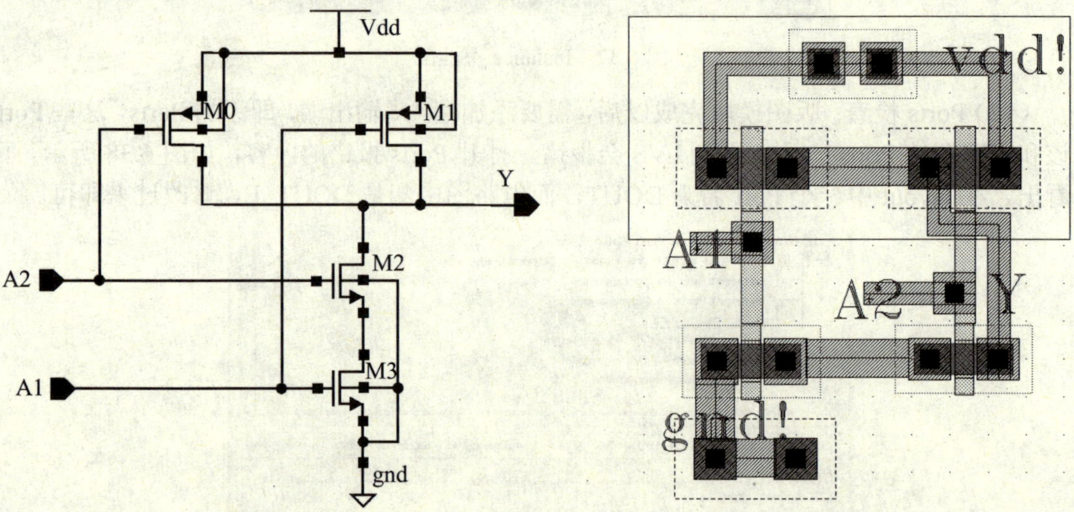

（a）nand2 的电路原理图　　（b）nand2 的版图

图 6.40 与非门的电路图和版图

电路图说明：

（1）两 PMOS 晶体管的宽长比都为 W：L=1.1μm：0.55μm；

（2）两 NMOS 晶体管的宽长比都为 W：L=0.8μm：0.5μm；

（3）输入 PIN 分别为 A1 和 A2，输入 PIN 为 Y。

版图说明：

（1）上面的 N 阱中画了两个 PMOS 管，尺寸都为 W：L=1.1μm：0.55μm；

（2）下面的 N 阱外画了两个 NMOS 管，尺寸分别为 W：L=0.8μm：0.5μm 和 W：L=0.9μm：0.5μm；

（3）阱电位和阱外的 P-sub 分别打上了两个衬底接触孔，电位分别接 Vdd!和 gnd!。

(4)版图中也用 A1TEXT 将输入 A1、A2 和输出 Y 标注在了相应的位置。

注意：版图（3）中的有一个管子尺寸与电路图不匹配，主要是为了以后做 LVS 检查时设置的，当版图完成以后，就可以开始 DRC 检查了。

【小提示】

“Vdd!”和“gnd!”中的“!”在电路中表示此线名是全局变量，相同的线网表无论是在子模块还是上层模块，电学上默认是连接在一起的。

6.4.1　Dracula DRC 验证示例

遵循 6.2.1 小节所述的 DRC 流程，本示例的详细验证步骤如下：

（1）新建一个文件夹，比如取名为 DRC，放在 ICFB 的启动目录下。

（2）复制 DRC 规则文件 DRACULAIC05DPTM2A6S05.drc 至新建的 DRC 目录下。

（3）导出版图的 GDSII 文件至该目录下。导出方法如下：

① 单击 CIW→File→Export→Stream…，弹出一个 Stream Out 对话框：如图 6.41 所示。Run Directory 中填入要导出的 GDSII 文件所放置的目录，Library Name、Top Cell Name 以及 View Name 则指出要导出的版图的具体位置。其余设置默认即可，最终设置如图 6.41 所示。最后点击“OK”。

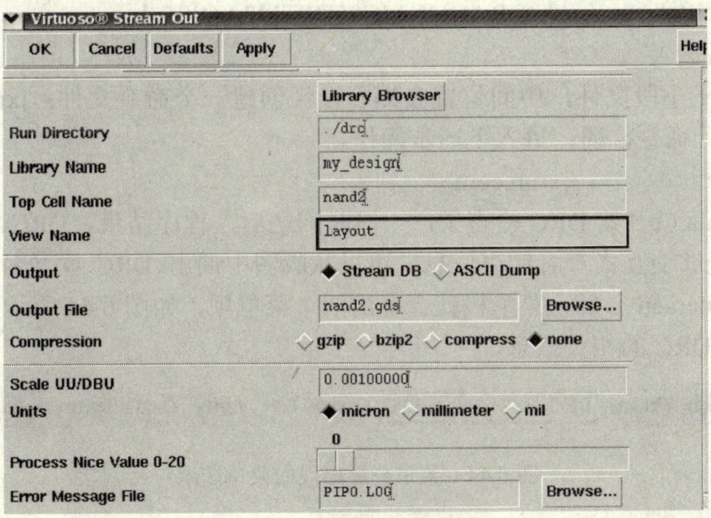

图 6.41　GDSII 格式导出设置

② 运行完毕后，弹出一个成功信息，表示导出 GDSII 文件成功，如图 6.42 所示。点击“OK”即可。

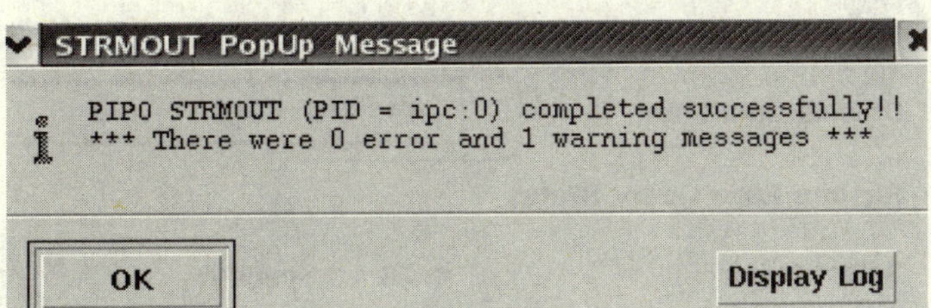

图 6.42　GDSII 导出成功的消息框

（4）修改 DRC 目录下的 DRACULAIC05DPTM2A6S05.drc，可以用 vi 打开进行修改。具体修改过程如下：

③ 跳到约 76 行处，找到如图 6.43 所示的位置，图中 indisk 表示输入的 GDSII 名称；primary 指版图的 CellView 名称；printfile 指 DRC 运行后打印输出的信息。

```
*DESCRIPTION
;data related parameter
indisk = xxx.gds
primary = xxx
outdisk = xxx.gds
printfile = xxx
...
```

图 6.43　规则文件的相关参数设置

④ 在图 6.43 中的 indisk=后填入相应的 GDSII 名称：nand2.gds；在 primay=后填入相应版图的 Cell Name 的名称：nand2 即可，保存退出。

（5）启动控制台，在 DRC 路径下打开终端：

① 输入命令　　　　PDRACULA

② 在冒号后输入　　/g　DRACULAIC05DPTM2A6S05.drc

③ 在冒号后输入　　/f

此时会出现一小段文件，中间位置会提示已经创建一个命令文件：jxrun.com，这时直接在终端下输入此命令，即：进入下一步操作。

④ 输入命令　　　　/jxrun.com

这样，Dracula 就开始 DRC 检查了，一段时间之后，程序结束，DRC 检查完毕。

（6）为了能够交互式查看错误信息，可以从版图中调出 DRC 菜单。单击版图的菜单 Tools→Dracula Interactive 后，菜单栏就会多出四个菜单项，如图 6.44 所示，其中使用 DRC 菜单栏可以查看 DRC 的相关信息。

图 6.44　菜单栏新出现的菜单选项

（7）单击 DRC→Setup…后，弹出一对话框，用来设置 DRC 的检查目录，这里填入运行 DRC 的目录，如图 6.45 所示。

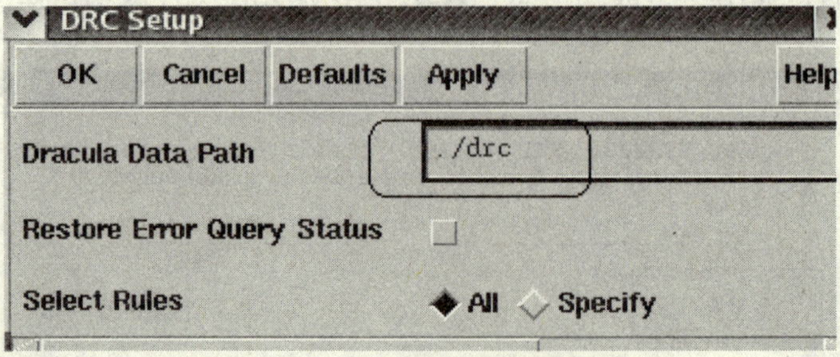

图 6.45　填入 DRC 的运行目录

填完后点击“OK”，Cadence 即可从运行目录下调出运行的结果，并弹出四个窗口，如图 6.46 所示，具体是：

① Reference Window：是整个 layout 的缩影，随时可能知道是出现在整个 chip 的哪个位置，尤其在 chip 很大的时候，很容易定位，如图 6.46（a）所示。

② DLW：为 Dracula Layer Window 的缩写，用法和 LSW 相似，它会根据 Dracula 的定义在版图中显示图层的颜色，一般情况下点击其面板上的 Original 的 NV 使所有层不可见，只使用 LSW 的层定义即可，如图 6.46（b）所示。

③ View DRC Error：错误查看窗口，是最常用的视窗。可以用来切换同种类型的不同位置的错误，如图 6.46（c）所示。

④ Rules Layer Window：所有错误都分门别类地列出，和 View DRC error 配合使用，如图 6.46（d）所示。

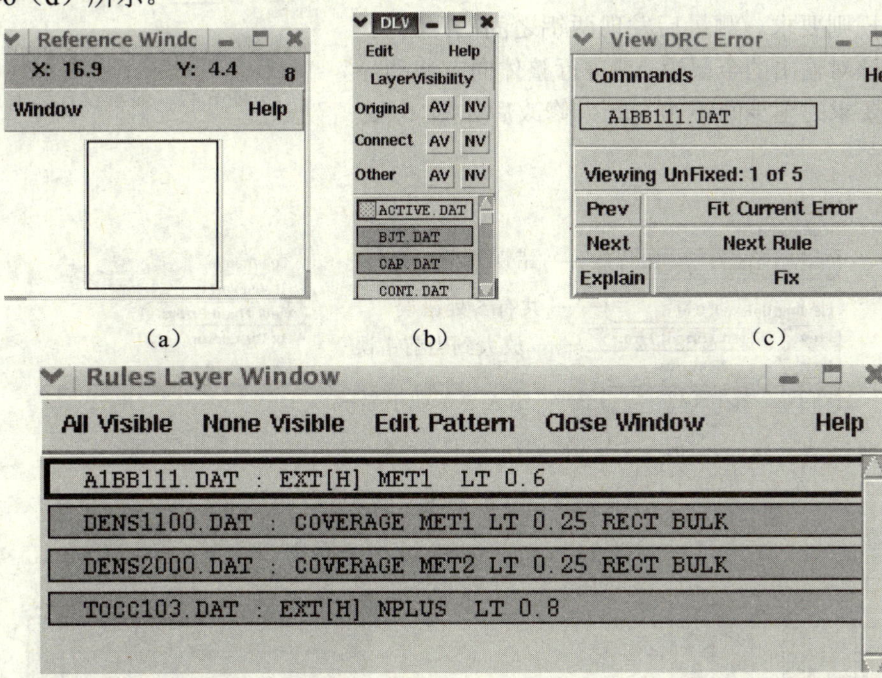

（a）　（b）　（c）

（d）

图 6.46　DRC 交互的四个窗口

（8）从 Rules Layer Window 中可以看出，目前所有的错误分成了四类代码形式：

① A1BB111.DAT：指定了违反 design rule 中的金属层 A1 的 B1 规则，EXT[H] MET1 LT 0.6 是具体的规则解释。EXT 表示间距错误，即金属 1 的间距≥0.6μm。

② DENS1100.DAT 和 DENS2000.DAT 表示密度的错误，COVERAGE MT1 和 COVERAGE MT2 表示是金属 A1 和金属 A2 的覆盖率不够，覆盖率涉及整个 chip 的金属密度，这里由于是演示，所以暂不考虑覆盖率问题。

③ TOCC103.DAT 是 TO 的规则不满足 C 项 C1 的规则，即 N+ Active to N+ Active≥0.8μm。

读者请参阅版图设计规则的定义，可以参考错误提示进行规则查看。

（9）设置 DRC 显示选项。单击菜单 DRC→Display Options，弹出设置选项，可以用来进行一些显示的设置。如图 6.47 所示。主要设置错误闪烁即可，即表示在有错的地方会自动显亮并闪烁。

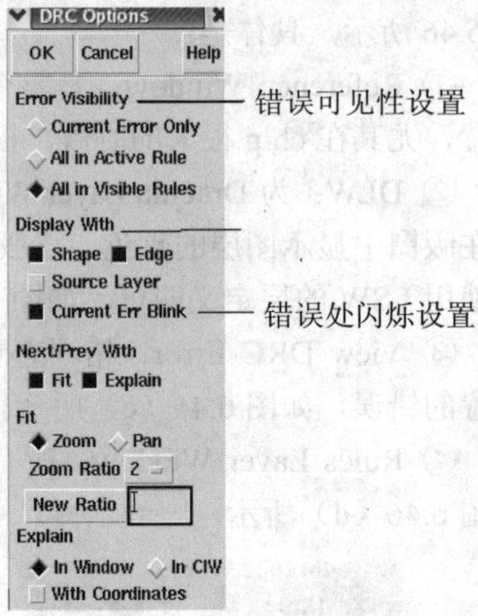

图 6.47　显示设置选项

（10）修改错误。在 Rules Layer Window 中单击第一类错误 A1BB111.DAT，则此错误会出现在 View DRC Error 的错误显示框中，如图 6.48 所示。

Commands 命令菜单中还有丰富的操作命令，其中 View Fixed Errors 可以用来查看图中已经修改的错误或查看还未被修改的错误位置。操作方法如下：

① 首先点击 Fit Current Error，版图会自动定位到当前的错误，并高度显亮，如图 6.49 所示，说明在此位置不满足规则要求。测量后发现两铝之间的距离为 0.23μm，应该对输出的金属铝 A1 进行整体向右移动，以满足规则要求的至少间距 0.6μm，修改后如图 6.50 所示。

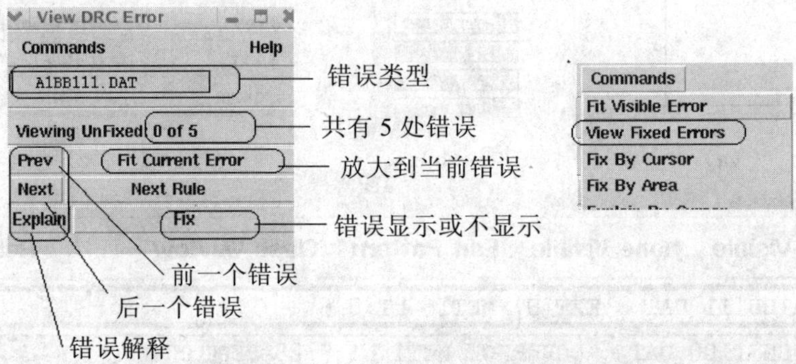

图 6.48　View DRC Error 面板说明

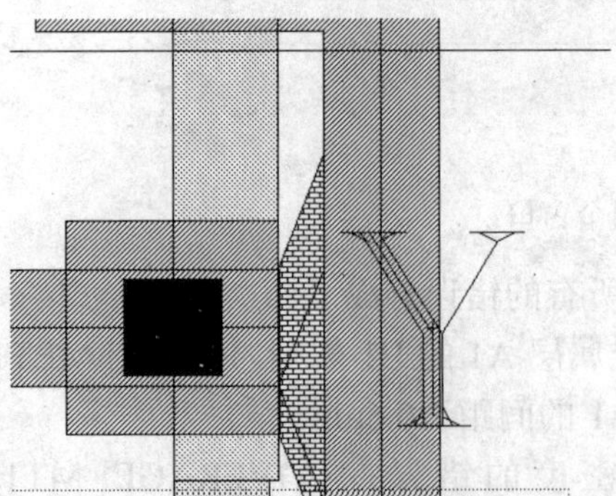

图 6.49　错误显示的位置

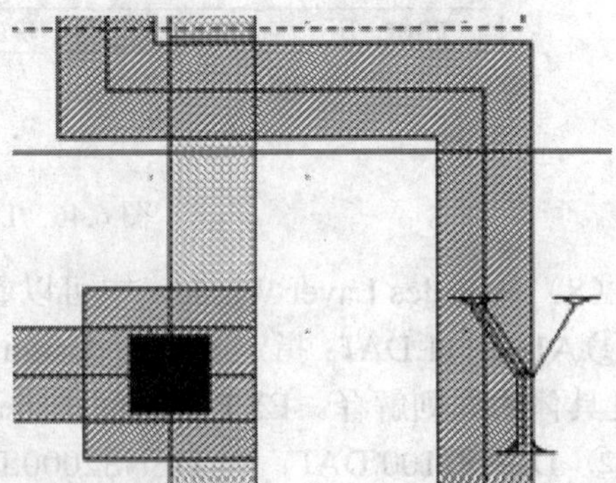

图 6.50　将与非门的输出线 A1 向右移动，以保证距离

② 修改完毕后点击 next，进入下一个错误位置，如图 6.51 所示，两个 N 阱的接触孔上层的 A1 距离过小，可以用同样的方法进行修改，如图 6.52 所示。

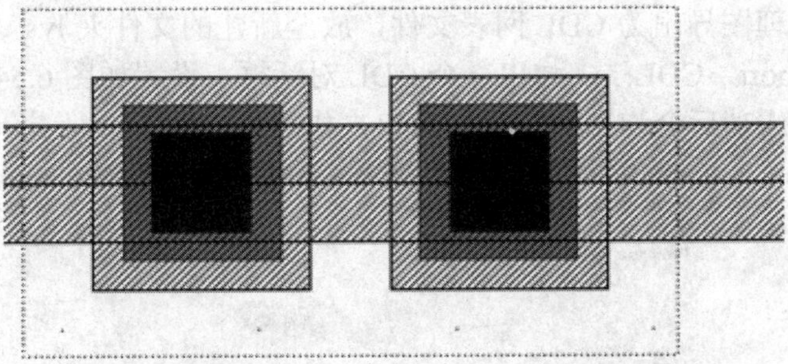

图 6.51　两个 N 阱接触孔的金属 A1 距离过近

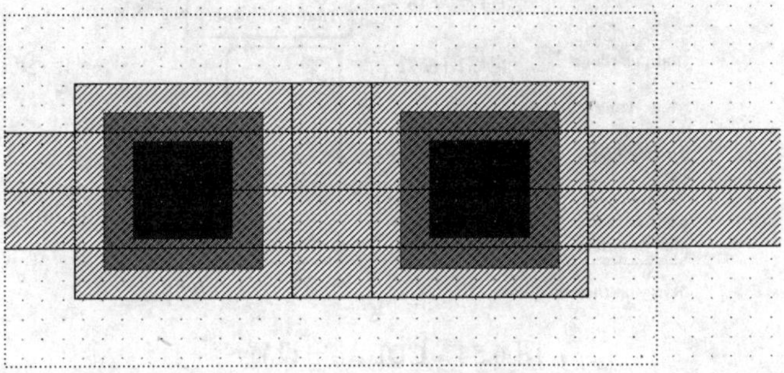

图 6.52　修改后的图形

③ 接着修改 Rules Layer Window 中的 TOCC103.DAT 错误，单击此类型错误让其显示在 View DRC Error 中；之后在 View DRC Error 单击 Fit Current Error，版图中将显示此错误的位置并显亮，说明两个 N+有源区的距离小于 0.8μm 了。修改的方法可以将两个有源区距离拉大，或者两个有源区合成一个面积大的有源区。这里采用后者，修改前后的情况如图 6.53 所示。

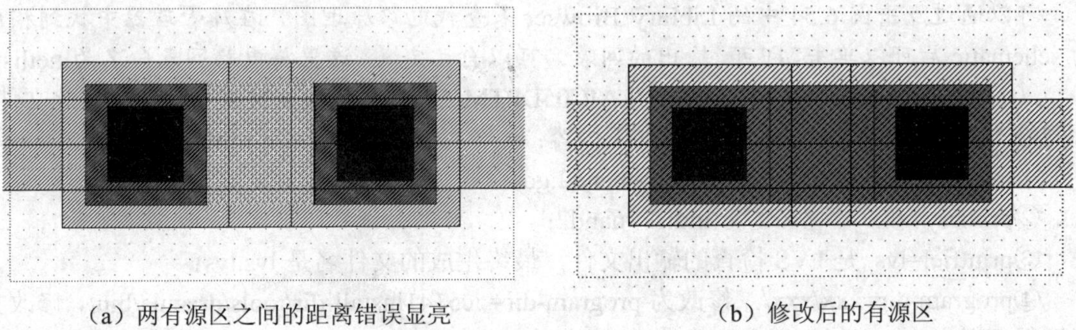

（a）两有源区之间的距离错误显亮　　　　（b）修改后的有源区

图　6.53

通过这样的方式，将所有的错误修改过来以后，保存版图重新导出 GDSII 格式文件，进行 DRC 检查，直到没有错误为止。

6.4.2　Dracula LVS 验证示例

DRC 通过以后，就可以进行 LVS 验证了，LVS 操作步骤如下：

（1）在 ICFB 启动目录下新建一文件夹，命名为 lvs。

（2）导出版图的 GDSII 文件至新建的 lvs 目录下，过程与 6.3.2 节类似，只是需要将运行目录修改为./lvs 即可。

（3）将电路原理图导出为 CDL 网表文件，放至新建的文件夹 lvs 下，导出方法如下：

单击 CIW→Export→CDL…，弹出一个 CDL 对话框，设置如图 6.54 所示。完毕后点击“OK”即可，导出成功后会弹出一个提示窗口，如图 6.55 所示，点击“OK”即可。

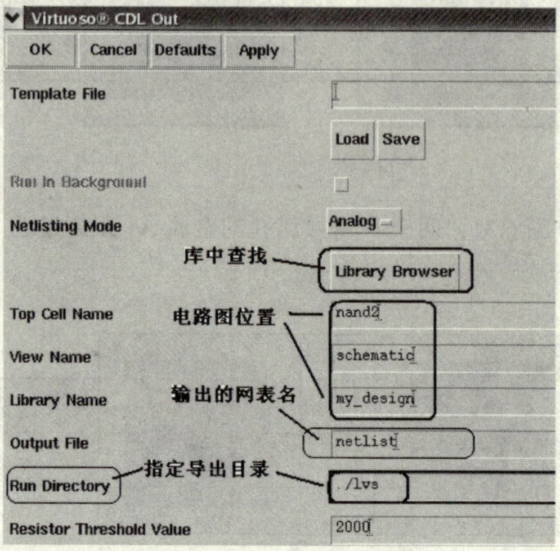

图 6.54　CDL 导出设置

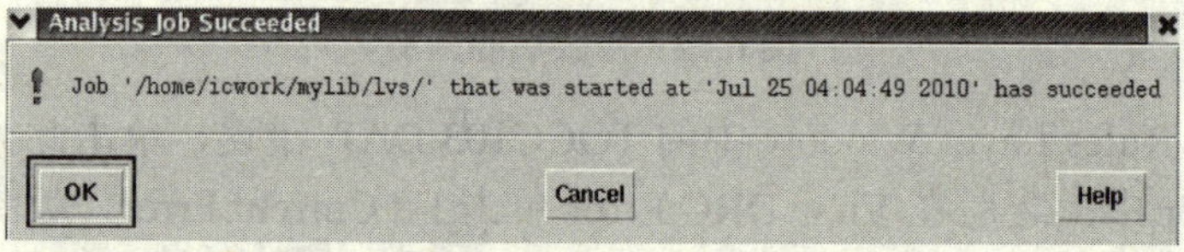

图 6.55　CDL 导出设置后的弹出窗口

【小提示】

可以通过点击图 6.54 中的 Library Browser 来查找电路原理图，在库管理器中找到相应的 schematic 后可以单击，即可。输出的网表名可以自己定义，这里将电路网表命名为 netlist。

（4）拷贝 LVS 规则文件 DRACULAIC05DPTM6S05.lvs 至此文件夹下。vi 打开此文件，如同修改 DRC 规则文件类似，修改如下内容：

①indisk=xxx.gds　修改成 indisk=nand2.gds;

②primary=xxx　　修改成 indisk=nand2;

③printfiel=lvs 是 LVS 检查的输出文件，最终生成的文件名是 lvs.lvs;

④program-dir=xxx/xxx/…修改为 program-dir= ic5141install-dir/tools/dracula/bin/，修改完毕后保存退出。

注意：ic5141install-dir 就是进行 LVS 验证时 Cadence 的安装目录。

（5）编译电路网表：终端下进入 lvs 目录。

①输入命令：LOGLVS;

②冒号后输入：cir netlist（cir 网表名称）;

③冒号后输入：con nand2（con 电路的 CellName）;

④冒号后输入：x（完毕退出）;

（6）启动 Dracula 程序：终端下进入 lvs 目录。

①输入命令：PDRACULA;

②冒号后输入：/g DRACULAIC05DPTM6S05.lvs（读取文件）；

③冒号后输入：输入命令 /f;

④输入命令：./jxrun.com（运行检查程序）。

之后程序开始进行 lvs 检查，直到完毕。

（6）查看 LVS 的输出文件 lvs.lvs，可以在终端下用 more 命令来查看。lvs.lvs 中强调匹配和不匹配的器件数以及节点数。

节点数：lvs 将版图的连线作为节点使用，节点的名称与电路图的连线名称相一致。如果版图中的连线在电路图中没有（也就是有错线），则 lvs 将版图中的不匹配的连线作为数字节点并在其前边标上“？”，如连线“？3”，说明这条线没有电路图对应的线。

（7）lvs.lvs 内容中主要列出了以下几项：

①***************** CORRESPONDENCE NODE PAIRS *********

此部分给出了电路图与版图中输出、输出端口的匹配情况，如果有不匹配，则会列出，可以查看后加以修改。

②****************** DISCREPANCY POINT LISTING *********

本列表是 LVS 的重点，详细给出了所有不匹配的器件及节点名，举例说明：

?DEV15　NAND　:　********* UN-MATCHED *****

冒号左边是电路中的对应的器件，NAND 表示器件的门类型；冒号右边是版图中对应的器件，若没有与电路中相对应的版图，则表示为**UN-MATCHED**，同时左则的器件前加个符号“？”。同样道理，如果版图中的器件在电路图中没有对应的电路器件，则对应的电路器件则为**UN-MATCHED**，如下所示。

****** UN-MATCHED *****：？DEV1 MOS NN X=6.67 Y=5.49:　A1 GND!，?2

冒号右边代表版图中有器件 DEV1，MOS 为器件名，NN 为模型名，X 和 Y 为坐标。A1 为该器件的栅节点，GND！和？2 为器件的源漏节点名称。

（8）修改方法：首先检查并修改版图中标有？的节点，正因为连线有错误，才造成器件有可能与电路匹配不起来。LVS 应该首先修改节点错误，之后重新做 LVS。只有当节点全部对应起来以后，才可以对器件的不匹配，如器件宽长比等其他属性进行修改。在本节的演示中，lvs.lvs 报告给出了版图中存在不能和电路匹配的节点名？2，和？3，这两个节点是编者在版图做 LVS 之前故意断开的，便于说明错误的查找方法。断开的图形如图 6.56 所示。当然，假设事先不知道有这样的错误。修改步骤如下所述。

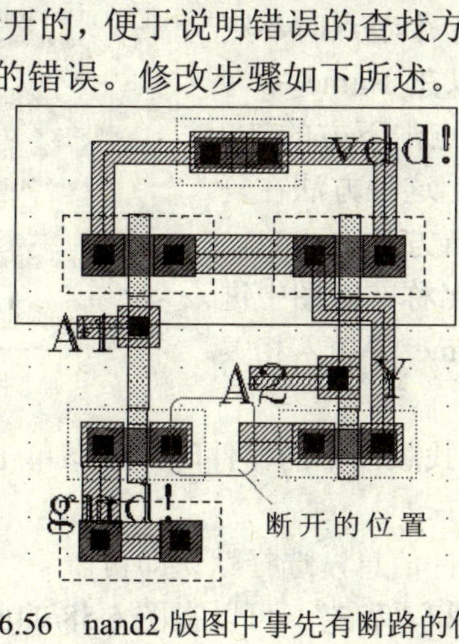

图 6.56　nand2 版图中事先有断路的位置

单击版图编辑区上方的菜单 LVS→Setup…弹出 LVS 设置选项，在 Dracula Data Path 的输入栏中输入 LVS 的运行目录./lvs，如图 6.57 所示。

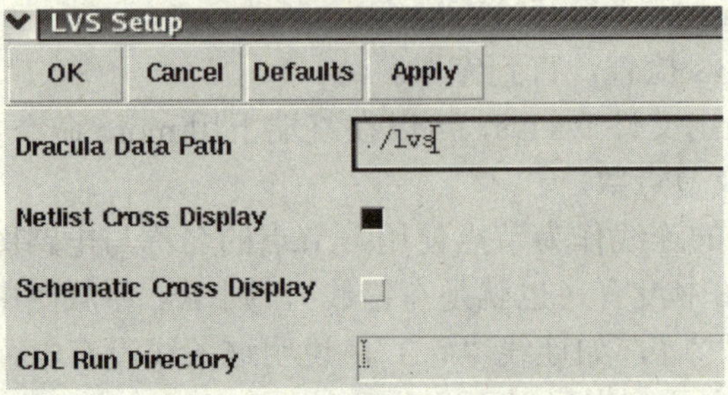

图 6.57 LVS Setup 的设置路径

然后单击“OK”调出 View LVS 的交互面板，如图 6.58 所示，图中各项简述如下。

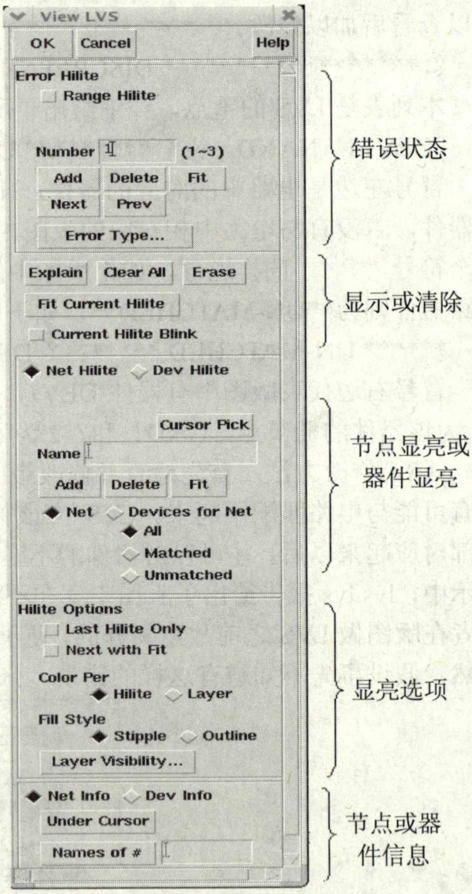

图 6.58 View LVS 面板

错误状态：Number 后的（1～3）代表 LVS 检查出的所有错误，这些数字来源于 lvs.lvs 报告中的 DISCREPANCE 各部分，填入相应的数字后按 Fit 键，版图区域将显示当前的节点，显亮并置于屏幕当中。Add 显亮；Delete 不显亮；Next 显亮下一个错误；Prev 显亮前一个；

显示或清除：Explain 对显亮处点击后进行说明；Clear all 消除所有显亮；Erase 对某个错误显亮单击后消除；Current Hilite Blink 以闪烁方式显亮。注意，这一部分命令可以观察版图编辑区的提示。

节点显亮或器件显亮：这一部分相当重要，可以用来查找节点名或器件。Net hilite 用来显亮节点；Dev hilite 用来显亮器件；Cursor Pick 指可以用鼠标在版图中某个节点或器件进行点击显示。若鼠标单击处有不止一个节点时，则应选择其中一个节点，这样可以在 Name 中看到所选择的节点名称，然后再点击下方的 Fit 按钮，可能将此节点完全点亮，这种方法在复杂的版图中查找某个连线相当方便。Add，delete，Fit 则是对 Name 栏中的名称在版图中进行显亮控制，也可以直接在 Name 中填入相关节点或器件，点 Fit 进行查找。

注意：当用 Cursor Pick 查找版图中的器件时，应该单击在器件的栅上，这个相应的器件名才会填入 Name 中。

（9）对显亮选项和节点器件信息，选择默认即可。

①查找相关的节点“？2”和“？3”，可以在图 6.58 的面板中 Name 一栏填入“？2”，

选中 Net hilite，再单击 Name 下方的 Fit，则版图会定位到节点名的为“？2”的图形处，并显亮，同时找到节点“？3”处，同样点亮，如图 6.59 所示。

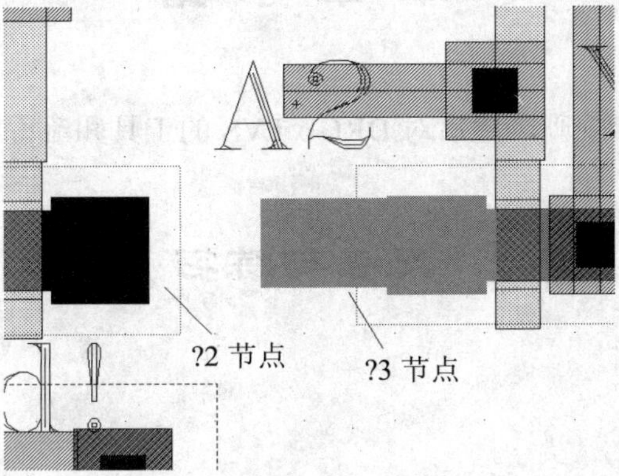

图 6.59　查找出来的两个节点

②找到相应的节点后，可以参照电路图进行检查是否有连接错误或断路、短路的情况。这里应该是发生了断路现象，所以造成不匹配，将两个铝线连在一起后即可。保存后重新导出进行 LVS 检查。

③对重新做的 LVS 再次从版图菜单栏 Setup 一次，调出 View LVS，并查看 lvs.lvs 报告，lvs.lvs 检查报告显示有一处错误，如下：

```
*************DISCREPANCE POINTS LISTING *******
OCCURRENCE    NAME    Y
DEV1     MOS    NN      ------MM2  :  DEV1    MOS    NN
                                   :  x=6.57    y=5.49
         A1，GND!   NET1           :  A1，GND!，NET1
          W=.80         L=.50      :  W=.90         L=.50
TOTAL              1   DISCREPANCE POINTS    REPORTED
```

这样就可以看出，LVS 只有一处错误，发生在两个对应的晶体管的宽不一致，可以在 View LVS 中的 Number 一栏填入 1 后点击下方的 Fit 键，即可以将版图移动至器件 DEV1 处，并以适当的大小放大，将此器件的宽修改成 0.8μm 后，重新要进行 LVS 验证。当版图最终无误后，lvs.lvs 的最后处将会显示：

```
*****************************************************
***              SCHEMATIC AND LAYOUT MATCH        ***
*****************************************************
```

这样，LVS 就完成了，说明版图与电路原理图一致了。

【小提示】

Dracula 的 DRC 和 LVS 需要交互检查，因为有的时候对 LVS 中错误进行修改时，会违反 DRC 规则。这个时候首先要进行 DRC 检查无误后，才能对修改的版图进行 LVS 检查。

本章小结

本章首先介绍了设计规则，然后对 DRC、LVS 的工具和流程进行了简单的阐述。

思考与练习

一、填空题

1．集成电路版图设计中的设计规则通常分为____________和____________两种。

2．LVS 的英文全称是____________________________________。

3．做 DRC 时需要有两个文件：一个是__________，另一个是____________。

二、选择题

1．设计规则通常分为图形的最小宽度、最小间隔、最小伸展和最小（　　）四个方面的规则。

A．交叠　　B．尺寸　　C．长度　　D．形状

2．版图验证工具一般包括以下功能，除了（　　）。

A．设计规则检查　　B．寄生参数提取

C．版图和原理图一致性检查　　D．工艺仿真

3．MOS 管宽长比中的长度，一般在 MOS 管版图中的哪一部分（　　）得到体现？

A．多晶硅栅的长度　　B．多晶硅栅的宽度

C．有源区的长度　　D．有源区的宽度

三、简答题

1．请简单描述 DRC 流程。

2．请简单描述 LVS 流程。

3．阱接触区域为什么要重掺杂？

第 7 章　集成电路常用器件版图

【知识目标】

（1）理解常用器件的版图形式；
（2）理解 dummy 器件的作用；
（3）理解电源与地的版图设计。

【技能目标】

（1）熟练绘制 MOS 晶体管版图；
（2）熟练绘制电阻、电容版图。

【重点难点】

（1）MOS 管匹配的技巧；
（2）精确电阻的版图绘制。

【参考学时】

参考学时为 4 学时。

7.1　MOS 器件常见版图画法

在 CMOS 模拟集成电路中，电阻、电容是最常用的无源器件，它们与 MOS 晶体管连接组合形成各种各样的电路功能模块。不同的应用电路，对器件的版图布局要求也有所不同，本章主要介绍各种元器件的版图布局。内部器件版图设计完毕后，还要考虑芯片与芯片外情况的接口，即 PAD 的布局，同时还要意识到静电保护（ESD）的问题，以防止芯片被外界的高压毁坏，这些内容在本章一并介绍。

7.1.1　大尺寸 MOS 版图布局

在驱动电路中，常常需要用大宽长比的晶体管对后级容性负载进行驱动。按照一般的单管布局，需要画成很长的矩形条，这就意味着栅长度的增加，同时栅寄生电阻的阻值也会增加，这就导致了晶体管各个位置的导通不同步。合理的版图布局可以克服此困难，常用的方法就是将一个大宽长比的管子平均分成几个小管子，重新进行布局而得到，这样的布局通常称为叉指（finger）方式。如图 7.1 给出了叉指的布局过程。

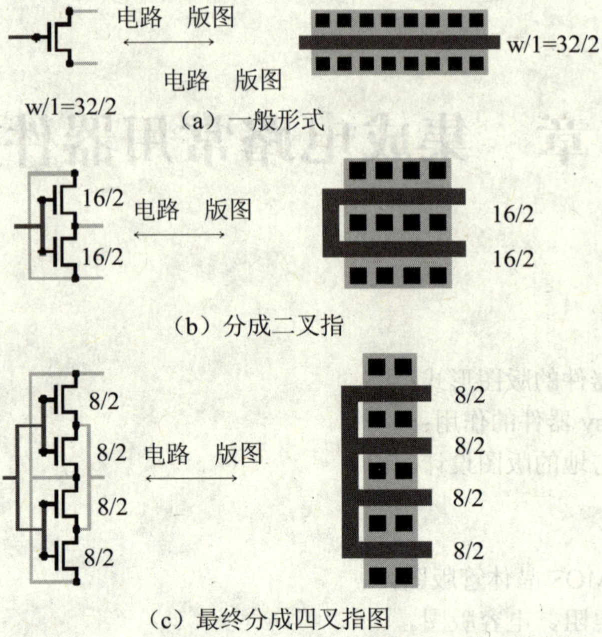

图 7.1　大尺寸 MOS 管的拆分及布局

7.1.2　倒比管版图布局

MOS 集成电路中，常用的 MOS 管的宽长比都是大于 1 的，但有时候也会有小于 1 的管子出现。这样的管子称为倒比管，倒比管由于沟道长度相对较长，所以导通时沟道电阻也相对较大，流过的电流相对较低，消耗的功率也就不多，这样的管子常作为上接电阻或下拉电阻使用。如图 7.2 所示的开机清零电路，工作过程如下：当电源刚刚接通时，由于电容的电压不能突变，所以电容两端电压为零，即反向器的输入电压为零。反向器的输出为 1，这样可以把此信号作为清零信号对数字电路进行清零。由于 PMOS 栅极始终接地电位，所以 PMOS 管处于导通状态，所以有一股小电流始终对电容进行充电，电容电压逐步上升。一定时间后，当电容上端电压达到反向器的转换电压时，此时反向器翻转，反向器输出为零，清零结束。开机清零电路在集成电路中应用十分普遍，该电路利用了倒比管沟道比较长，电阻较大的特性，倒比管在电路中起到了上拉电阻的作用。

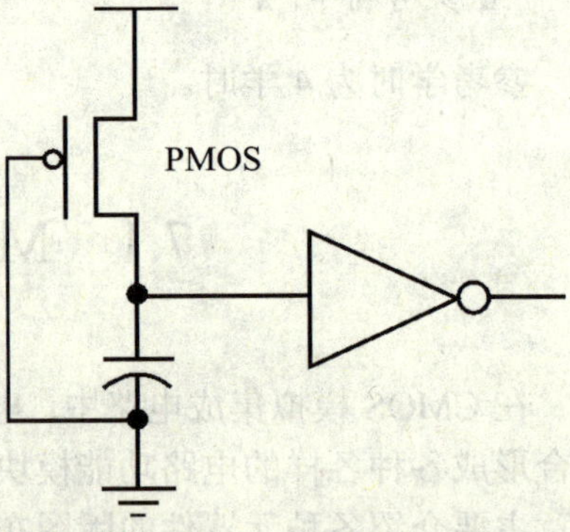

图 7.2　开机清零电路

NMOS 倒比管的版图示例如图 7.3 所示。可以看出，图中有源区不再是矩形形状的，而是弯曲形的，N+注入表明了此区域是形成的 NMOS 管，有源区的两端分别在左下方和右上方，用金属接出去。同时栅覆盖在有源区上，图中也标示出了大致的尺寸。当栅上加上一定电位后，栅下的 N 型沟道形成。于是被覆盖的 5 条有源区开始串接在一起，形成通路。若在有源区两端加上一定电压，则沟道电流形成。从图 7.3 也可以看出，该 MOS 管的沟道长：

25×5=125μm（电流从漏到源经过的沟道长度）；沟道宽：4μm（垂直于沟道的扩散区宽度/电流通道的宽度）。

所以，该 MOS 管的宽长比约为 $W:L=4:125$。

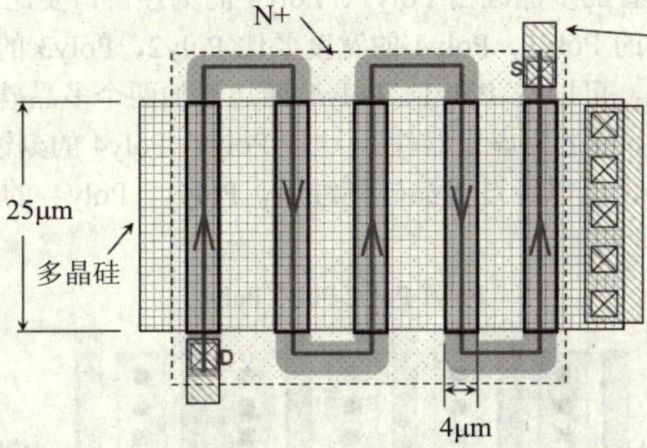

图 7.3　NMOS 倒比管的版图形式及电流流向

7.1.3　MOS 器件的对称性

对称性意味着匹配，它是模拟集成电路的版图布局重要技巧之一，对称包括器件对称、布局连线对称等。也就是说要求器件的周围环境要一致。模拟电路中有许多地方是需要对称的，比如运算放大器的差分输入对需要高度匹配。因此，对有匹配要求的器件需进行对称性设计，通常用到的规则如下所述。

7.1.3.1　匹配器件相互靠近放置

把要求匹配的器件放置位置相互靠近，这样无论衬底材料的均匀性、芯片加工还是梯度效应等因素对匹配器件的影响都会将差异减小到最小。

7.1.3.2　匹配器件同方向性

不同方向的 MOS 管在同一应力下载流子的迁移率不一样，导致不同方向的 MOS 管跨导不一样，所以两个匹配的 MOS 管方向需一致，如图 7.4 所示。

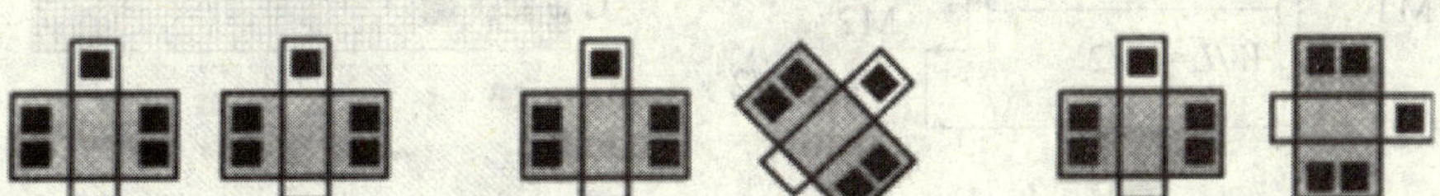

（a）方向一致　　（b）方向不一致　　（c）方向不一致

图 7.4　MOS 管方向一致

【小提示】

应力诱生的迁移率变化可导致转向器件之间的电流匹配出现百分之几的误差。使用翘起的晶圆可导致电流匹配误差高达 5%。

7.1.3.3 匹配器件与周围环境一致

由图 7.5 可以看出，如果没有虚设器件（关于虚设器件的内容会在本书 7.2.2.3 节高精度电阻版图中讲解），MOS 管的多晶硅栅 Poly1、Poly4 的刻蚀窗口要比 Poly2、Poly3 的刻蚀窗口大，这会导致刻蚀后的 Poly1、Poly4 的宽度要比 Poly2、Poly3 的小。为了使两者的刻蚀窗口，即周围环境一致，可以在 Poly1、Poly4 两边添加两个多晶硅（这两个多晶硅对电路功能而言完全不起作用，称之为虚设器件），这样 Poly1、Poly4 的刻蚀窗口和 Poly2、Poly3 的刻蚀窗口大小就一样了，所以经过多晶硅刻蚀后，Poly1、Poly4 的尺寸和 Poly2、Poly3 的尺寸是一样的。

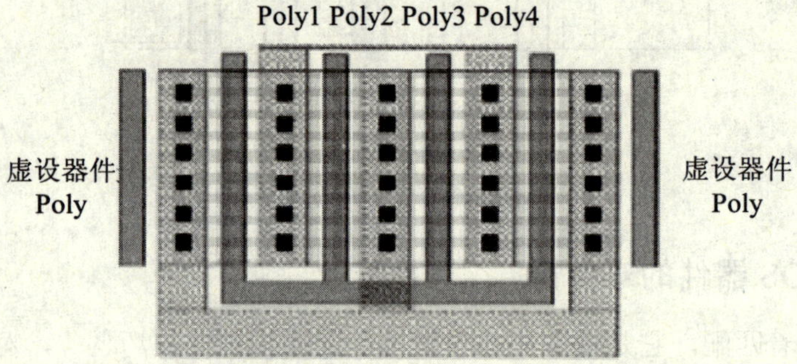

图 7.5 周围环境一致性

7.1.3.4 匹配器件使用同一单元

对于不同比例尺寸的 MOS 管，尽量使用同一单元进行复制组合，这样，加工的失配几率就会减小。这种方法在电流镜中经常使用。如图 7.6（a）所示，M1 和 M2 组成电流镜，M2 的宽长比是 M1 宽长比的 6 倍。图 7.6（b）是其最初的版图布局，考虑到加工误差的影响，可以将 M2 分割成 6 个 M1 单元复制而成，如图 7.6（c）所示。电路图如图 7.6（d）所示。

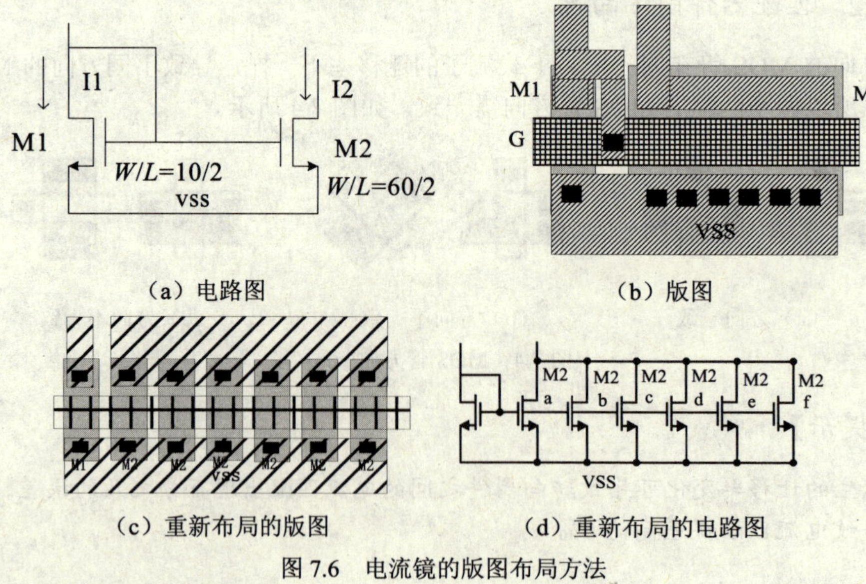

图 7.6 电流镜的版图布局方法

7.1.3.5　匹配器件共中心性

在运算放大器的输入差分对中，两管的宽长比都比较大，为使输入失调（offset）电压较小，可采用“共质心”的匹配方法，即两个管子的质心点重合在一起。这样两个管子在 X 轴上产生的工艺梯度影响和 Y 轴上的工艺梯度影响都会相互抵消，如图 7.7 所示。可以把 M1、M2 分别分成两个宽度为原来宽度一半 MOS 管，沿对角线放置后并联起来。

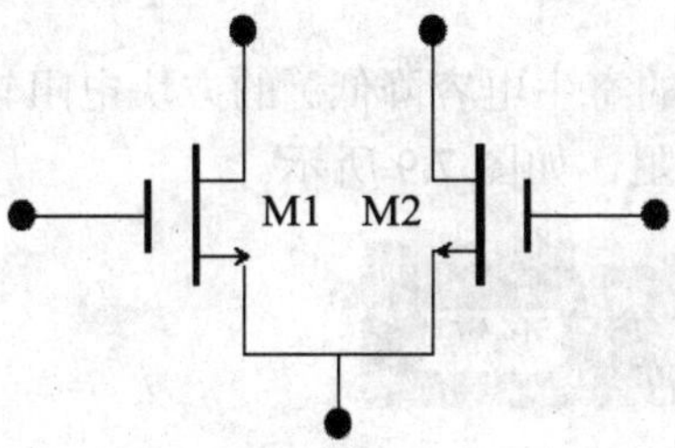

（a）差分对管

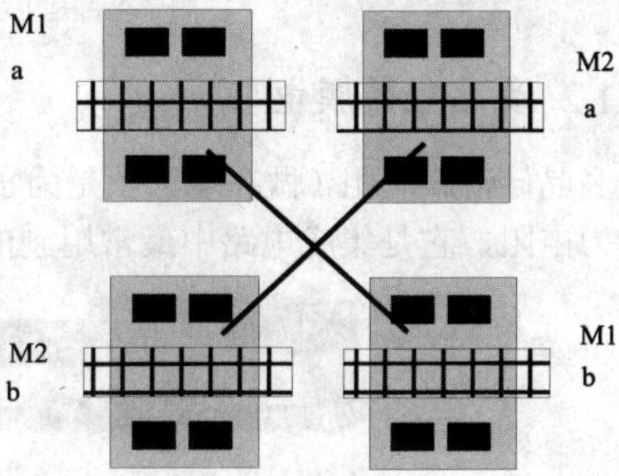

（b）共质心版图

图 7.7　差分对管的版图形式

7.2　电阻常见版图画法

集成电路中的电阻分为无源电阻和有源电阻两种，其中无源电阻通常是采用对半导体进行掺杂的方式制作的电阻（不同的掺杂浓度对应不同的电阻），而有源电阻则是利用晶体管在不同工作区表现出来的不同的电阻特性来做电阻。本书只对无源电阻版图进行讲解，对有源电阻感兴趣的同学可以通过对晶体管工作原理的学习来获取相关知识。

【小练习】

采用 MOS 晶体管形成的有源电阻的优点和缺点各是什么？

7.2.1　电阻的分类

CMOS 工艺中常用的无源电阻分为掺杂半导体电阻和薄膜电阻，其中掺杂半导体电阻分为扩散电阻和离子注入电阻，薄膜电阻分为多晶硅薄膜电阻和合金薄膜电阻。现将其中的部分电阻简述如下。

7.2.1.1 离子注入电阻

离子注入电阻是指采用离子注入方式进行半导体掺杂而形成的电阻，这种电阻由于精确控制了掺杂浓度和注入深度，阻值容易控制且精度较高。离子注入电阻则有 P+型的电阻和 N+型的电阻，这类电阻实际上是在制作 PMOS 管和 NMOS 管的过程中，故意去掉多晶硅栅后让离子注入，也可以注入栅下的区域，如图 7.8 所示。

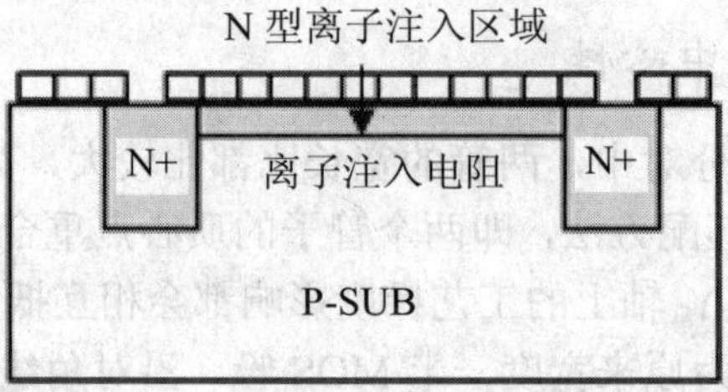

图 7.8 离子注入电阻示意图

7.2.1.2 多晶硅薄膜电阻

掺杂多晶硅薄膜电阻（做在场区上是为了使引入的寄生电容降低）的方块电阻较大，因此可以作为电阻，它是集成电路中最常用到的一种电阻，如图 7.9 所示。

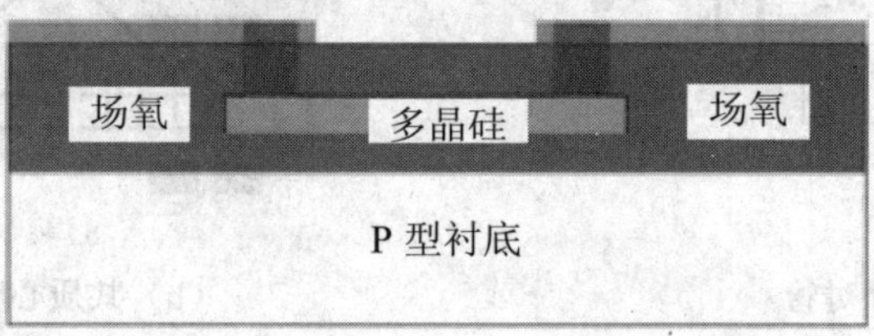

图 7.9 多晶硅电阻剖面图

【小练习】

采用此方法制作的电阻精度如何？主要用途是什么？

7.2.2 电阻的版图设计

电阻的版图形式涉及电阻的实际应用，不同的应用对电阻的版图匹配性和精度要求也不相同，下面介绍一些常用的版图形式和经验。

7.2.2.1 简单的电阻版图

简单的电阻版图如图 7.10 所示。

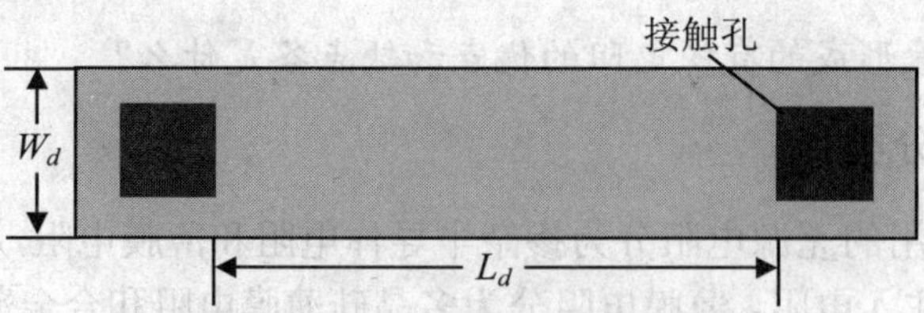

图 7.10 简单的电阻版图

电阻值大小为

$$R = \frac{L_d}{W_d} R_{\square}$$

式中，$R_{\square}$是电阻方块值；L_d是电阻长度；W_d是电阻宽度；L_d/W_d是电阻的方块数。

由上式可以看出，电阻的阻值=电阻的方块数×方块电阻。但是这种电阻阻值的计算是比较粗糙的，因为没有计入接触孔电阻和头区电阻，其中接触孔电阻是由接触端引入的电阻，头区电阻是体区电阻与接触区之间的电阻。

【小提示】

由于实际中存在许多影响因素，因此集成电阻并不像图 7.10 所示的电阻那样简单。光刻和腐蚀会引起氧化层窗口轻微的扩展或收缩。横向扩散会使电阻变宽，从而减小了它的阻值。接触孔附近电流的不均匀性也会增加电阻。只有对每种因素进行测试，才能知道精确预测电阻值必须考虑哪些因素。

7.2.2.2　高阻值低精度电阻版图

在上拉电阻或下拉电阻中，对电阻阻值以及匹配要求不是太高，只要是高阻值、小电流、功耗低即可。这类电阻可以使用阱电阻来完成。版图的形式可以是“狗骨型”或“折弯型”电阻，如图 7.11 所示。

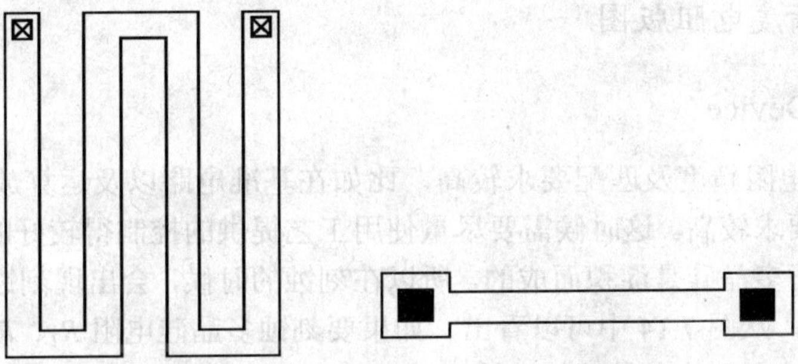

（a）折弯型电阻　　（b）狗骨型电阻

图 7.11　精度要求不高的电阻版图

【小提示】

（1）由于电流不均匀地流过折弯叠电阻的拐角处，折弯型电阻在拐角处的方块电阻为 0.56Ω/方块（方块型的折弯电阻），或者为 2.96Ω/方块（半圆型方块形的折弯电阻），如图 7.12 所示。

（a）方块型折弯电阻　　（b）半圆型折弯电阻

图 7.12　两种折弯电阻

（2）由于电流的流向是从接触孔开始沿电子传播的实际路径逐渐展开的，直至到达整个多晶硅宽度，如图 7.13 所示。这种接触孔附近电流的不均匀导致电阻的实际阻值偏离设计值。为了消除这种影响，在设计时，采用接触孔所在区域的宽度大于体电阻的宽度，长度方向为电流方向，即狗骨型电阻。

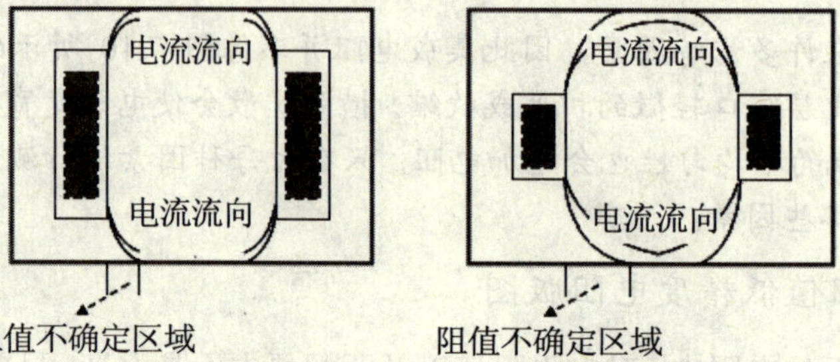

（a）大接触孔　　（b）小接触孔

图 7.13　不同接触孔对应的阻值不确定区域

7.2.2.3　高精度电阻版图

1. Dummy Device

某些电路中对电阻精度及匹配要求较高，比如在基准电路以及运算放大器的无源负载中，电阻的匹配性要求较高。这时候需要尽量使用工艺提供的控制得较好的电阻器，一般首选多晶硅电阻。由于多晶硅是淀积而成的，所以在刻蚀的时候，会出现刻蚀速率不一致的现象，如图 7.14 所示，从图 7.14 中可以看出，如果要刻蚀多晶硅电阻 R_1、R_2、R_3，则需要把 A 区，B 区和 C 区的多余的多晶硅刻蚀掉。由于 A 区，B 区的区域大于 C 区的区域，所以在刻蚀显影时，这两个区的化学溶剂量会多于 B 区，造成 R_1、R_3 的外侧被过多地腐蚀掉，所以 R_1、R_3 的宽度会小于 R_2 的多晶硅宽度。解决的办法就是在两侧同时加上虚设器件（Dummy device），如图 7.15 所示。在两侧同时加上多晶硅条，保证这两个多晶硅条到 R_1、R_3 的距离与 R_1、R_2、R_3 的间距相等即可，但这两个多晶硅宽度不一定要与 R_1、R_2、R_3 相等，这样就能保证三个多晶硅电阻的外围条件一样，也就保证了精度。这两个多晶硅条不能悬空放置，两端都接地电位为好。

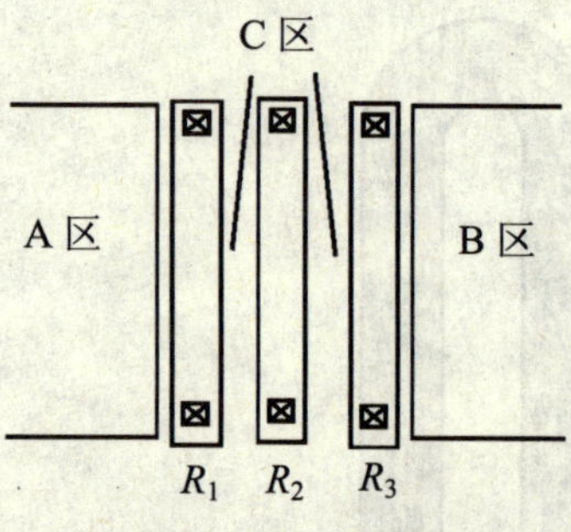

图 7.14　多晶硅刻蚀区域

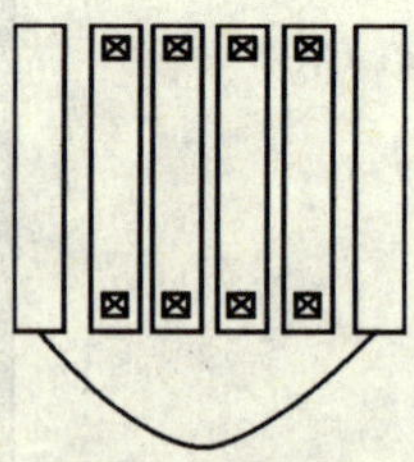

图 7.15　加虚设电阻的多晶硅电阻

对既要有精度要求又要有匹配要求，如电阻 R_1、R_2，则可以将这两个电阻交互排列放置，如图 7.16 所示。

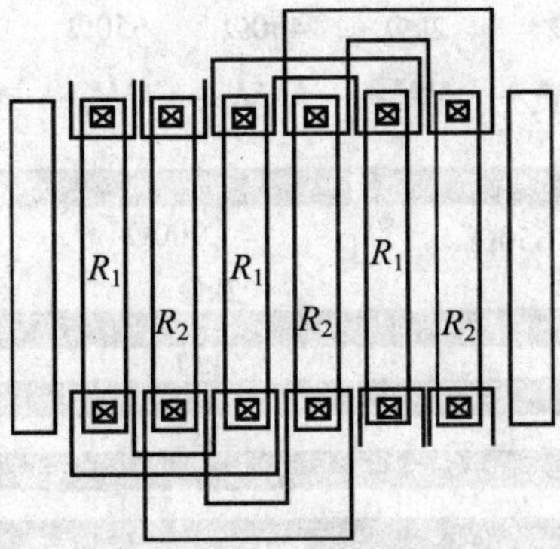

图 7.16　两电阻的匹配

2. 电阻单元的复用

就像图 7.7 的 MOS 管版图单元利用一样，电阻也最好使用某一单元进行利用，通常选取一段宽度长度合适，受工艺影响、温度影响总体性能较优的一段电阻作为通用电阻，以此进行串联或并联来组成其他各种阻值的电阻。一般情况通常选取 1kΩ或 2kΩ段的电阻作为通用电阻，图 7.17 以 2kΩ电阻为例，列举了各种串并联电阻的版图构成方法。

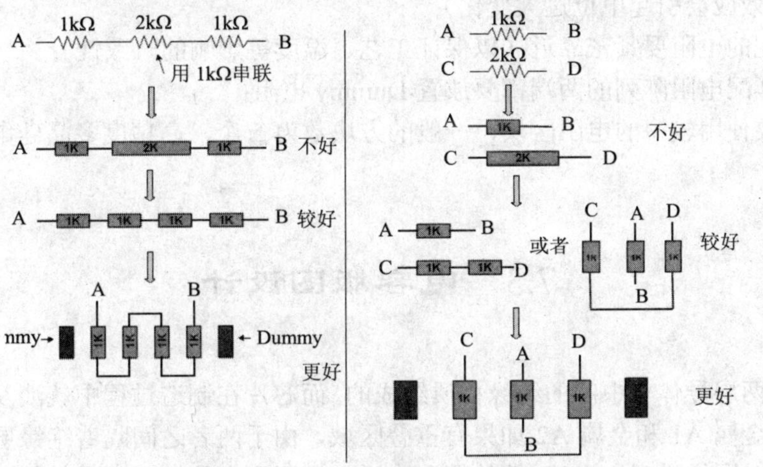

（a）电路串联　　（b）电路并联

图 7.17　电阻串联、并联形式版图

对于无法使用串联、并联关系来构建的电阻，可以在单元电阻内部取部分进行构建。但应注意，单元电阻不要断开单独使用，这样可以减小端头接触区电阻的影响。如图 7.18 所示，由于右边的三个电阻不能使用串联、并联关系来构成，所以只能从 2kΩ单元电阻上截取一定比例的长度得到，如果把各段分开的话，再进行与其他 2kΩ的串联，势必会造成精度误差。可以在 2kΩ电阻相应尺寸位置引出接触孔即可，这样与分开的电阻相比，减小了两个接触孔，并且还能保证这三个电阻与 2kΩ电阻一样的精度。

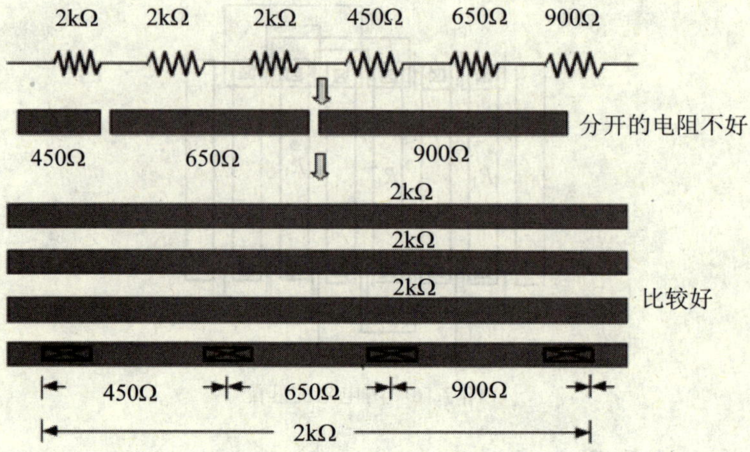

图 7.18 非均匀电阻版图

3. 电阻匹配设计总结

（1）采用同一种材料来制作匹配的电阻；

（2）匹配电阻的宽度要相同且要足够的宽，多晶硅电阻，宽度最小不能低于 2μm（否则淀积的颗粒效应会引起电位过大变化）；

（3）匹配的电阻要紧密靠近（以保证工艺、温度等影响的一致性）；

（4）在匹配电阻阵列的两端都要放置 Dummy 电阻；

（5）不要使用较短的电阻区块，一般的方块数为 5 个，高精度多晶硅电阻总长度至少为 50μm。

7.3 电容版图设计

电容是由两层导体与中间的绝缘物质组成的，而芯片在制造过程中就涉及各类导体层和绝缘层。例如金属 A1 和金属 A2 如果有重叠区域，由于两者之间隔着绝缘层，所以就会有寄生电容产生。同样道理，MOS 管的栅和沟道之间因为有绝缘层多晶硅的存在，同样有电容的存在。

【小提示】

集成电路中所有的电容都是平行板电容器。简单的平行板电容器可以通过下面的近似公式计算得到

$$C \approx 0.0885\frac{A\varepsilon_r}{t}$$

其中，C 的单位为皮法（pF）的电容值；A 为极板面积，单位是平方微米（μm^2）；t 是电介质层厚度，单位为埃（$\mathring{A}$）；ε_r 是一个无量纲的常数，称为相对介电常数或电介质常数，ε_r 取决于本质本身的特性。

7.3.1 电容分类

CMOS 工艺中常见的电容就是 PMOS 管或 NMOS 管电容、多晶硅-N 阱电容、精度较高的多晶硅-多晶硅电容（PIP 电容）以及金属-金属电容（MIM 电容）。

7.3.1.1 MOS 电容

MOS 电容经常使用在滤波电路中，这类电容精度不高，误差可达到 20%左右，将其设置在累积区使用，即将 NMOS 的源漏作为下极板接在 V_{DD} 处，而将栅极作为上极板接一低电位；同样将 PMOS 的源漏作为一极接在 GND 处，而将栅接在某一高电位处。PMOS 管的电容特性如图 7.19 所示。

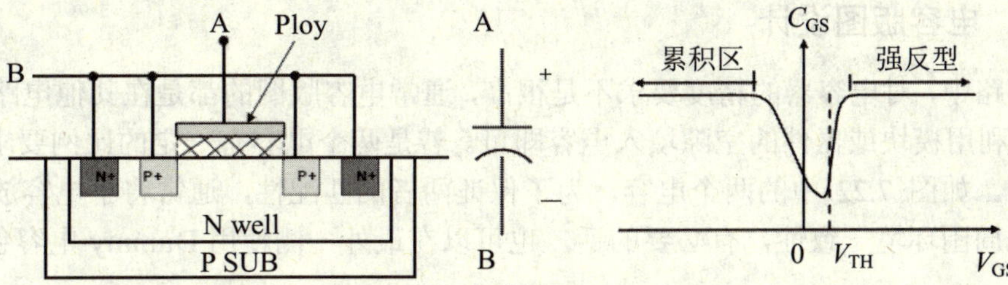

图 7.19 PMOS 管的电容图示

由于 MOS 的栅氧相对较薄，所以单位电容值相对较大，这样在版图中可以节约面积。

7.3.1.2 阱电容

多晶硅和 N 阱之间的覆盖层也可以构成电容，即为多晶硅-N 阱电容，它们之间覆盖的面积即为电容器的面积，如图 7.20 所示的 N 阱电容。由于 N 阱存在电阻，所以当此极引出时，会明显存在一个串联电阻，可以通过在上极板的两边或四边都放置接触孔的方法来降低串联电阻的影响。这类电阻和 MOS 电容一样，由于下极板和 P-Sub 之间存在另外的寄生电容（势垒电容），所以此类电容的精度也不高。

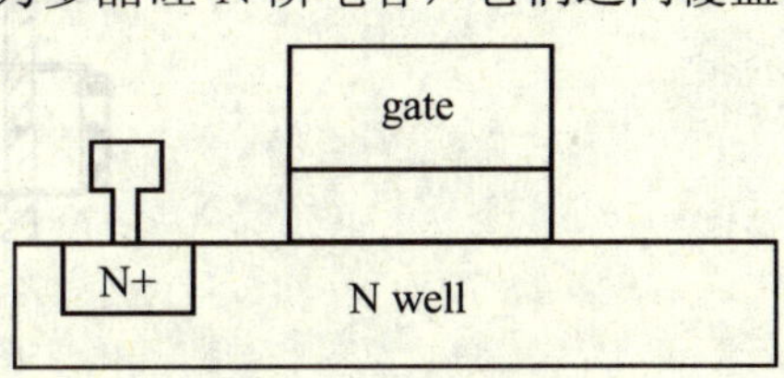

图 7.20 N 阱电容

7.3.1.3 PIP 电容

双层多晶硅电容是指使用双层多晶硅作为电极，中间以氧化物作为介质的电容器，通常结构是多晶硅－二氧化硅－多晶硅结构，如图 7.21（a）所示。由于做这种电容需要两次多晶硅工艺，所以比单晶硅工艺要多几道工序。要注意，双 POLY 电容是做在场氧层上的，电容的上下极通场氧层与其他器件及衬底隔开，是个寄生参量很小的固定电容。只要能精确控制所生长的氧化层介质的质量和厚度，就可以得到精确的电容值。其单位电容的典型值为 0.3～0.4fF/μm^2。此数值较小是因为其二氧化硅的厚度比栅氧层要大些。

有的时候，工厂还提供金属-金属电容，即 MIM 电容。由于一般的金属层与金属层之间距离较远，所以电容值也很小。为了减小电容面积，同时提供较大数值的电容值，可以采用“叠层金属电容器”，即是将多层金属平板垂直地堆叠在一起，将奇数层和偶数层的金属分别连接在一起，形成两个梳状结构的交叉。通过正确交叉连接金属，可以在单位芯片面积上获得更大的电容，如图 7.21（b）所示。

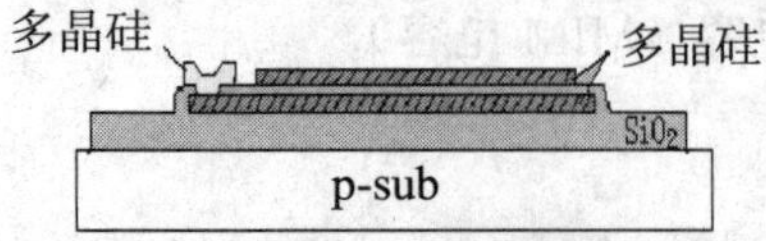

（a）PIP 电容

（b）MIM 电容

图 7.21　PIP 和 MIM 电容

PIP 和 MIM 电容由于下极板与衬底的距离比较远，寄生电容比较小，精度比较好。

7.3.2　电容版图设计

一般电路中，对电容器的精度要求不是很高，通常电容版图的都是在其他电路元器件放置完毕后，利用模块或器件的空隙填入电容即可。若是两个电容有一定的比例要求，则需要考虑匹配性。如图 7.22 中的两个电容，为了保证两者的匹配性，通常将小电容放在中心位置，以保证周围环境一致性，有必要的话，也可以在最外一侧使用 Dummy 电容包围起来。

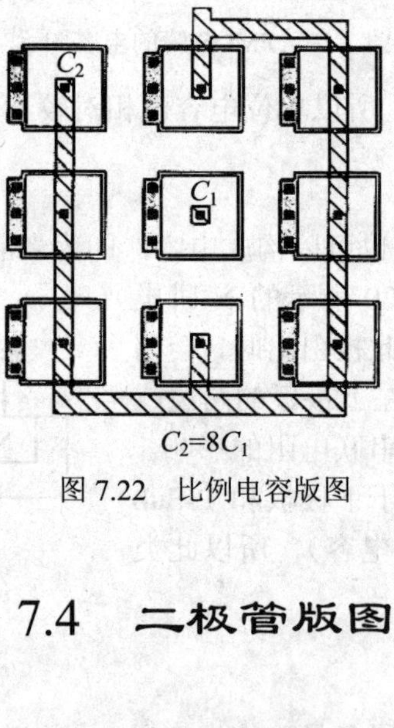

图 7.22　比例电容版图

7.4　二极管版图

当 P 型材料与 N 型材料结合时，就会形成 PN 结，即二极管。在版图中可以看到大量的二极管，如所有的 P 型衬底和 N 阱之间就会形成大量的 PN 结，如图 7.23 所示。为了保证所有的 PN 结都反偏，将 P-sub 的电位接在地电位，而将 N 阱电位接在高电位，一般是电源电位。这类二极管常见于 CMOS N 阱工艺中，称为 psub-nwell 二极管，另外一种二极管是在 N 阱中扩散一层 P+区域，这样 N 阱和 P+型区域就形成一种二极管，这样二极管称为 sp-nwell 型二极管。两者的平面图和剖面图如图 7.24 所示。

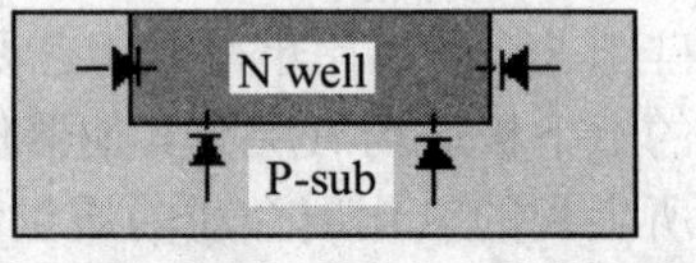

图 7.23　P 衬底和 N 阱形成的二极管

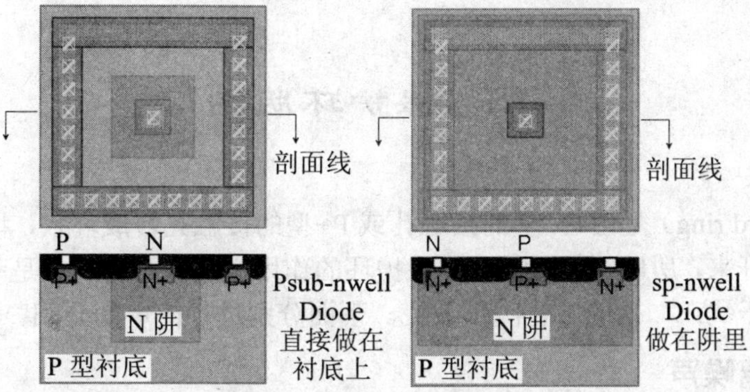

图 7.24　CMOS N 阱工艺两种类型的二极管

二极管的电学特性如图 7.25 所示，当二极管两端加反向电压时，如果电压达到 U_Z，会造成反向电流突然增大，但电压变化不大，此时的电压称为二极管的反向击穿电压。这种特性可以用来制作稳压管，另外也可以用来做芯片的 ESD（Electro-Static Discharge，静电释放）保护，这样就可能保证芯片外电压变化时，芯片内的电压几乎不变。二极管的反向击穿电压一般在 6～8V 之间，所以当使用 ESD 时，下一级的最大电压也被钳位在反向击穿电压。

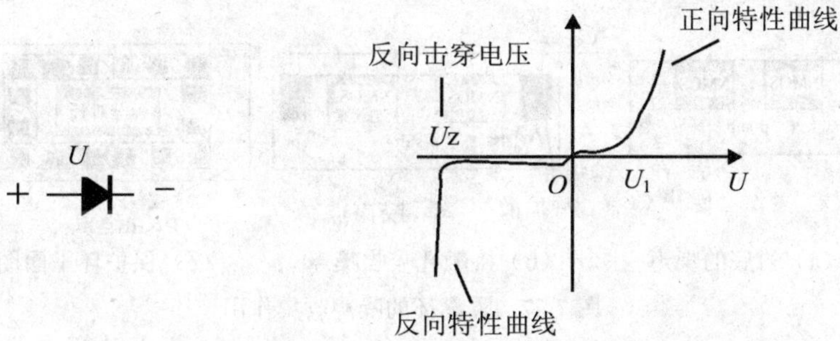

（a）二极管的电学符号　　（b）二极管的电学特性

图 7.25　二极管的电学符号和电学特性

当二极管用作 ESD 器件时，考虑到静电的释放电流比较大，电压比较高，一般都将二极管的面积做得比较大，同时将其画成环形结构，如图 7.26 所示，并且将 P+接触孔（psub-nwell）或 N+接触孔（sp-nwell）尽可能多地打在四周，以增加接触面积。当一个二极管不能满足大电流释放时，还要再并上一些二极管以增强保护能力。如图 7.26 所示的梳状二极管在 ESD 中会经常看到。

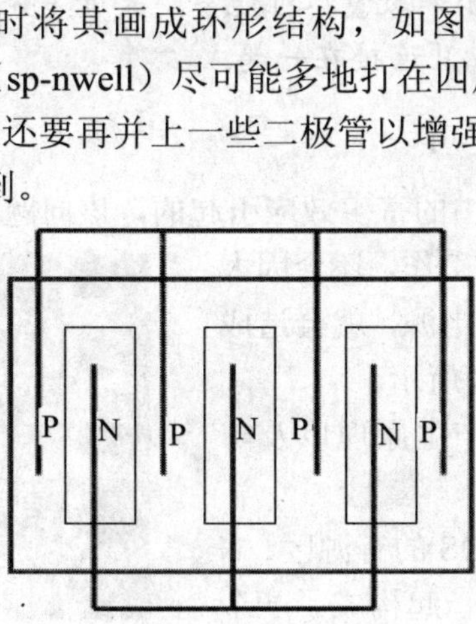

图 7.26　梳状二极管

7.5 保护环版图

保护环（guard ring）是由+N 型的接触孔或 P+型的接触孔转成环状，将所包围的器件与环外的器件隔离开来，所以叫做保护环。保护环的作用主要有两种：一是隔离噪声，保护敏感电路不受外界干扰；二是能防止闩锁效应。下面分别进行简单的介绍。

7.5.1 隔离噪声

在模拟电路中，一般的噪声源都来自于衬底，噪声源会对敏感电路造成影响，例如运算放大器的输入差分对如果是 NMOS 差分对，则这个差分对则是直接做在 P 衬底上的。如图 7.27(a)所示，图中有两个 NMOS 管。由于直接做在衬底中，衬底中的各种噪声点会对 NMOS 管造成一定的影响。如果在这个差分对的四周打上 P+型的扩散和接触孔，通过接触孔可以收集噪声点，通常这些 P+型的接触孔会将 NMOS 管包围起来，以保护 NMOS 差分对不受干扰。版图的剖面图如图 7.27（b）所示，版图的平面图如图 7.27（c）所示。

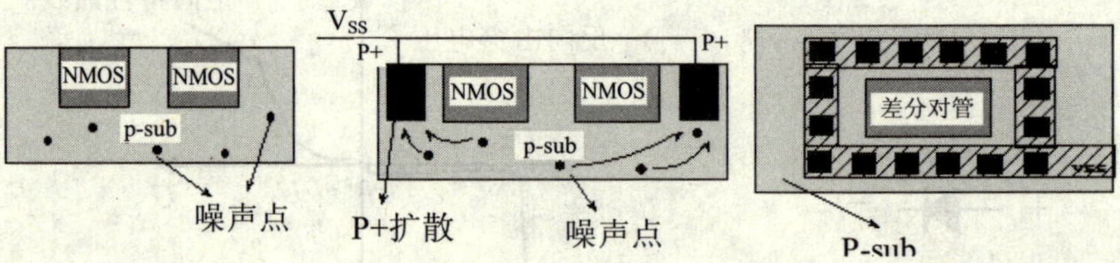

（a）衬底的噪声 （b）接触孔吸收噪声 （c）保护环平面图

图 7.27 隔离环的噪声收集作用

【小提示】

（1）如果是 PMOS 差分对，则要在相应的 N 阱上打上 N+接触孔；
（2）接触孔的间距尽可能小，数量尽可能多，靠近差分对；
（2）尽量用金属 A1 将接触孔连接在一起。

7.5.2 闩锁效应（Latch up）

闩锁效应是由 CMOS 工艺中的寄生效应引起的，该问题对电路的可靠性非常重要，一旦触发闩锁，不仅电路无法正常工作，还会因大电流引起芯片过热。如果不中断电源，就会造成集成电路的物理毁坏，如图 7.28 所示。

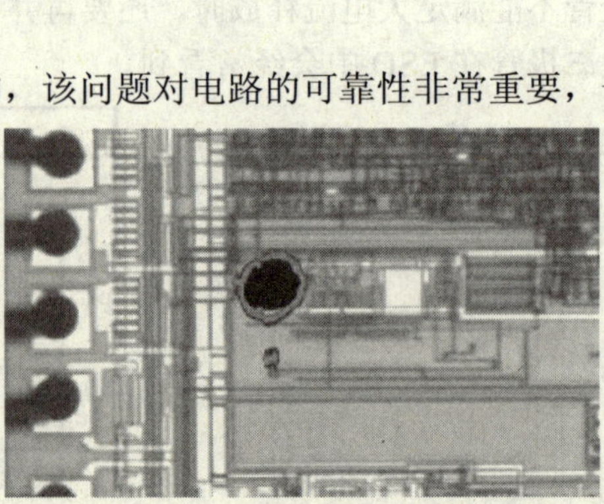

图 7.28 闩锁效应对芯片的损害

下面简单介绍闩锁效应的产生原理以及防护措施。

从图 7.29 中可以看出，PMOS 的有源区、N 阱、P 衬底和 NMOS 的有源区一起构成了一个 PNPN 的结构，R_n 和 R_P 分别是 N 阱电阻和 P 衬底的寄生电阻，如图 7.29（a）所示。这是一个典型的可控硅电路，如图 7.29（b）所示。不考虑过高或过低电压出现、掺杂浓度与尺寸的情况下，当电源接通时，如果 R_n 电阻较大，则节点 1 的电压有可能低于电源电压 V_{DD}，当达到 Q_2 的 PN 结导通电压时，Q_2 就会导通，则会有电流流过电阻 R_P，造成节点 2 电压上升。当节点 2 电压达到 Q_1 的 PN 结导通电压时，Q_1 导通，这会将节点 1 电压拉向更低电位。这样就形成了正反馈，于是电流越来越大，最终因为大电流散热问题将器件烧毁。

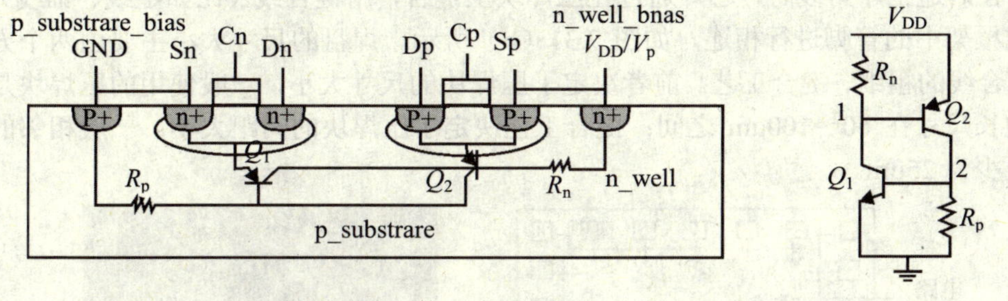

（a）NMOS 与 PMOS 管的寄生结构　　　（b）电路示意图

图 7.29　NMOS 与 PMOS 管的寄生结构和电路

解决闩锁效应的办法有很多种，出发点不同，解决的方法也就各异。从降低寄生三极管的增益来看，就是降低寄生三极管的基区浓度，加大基区宽度等。从降低寄生电阻，减小寄生电阻压降来看，就是加多数载流子保护环、多条阱接触、增加电源和地的接触孔等，避免使寄生三极管的发射结被正偏。

其中多数载流子保护环是位于 P 衬底上围绕 NMOS 最外围并接地的 P+环形扩散区和位于 N 阱中围绕 PMOS 最外围并接到 V_{DD} 的 N+环形扩散区，其作用是用来吸收外来的多数载流子。多数载流子保护环剖面图如图 7.30 所示。有的时候，为了保险起见，防止一层保护环显得薄弱，还要在外围再打一圈保护环，起到双重保护作用。

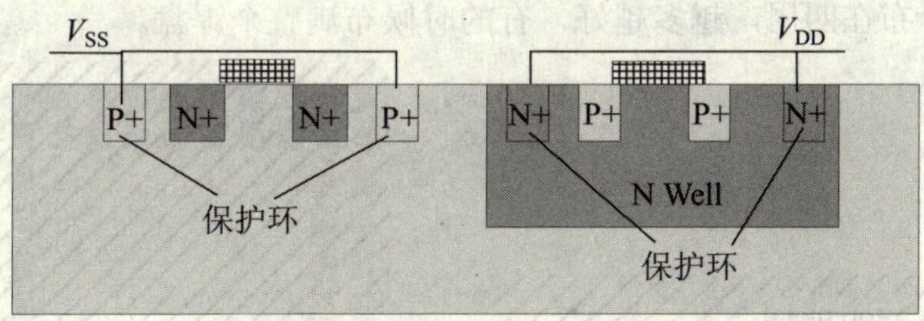

图 7.30　多数载流子保护环剖面图

【小提示】

闩锁效应多出现在数字的 I/O 输出端，经常是反向器向芯片外进行驱动。这时，反向器的 PMOS 和 NMOS 管一般都比较大，容易出现因衬底寄生电阻过大导致的闩锁效应。模板电路中输出驱动部分也有类似现象，需要注意。

7.6 焊盘版图

集成电路与外接环境之间的接口通过焊盘（Pad）来连接，焊盘不仅仅是压焊块，还具有输入保护、内外隔离、对外驱动等接口功能。焊盘一般放置在芯片的四周，如图 7.31（a）所示。在后道工序封装时，芯片通过在压焊块上键合，用键合线（比如金线、铝线）将芯片与引线框架中的管脚进行相连，如图 7.31（b）所示。焊盘的尺寸大小主要由两个方面决定的：键合线的粗细、键合工艺。前者决定了压焊块的尺寸大小，一般使用的压焊块是正方形的，边长尺寸在 60～100μm 之间；键合工艺决定了压焊块的间距大小，一般相邻的压焊块间距至少为 25μm。

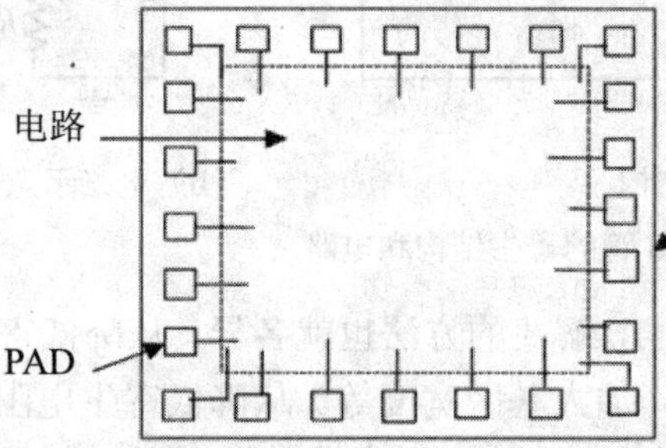

（a）芯片整体布局

（b）引线键合图

图 7.31　芯片键合图

压焊块实际上是很大的一块金属层，通常由最顶层的金属构成，但是这种结构在键合时容易扯动而剥落，造成断路，因此每个压焊块一般是由最上层的两层金属重叠构成。两层金属间通过大量的通孔连接在一起，如图 7.32（a）所示，图 7.32（b）是焊盘的平面图。

注意：通孔分布在四周，越多越好，有的时候布满整个焊盘。

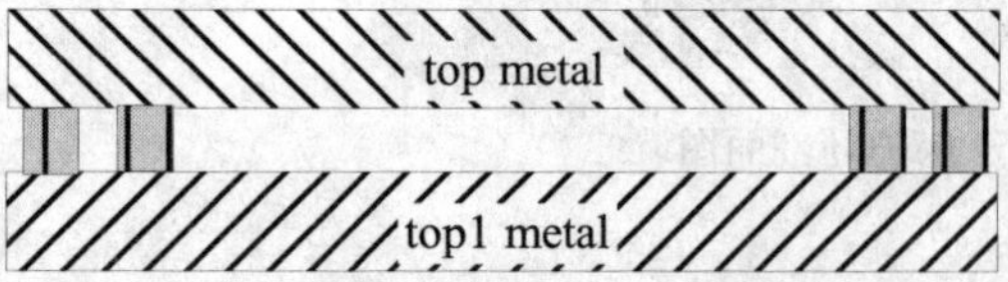

（a）由两层金属构成的焊盘

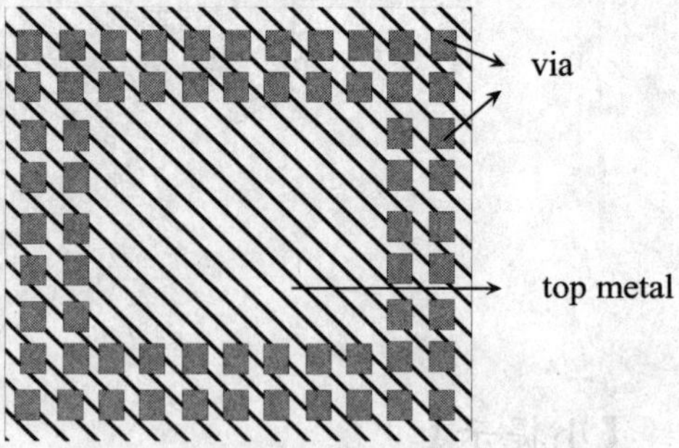

（b）焊盘的平面图

图 7.32　焊盘的版图形式

【小提示】

集成电路的焊盘环由划片线、焊盘、ESD 结构和保护环组成。每一部分都在决定设计的成功和失败中扮演关键角色。许多电路因为不充分的 ESD 保护、错误放置的焊盘或没有设置保护环而失败。

7.7　电源和地线版图

集成电路中都有电源和地线的焊盘，外电源通过这两个焊盘对内部电路进行供电。通常在内部电路全部设计完毕后，最后开始布焊盘的电源和地线，电源和地线一般布在整个芯片的四周，如图 7.33 所示。VDD 和 VSS 处于对角线的位置，最外一圈是 V_{SS} 线，一般还要在 V_{SS} 线下接上 P+接触孔，以保证芯片所有的 P 衬底都处于同一电位，较里一圈是电源 V_{DD} 线，输入、输出 PAD 位于它们之间。这两圈金属线一般也是由上层金属构成的，宽度一般在 10μm 以上，有的时候电源线和地线要流过较大的电流，可以根据工艺要求适当加宽连线，或者使用双层金属线叠加构成。

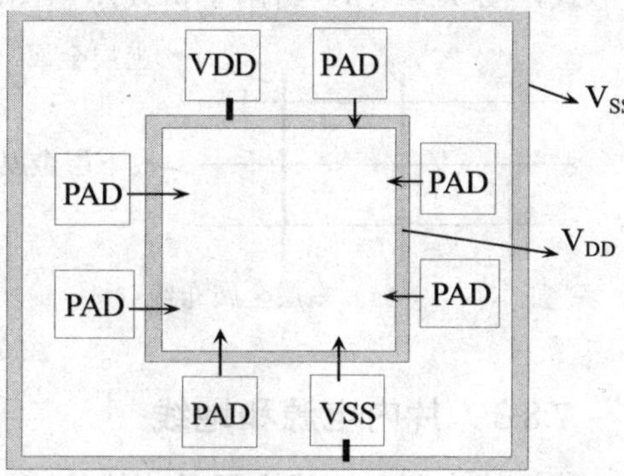

图 7.33　电源和地线布局

7.8　连　　线

在芯片内部各个器件之间的连线可以使用多晶硅或金属层，多晶硅由于电阻率比金属要高，所以一般在数字电路门内部使用，如在反向器、与非门、D 触发器等小模块内作为近距离的连线。金属 A1 既可以在小模块内部使用，也可以作为模块间的连线。当此金属连线空间不够时，可以考虑使用上层金属连线。一般说来，金属层级越高，它所连接的区域就越大，连接的模块层级也越高。

7.8.1　金属线宽度

金属连线时要考虑电流密度和金属的宽度，以防止流过金属的电流过大。工艺文件里都会有一些关于电流密度的数据。比如本书的工艺手册提供的金属 A1 的最大电流密度是 0.8mA/μm，即说明宽度为 1μm 的金属 A1 流过的最大的电流为 0.8mA。根据这一数据，可以求出电路中所需要的金属线的宽度。例如，某金属线要流过的电流为 200μA，利用上述规则可以算出所需要的线宽

$$W = \frac{1\mu m}{0.8mA} \times 0.2mA = 0.25\mu m$$

也就是说要流过 200μA 的电流，至少需要 0.25μm 宽度的金属。但是由于规则规定金属 A1 的最小线宽必须大于等于 0.6μm，所以这里只能取 0.6μm。

当小单元的电路合并成大单元的电路时，电流也会进行合并，所以合并后的金属线的宽度要宽于小单元的宽度。单元合并得越多，最终的金属线也会越来越宽，当金属线宽到一定程度时，有时候就需要多层金属重叠了。

7.8.2 金属布线

当芯片比较复杂时，所需要的金属层也会跟着增多。如果上层金属与下层金属平行走线的话，会产生很大的寄生电容，影响电路性能。所以布线的时候一般都是交叉垂直走线，如图 7.34（a）所示。对于某条金属折线，最好不要走小于 90°的折线，建议一般取 135°的折线形式，图 7.34（b）给出了折线示意图。

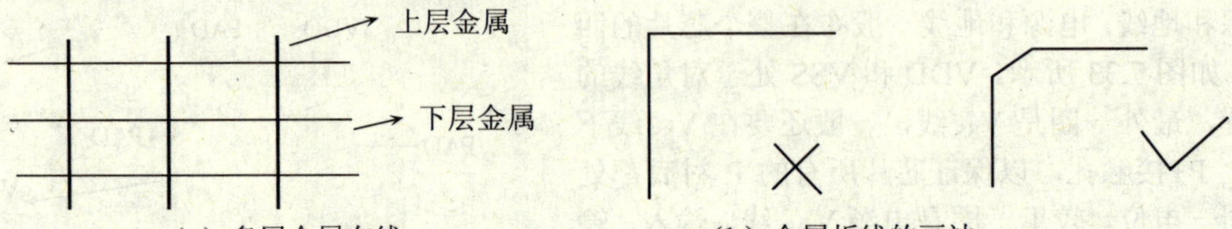

（a）多层金属布线　　（b）金属折线的画法

图 7.34　金属布线

7.8.3 片内电源和地线

片内的电源和地线主要是为模块电路提供电能，数字电路中由于各种门电路比较有规则，无论是门电路还是触发器模块，内部的 PMOS 管和 NMOS 管都是对应一样多，并且相同类型的晶体管的宽长比也相同，同时 PMOS 管都接电源，NMOS 统一接地，所以可以将数字模块共用一个电源和地线。如图 7.35（a）所示，可将所有的门电路的 PMOS 管放在一起，而将所有的 NMOS 管放在一起，这样可以共用电源和地线，如图 7.35（b）所示。对于数字模块较多的情形，可以分成几行进行排列，并且相邻两行的数字电路共用一个电源或地线，这样电源和线就形成了叉指布线的方式，如图 7.35（c）所示。

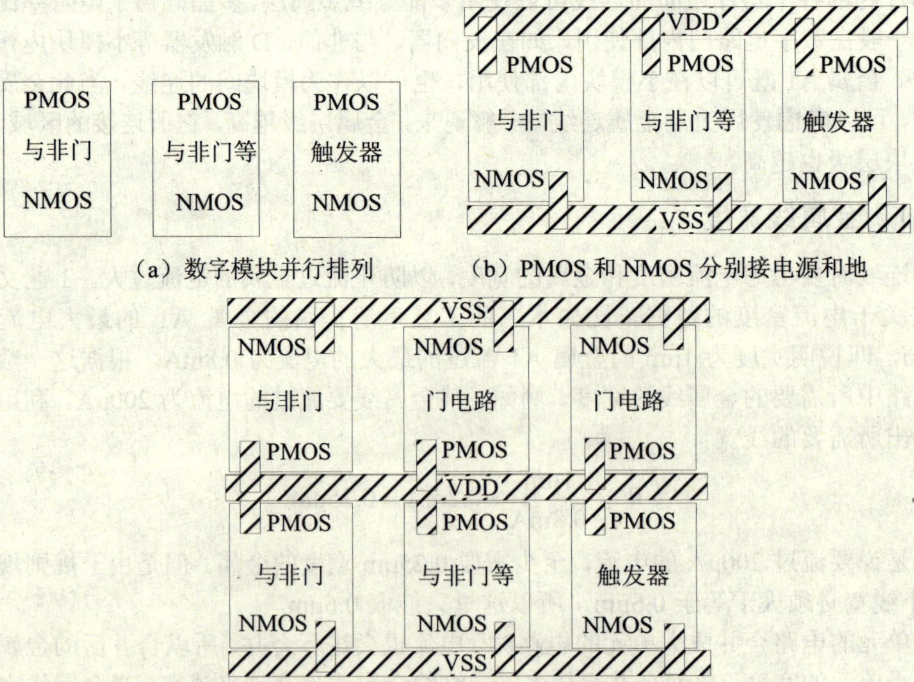

（a）数字模块并行排列　　（b）PMOS 和 NMOS 分别接电源和地

（c）相邻的两行数字电路共用电源 V_{DD}

图 7.35　数字模块的电源地布线方式

7.9　静电保护

静电现象在日常生活中经常会发生，比如在干燥的环境中用手触摸金属物体（比如门的把手或水龙头开关）时，会听到"啪啪"的放电声。这是由于人体摩擦后带上一定的电荷量，人体电压会升高，碰到低电压的导体后导致电荷放电的过程，也就是所谓的静电释放（ESD，Electro-Static Discharge）。

芯片中 MOS 管的栅氧厚度非常薄，如果 MOS 管的栅极积累一定的电荷量达到一定电压时，就会发生栅击穿现象从而导致晶体管毁坏。一般认为当栅上积累的电荷强度达到 10^7V/cm 时（即 100 埃厚度的氧化层对应的击穿电压为 10V）时栅氧化层就会被永久击穿。而人体由于摩擦带电时等效电压可以达到几百伏甚至上千伏，此时人如果用手触摸没有任何保护措施的芯片，就会轻而易举地将芯片毁坏。所以为了解决静电问题，必须为外界所带的感应电荷提供泄流通路，就像人们在建筑物顶端放置避雷针引导雷电放电的电流流向大地一样。

在 CMOS 中经常采用的静电保护电路如图 7.36 所示，图中 D_1 选用阱二极管，而 D_2 则选取用衬底二极管；*R* 是限流保护电阻，一般是多晶硅电阻，阻值通常选 500Ω以上，但也不能太大，否则会影响电路的正常工作。早期 CMOS 集成电路只在输入端实行静电保护电路，现在已经发展到了除电源和地线外所有的 I/O 口都有静电保护，并且在电源和地端也有保护二极管的出现。如图 7.37 所示。

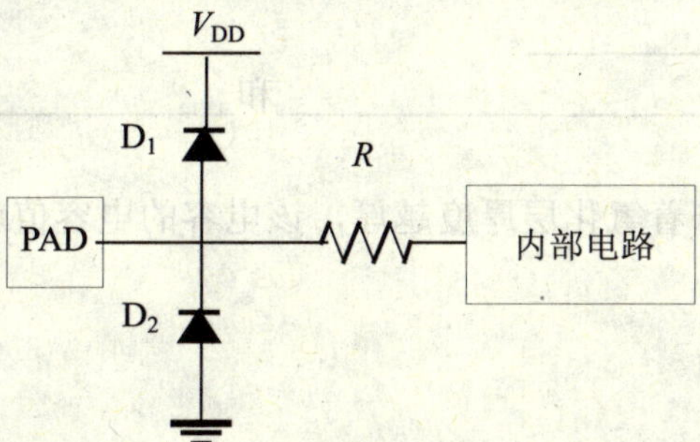

图 7.36　ESD 保护电路原理图

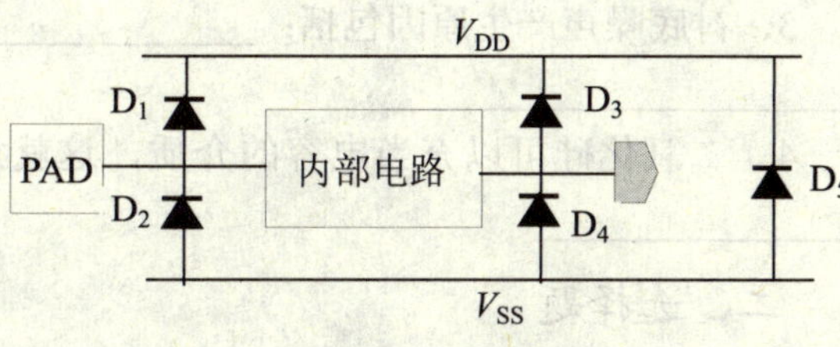

图 7.37　所有 I/O 口的保护

静电保护的工作原理如下：

（1）如图 7.38 所示，若 PAD 端相对另一端如 OUT 为高电位，则 D_1 正偏，形成低阻通路，输入电流会通过低阻通路到达 V_{DD}，由于 ESD 电压非常高，所以反向击穿 D_3，这样 D_3 也变成低阻通路，于是电流流向 OUT 端，这样就避开了内部电路，防止内部电路损坏。

（2）如图 7.39 所示，若 PAD 端相对另一端如 OUT 为低电位，则 D_3 正偏，输入电流会通过低阻通路 D_3 到达 V_{DD}，由于 ESD 电压非常高，所以反向击穿 D_1，这样 D_3 也变成低阻通路，于是电流流向 PAD 端，电流变成反向泄漏，同样地避开了内部电路，防止了内部电路损坏。

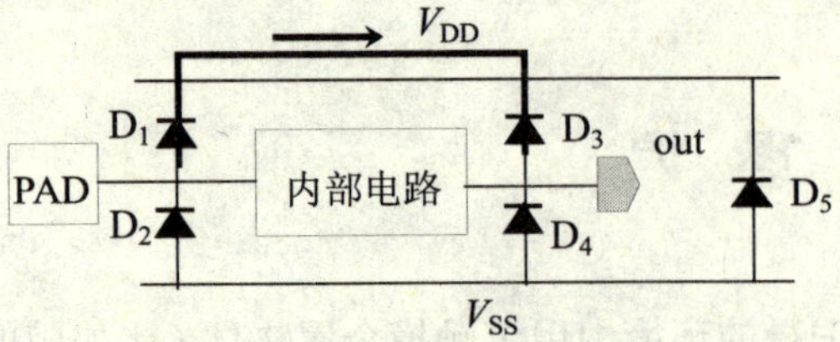

图 7.38　PAD 相对 OUT 为正

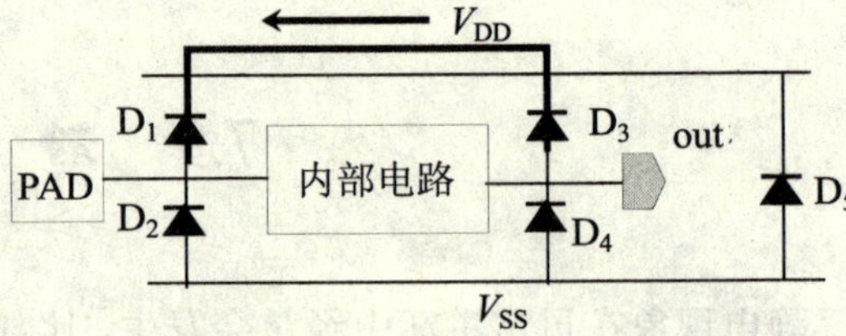

图 7.39　PAD 相对 OUT 为负

本章小结

本章介绍了 MOS 管、电阻、电容、二极管、焊盘、电源等的版图绘制方法和技巧，着重介绍了 MOS 管和电阻的匹配，并简单介绍了 ESD、噪声隔离和 Latch-up。

思考与练习

一、填空题

1．以方块电阻的形式写出电阻公式表达式：____________。

2．版图设计中，一个器件的各部分与另一个器件的各部分形成如同双手的手指相互交叉的结构，这种结构称为_______________________________。

3．衬底噪声产生原因包括：____________________________________和__________________________________。

4．二氧化硅可以充当电容的介质，这就意味着氧化层厚度越厚，该电容的电容值就越_______________。

二、选择题

1．失配可分为（　　）。

A．随机失配和系统失配　　B．系统失配和人为失配

C．人为失配和随机失配　　D．以上都不对。

2．PN 结二极管的电容包括势垒电容和扩散电容。扩散电容，是当二极管正偏时存在；而对于势垒电容，是当（　　）时存在。

A．零偏　　B．正偏　　C．反偏　　D．任意偏置

3．下面说法不正确的是：（　　）

A．随机失配：尺寸、掺杂、氧化层厚度等影响元件值的参量的微观起伏；

B．系统失配：工艺偏差，互联寄生，多晶硅刻蚀率的变化，梯度效应等；

C．适当的版图设计能减小器件的失配；

D．只要设计合理工艺精确就可以消除失配。

4．在 CMOS 反相器的版图中，如果电路没有特殊要求，PMOS 管 W/L 通常是 NMOS 管 W/L 的（　　）。

A．0.25 倍　　B．4 倍　　C．0.5 倍　　D．2 倍

三、简答题

1．大宽长比的晶体管如果画成很长的矩形条，对电路功能有什么影响？

2．集成电路中的电阻分为哪几种，并对每个种类进行简单的描述。

3．狗骨形的电阻版图有什么优点？

4．什么叫做虚设器件，并举例说明其作用。

第 8 章　Virtuoso-XL 与版图设计实例

【学习目标】

（1）学会 Virtuoso-XL 的基本操作方法；
（2）了解数字电路的版图设计方法；
（3）了解模拟电路的版图设计方法；
（4）了解版图设计技巧。

【重点难点】

（1）差分对的共质心布局；
（2）MOS 管源漏共享；
（3）偏置与镜像版图绘制。

【参考学时】

参考学时为 7 学时。

8.1　Virtuoso-XL 介绍

本书第 5 章介绍了 Virtuoso 的使用方法，从中可以体会到：Virtuoso 仅仅是个版图设计工具，它与原理图没有任何直接关系。也就是说，原理图与版图是两个没有直接关系的并行的独立体，即 Virtuoso 对版图与原理图的交互性比较差，只能依靠查看 LVS 才能确定两者的对应关系，比如版图中所有连线错误或器件属性错误只有在 LVS 时才能发现。同样，当后期若要修改原理图器件属性时，由于版图模块较大，往往很难在版图中直接定位到相应的器件进行修改。

为了解决原理图与版图互动的困扰，Cadence 公司在 Virtuoso 工具的基础上加强了交互性能，推出了 Virtuoso-XL Layout Editor（VXL）。VXL 支持纯多边形、参数化单元、符号化版图与压缩、版图综合等多种输入方法，快速的设计层次浏览以及多窗口环境使用户同时编辑多个设计。VXL 已经成为世界顶尖的半导体厂商标准的设计环境，版图设计工程师在工艺设计库（PDK）的支持下，利用参数化单元（PCELL），在 VXL 中完成模块级的版图设计。因为 VXL 能够从原理图中调用所有元器件的连接信息，使版图中的器件具有连接关系信息，从而在版图的编辑过程中，版图工程师永远是在保证 LVS 正确的前提下进行版图设计，因此对版图后期的物理验证将会变得异常轻松，大大减少因为修改物理验证带来的设计反复。VXL 提供非常丰富的版图设计功能，可以根据设计工程师的习惯定义快捷键输入，而且在版图输入的同时考虑众多的物理设计规则，从而大大减少版图因为违反设计规则所带来的反复，提高效率。

VXL 与 Virtuoso 的版图界面几乎相同，只是增加了一些功能菜单，可以用来与原理图进行交互。同时，VXL 还可以与 Virtuoso 之间进行切换操作，方便应用。为了便于读者对 VXL 有直观的认识，下面简单介绍 VXL 的一些特有的操作方法。

8.1.1　Virtuoso-XL 启动

有两种启动 VXL 的过程，一种是通过原理图启动，这种方式多是新建版图时使用；另外一种方法就是通过 Virtuoso 的菜单点击 Layout XL 进行切换界面启动。

◆　原理图启动 VXL

当原理图设计完毕后，就可以从原理图直接启动 VXL，步骤如下：

在菜单中选择 Tools→Design Synthesis→Layout XL，弹出，如图 8.1 所示的对话框。如果版图原来没有，则需要选择 Create New（新建一个版图）；若有，则可以选择 Open Existing（已经存在的版图），点击“OK”后弹出打开文件对话框，需要确认版图的信息，如图 8.1 所示。一般直接点击“OK”即可，之后再打开 VXL。如图 8.2 所示，可以看到，界面与 Virtuoso 的界面几乎一样，只是多了一个菜单栏 Connectivity 以及其他菜单中的一些操作命令而已。并且打开的版图编辑器与原理图编辑器并行排列，以便对照检查。

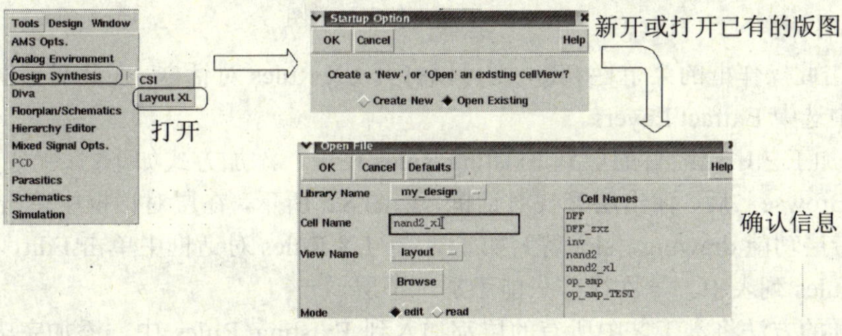

图 8.1　VXL 的启动过程

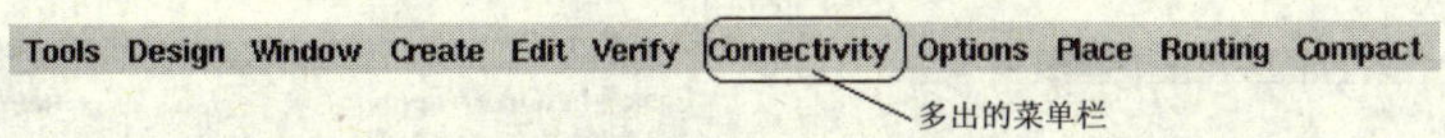

图 8.2　VXL 多出的菜单栏

Connectivity 中包括了所有的版图与原理图交互的操作命令，方便将版图与原理图进行对比。还有一些操作命令按操作方式分别列在其他菜单栏下，可以一一打开来查看。

◆　Virtuoso 与 VXL 切换

Virtuoso 与 VXL 可以进行切换，方法是在版图中单击菜单栏 Tools→Layout 或 Layout XL，即可切换到相应的版图工具，两者本无实际区别。操作如图 8.3 所示。

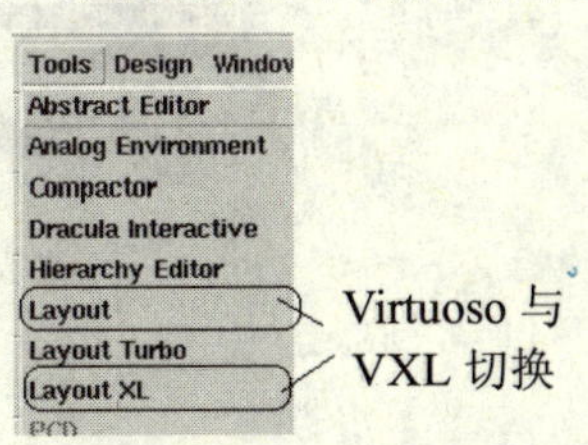

图 8.3　Virtuoso 与 VXL 切换

8.1.2 确定工艺文件的层规则

VXL 中单元器件的版图都是自动调用 PDK 库中的器件版图，VXL 在调用的过程中会调用相关的层抽取规则（lxExtractRules，就是 VXL 识别的层定义）。如果没有指定相关的层规则，则 VXL 启动后会报出“lxExtractRules have not been defined in the technology file”的提示框。同样，对本书使用的 0.5μm CMOS 工艺也需要指定 VXL 需要的层定义，定义步骤如下：

（1）单击 CIW→Technology File Manager…后打开技术文件工具箱，所有关于技术文件的管理都在此处进行设置。单击工具箱的 Edit Rules…，弹出一操作框，如图 8.4 所示。在操作框中的 Technology Library 一栏中选中工艺库文件 CSMC05MS，在分类列表 Classes 中选中 LX。

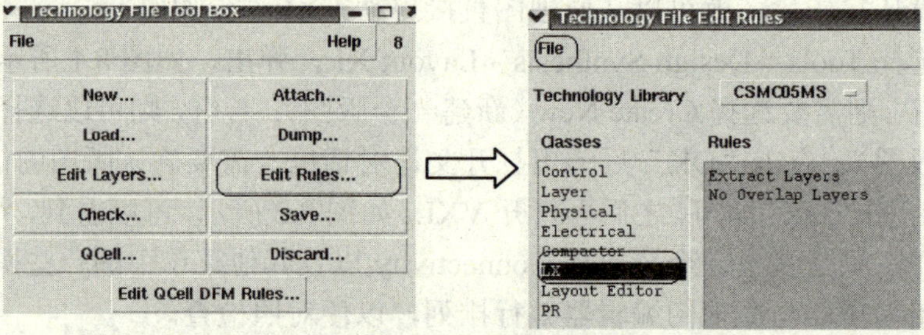

图 8.4　工艺文件层指定图

（2）单击此操作框的菜单栏 File，则可以打开 LX Rules 对话框，在此对话框中 LX Rule 后的下拉框中选中 Extract Layers。

（3）添加工艺中已经有的层到 Existing Rules 栏中，添加方式如下：

①单击 Browse…后，弹出层查找对话框，如图 8.5 所示，在层对话框中单击选中每个独立的层（不带层功能 drawing，slot 等）如 TB；在 LX Rules 对话框中单击 Edit，则此层进入到 Existing Rules 列表中。一次操作只能添加一个层。

②用同样的方法将本工艺中所有的层都加入到 Existing Rules 中，添加完毕后点开 LX Rules 对话框，如图 8.6 所示。之后单击“OK”即可。

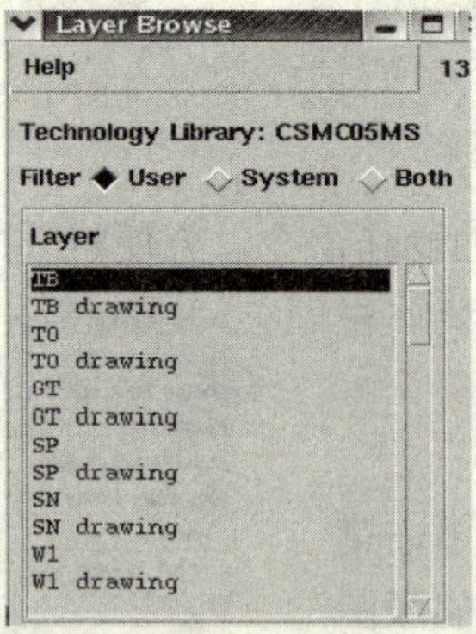

图 8.5　添加工艺层

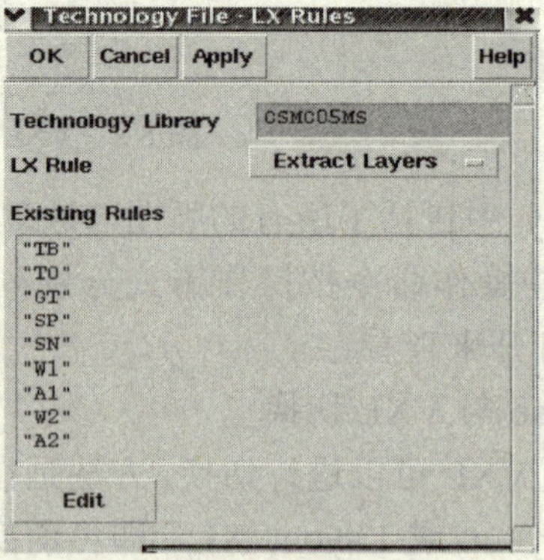

图 8.6　添加层后的 Existing Rules 操作框

（4）关闭 Layer Browse 对话框，关闭 Existing Rules 操作框，关闭图 8.4 中的两个窗口

即可。

（5）对工艺库做相应的修改后退出 ICFB 时，Cadence 会弹出窗口，确认是否对修改的工艺文件进行保存，如图 8.7 所示，点击“OK”确认即可。

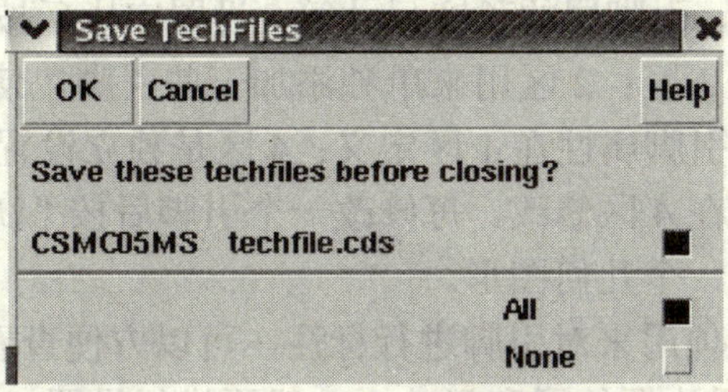

图 8.7 保存对工艺文件的修改

操作完毕后，VXL 即可根据工艺库提供的已有工艺层进行相关层的抽取规则定义。以保证 VXL 的正常工作。

8.1.3 从原理图生成版图

VXL 可以根据电路原理图直接调用 PDK 的器件来生成相应的版图，包括原理图中的单元器件，如晶体管、电阻、电容、引脚（Pins）以及边框（Boundary），这些单元器件只是按照原理图中单元器件的位置进行放置，并未进行连线及调整，需要用手动进行调整，版图生成步骤如下：

（1）在启动好的 VXL 菜单栏中单击 Design→Gen From Source...，弹出版图生成选项对话框，如图 8.8 所示。在这个选项框中，可以设置是否要生成相应的 I/O Pins、器件（Instances）以及边框（Boundary），并且 I/Opins 以及边框都可以进行相应区域的设置。

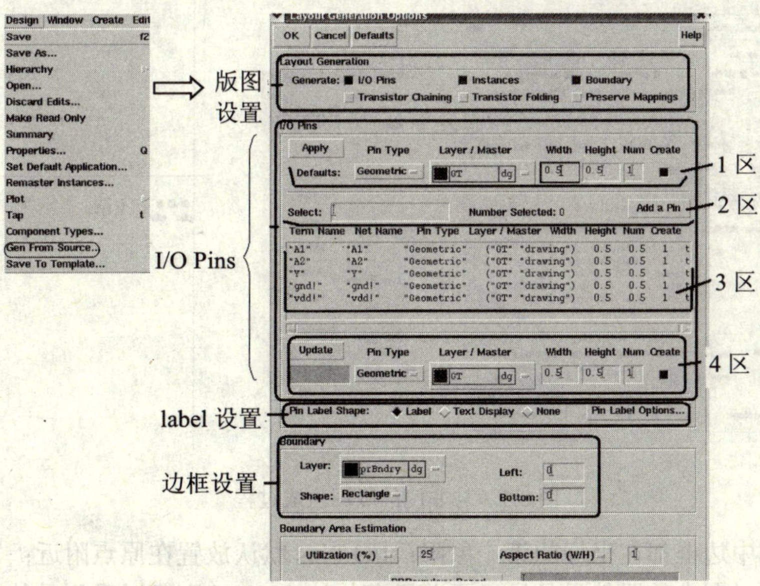

图 8.8 版图生成选项

（2）版图设置——主要用来控制是否生成 I/O Pins、Instances、Boundary，I/O Pins 即

是原理图中的输入、输出引脚；Instances 即是原理图中的各种器件；Boundary 是边框，相当于版图的区域，是对所有器件版图面积的一个评估。

（3）I/O Pins——用来对引脚进行详细设置，可以分成 4 个区域：1 区用来设置所有引脚的属性，如引脚所用的层，引脚层的长宽尺寸等，设置完毕后按本区的“APPLY”才能生效，属性设置的效果显示在 3 区；2 区用来单独添加一些引脚，使用较少；3 区列出了对应的原理图中的所有的引脚，引脚属性在 1 区定义；4 区是独立设置某个引脚属性，在 3 区点击要修改的某个引脚后可以在 4 区修改，每修改一个引脚后按“Updata”使之生效；需要说明的是，引脚在版图中只是一个几何图形。

（4）Label 设置——此项用来对引脚进行标注，可以方便查看引脚属性。

（5）边框设置——设置边框的层和尺寸，一般不进行设置。

（6）设置完毕后按“OK”即可生成版图。图 8.9 给出了与非门的原理图和版图设置及生成的示例。

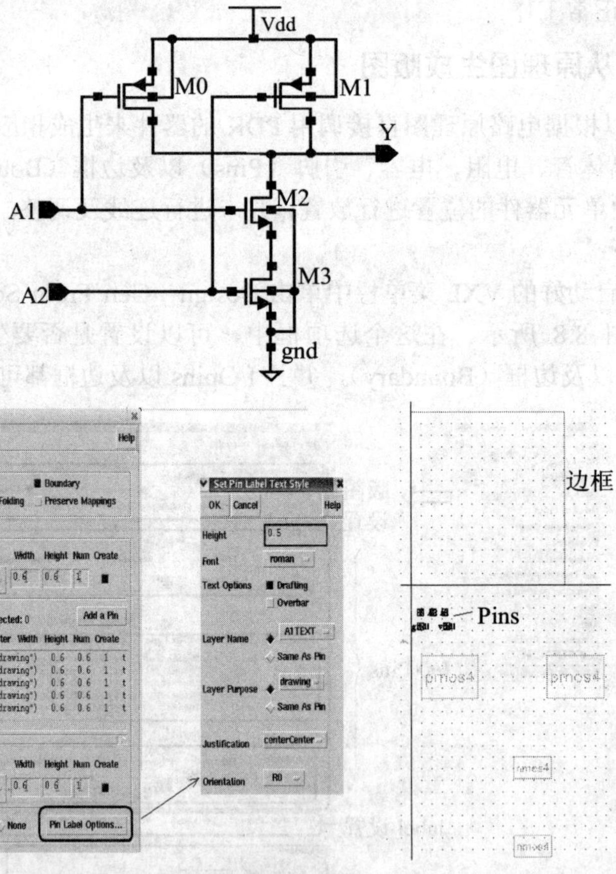

图 8.9 与非门的版图生成过程

说明：版图中边框都在坐标的第一象限；I/O Pins 默认放置在原点附近；器件按原理图的位置放在下面，图中的器件只是显示了单元名，按 Shift+f 则可以看到具体的单元版图形式；Pins 使用了金属 A1 层，Label 则是用了 A1TEXT 层，字体 roman，高度是 0.5μm。

8.1.4　连接关系（Connectivity）

VXL 最有特色的就在于器件之间具有了连接关系，这种连接关系与原理图器件之间的连接关系保持同步，同时，版图器件与原理图器件对应，极大地保证了版图设计的正确性。所以理解这种对应关系非常重要。在版图中移动器件的过程中，可以发现器件之间会有飞线（flightline）存在，表明此器件与其他器件引脚之间根据原理图是连接在一起的，如图 8.10 所示。当版图规模较大时，这种飞线只会出现在附近器件之间，不会显示所有的飞线关系。

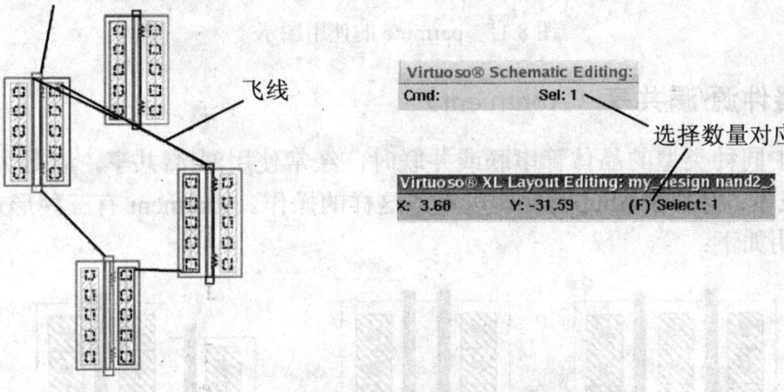

图 8.10　版图中器件的连接关系和选择状态

注意：当在版图中选中一个器件时，原理图中同时也会选中此器件，两者具有对应性。同理，当在原理图中选中某个器件时，版图中同时也会选中此器件，可以通过原理图和版图窗口上方的选择状态来查看。

【小提示】

当在原理图编辑区和版图编辑区切换时，首先用鼠标在想要激活的编辑区状态栏空白处点击以激活当前窗口，不可直接在编辑区域点击，否则容易造成被选中的器件失去选中状态。若查看原理图中已经选中的器件在版图中的位置，可以激活版图并保持器件选中状态后，点击 Ctrl+t 将选中的版图器件显示在区域的当前位置。

8.1.5　引脚交换（Permuting Pins）

引脚交换是指可以交换器件的引脚位置，以方便更好地布局和美观，如图 8.11（a）所示的连接关系，图中 R_1 的上端引脚分别和 R_2 的下端引脚相连，同时与 MOS 管的上端引脚 B 相连。如果将 R_1 的两引脚交换位置，则效果更好，操作的方法可以用旋转的操作实现，也可以使用引脚交换操作来实现，操作步骤如下：

（1）单击 VXL 菜单栏中 Connectivity→Permute Pins。

（2）VXL 提示栏显示“Select a pin to permute”，在这里鼠标单击电阻 R_1 的上端引脚，完成后提示栏显示“Select another pin you want to permute with the previous one”，此时点击另一端引脚，即可。

（3）完成后按“Esc”退出，否则此命令继续。完成后如图 8.11（b）所示。

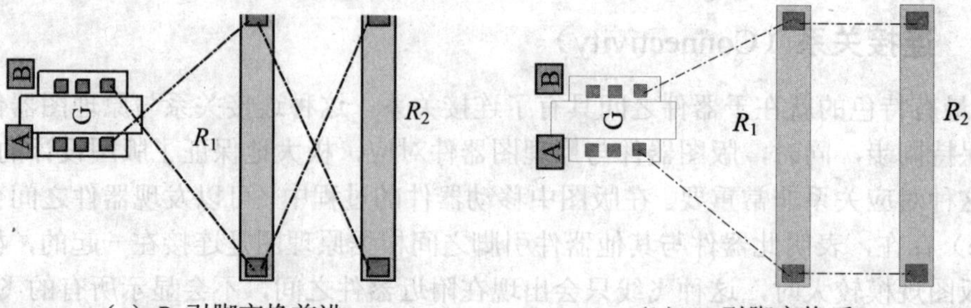

（a）R_1 引脚交换前进　　（b）R_1 引脚交换后

图 8.11　permute 的使用图示

8.1.6　器件源/漏共享（Abutment）

数字电路中同种类型的晶体管串联或并联时，经常使用源/漏共享，以最大化地节约芯片面积，降低成本。用器件 Abutment 即可完成这样的操作。Abutment 有三种形式，如图 8.12 所示，分别说明如下：

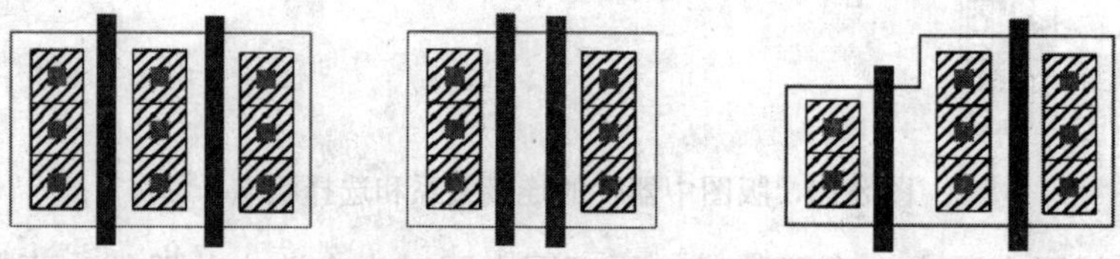

（a）　（b）　（c）

图 8.12　合并的三种形式

图 8.12（a）两个晶体管尺寸一样，并联形式，有一个共同端；

图 8.12（b）两个晶体管尺寸一样，串联形式，有一个共同端；

图 8.12（c）两个晶体管尺寸不一样，并联形式，有一个共同端。

Abutment 操作可以自动完成，操作步骤如下：

（1）设置自动 Abutment。在 VXL 的菜单栏中单击 Options→Layout XL…，弹出 XL 选项对话框，在 Connectivity 栏中选中 Auto Abutment。单击“OK”确认退出。

（2）在版图中选中需要合并的其中一个器件并移动，使此器件需要合并的一端与另一个器件需要合并的一端尽量靠近放置。单击确定后，在一定距离范围内，VXL 会自动调整两器件的版图位置并将这两端合并在一起。

8.1.7　VXL 其他操作

VXL 特有的操作命令还有许多，掌握这些方法对快速进行版图设计大有裨益，VXL 中大部分操作都列在菜单栏 Connectivity 中，学习这些操作最好的办法就是实践和练习。其实几乎所有的操作在区域下方的提示栏中都有相应的提示，可以按照提示的要求反复练习，直到熟练掌握。下面再简单介绍其中的一些常用操作方法。

8.1.7.1　版图器件更新（Updata）

在版图设计过程中，经常会遇到原理图设计中需要添加或删除元器件的情况，为了保证版图与原理图的一致性，就需要对版图中的器件进行更新，版图中的更新步骤如下：

（1）在 VXL 菜单中单击 Connectivity→Updata→Components And Nets，弹出与图 8.9 中版图生成对话框相似的窗口，不过此处却是用来更新器件的。设置好需要更新的 I/O Pins 或者 Instance 之后点击“OK”，则在版图中会添加对应的元器件的版图，或者某种器件在原理图中已被删除，则版图中相应的元器件版图则高度显亮，且有符号“×”覆盖在此版图中，表明此版图已没有对应的原理图了。

8.1.7.2　版图与原理图探查（XL probe）

这项功能可以方便查看版图与原理图中线名或器件的对应位置。操作方法是单击 Connectivity →XL Probe，弹出 Probe Options 对话框，如图 8.13 所示，在这个对话框中，可以设置在版图中探查的对象，是 Pin、nets 还是 Devices；show 栏中可以选择是器件 Devices 还是线名 Nets；下方的栏中会根据 show 选中的内容列出相应的内容，版图中线网的名字与原理图一一对应。单击框中的线网名或器件，则原理图和版图中相应的线名和器件也会同时以某种颜色显亮，Zoom 按钮用来显示并放大版图中相应的线名或器件。

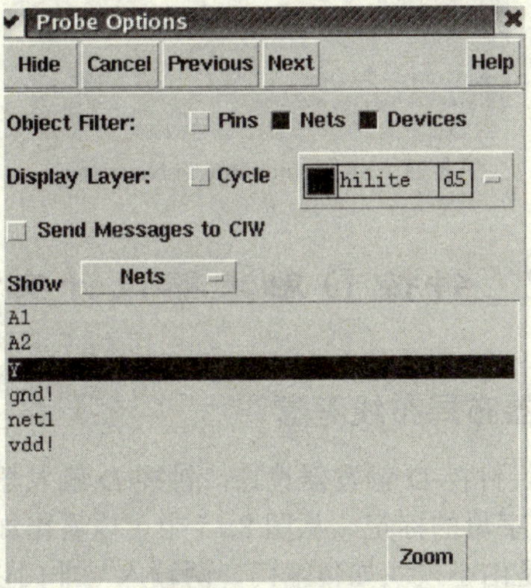

图 8.13　探查选项

注意：在版图中提示栏处提示“Select an object to probe”即也可以“Hide”（隐藏）探查选项框后，直接在版图中单击某个线网或器件，则版图中引用部分与原理图相应部分也会以某种颜色显亮。用 Probe 命令在空白区域单击即可去除显亮。

8.1.7.3　显示未完成的连线（Show Incomplete Nets）

此功能用来显示版图中哪些器件之间的连线已经完成，哪些本应连接的而未连接在一起。单击 Connectivity→Show Incomplete Nets…即可弹出 Show Incomplete Nets 窗口，如图 8.14 所示，图中 Incomplete 一栏列出了版图中所有的未连接的线名，而 Complete 一栏则会列出版画中已经连接好的线名。在 Incomplete 一栏中单击某条线名后，点击 Zoom 按钮，在同一个版图中可以看到未连接的器件显示在屏幕中间，并有飞线显示，说明引脚之间需要通过版图连线连接在一起，形成一个完整的连接关系。连接完毕后，可以单击 Connectivity→Hide Incomplete Nets 隐去飞线。

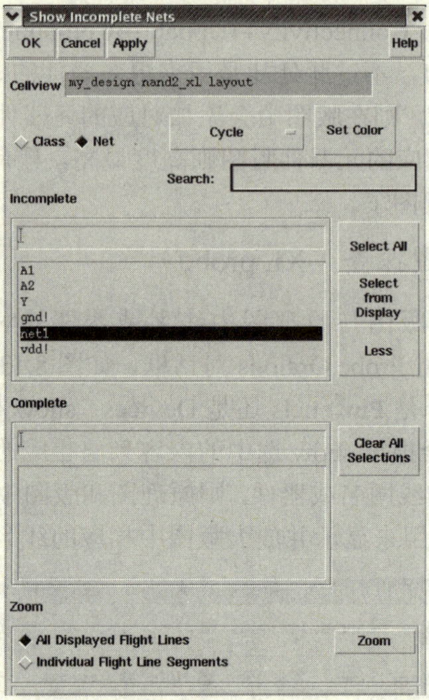

图 8.14　Show Incomplete Nets 窗口

8.2　钟控 D 触发器设计实例

8.2.1　钟控 D 触发器布局布线考虑

本实例以 VXL 工具进行钟控 D 触发器设计，钟控 D 触发器的原理图如图 8.15 所示，图中的各个小模块区域做了字母的标记。从图 8.15 中可以看出如下几点：

（1）D 触发器实际上是由小模块如传输门、两输入与非门以及反向器组成。

（2）D 触发器中 N 型晶体管和 P 型晶体管个数一样多；所有 PMOS 管的衬底都接电源 $V_{\mathrm{dd!}}$，所有 NMOS 管都接地电位 gnd!。

（3）所有 PMOS 管宽长比为 1.1μm：0.55μm；NMOS 管为 0.8μm：0.5μm，都是数字设计的最小尺寸。

（4）版图设计可以考虑将同类型的串联或并联的 MOS 管进行源/漏共享接法。

（5）版图中可以将所有的 PMOS 做在同一个 N 阱中，共用一个阱电位 Vdd!。

（6）电源和地的走线一般为平行线，电源线靠近 PMOS 一侧，地线靠近 NMOS 一侧。电源和地线一般使用金属 A1。

（7）一般地，版图布局时整体与电路图相似，也是输入端在左侧，输出端在右侧；同样地，内部的各个小模块布局整体也是前后的输入、输出关系，即左侧的模块输出接右侧的模块输入。

（8）版图连线：各个小模块内部尽量以 Poly 或金属 A1 作为连线，外部与 D 触发器的连线则主要以金属 A2 为主；若模块内 PMOS 与 NMOS 的栅是连在一起的，尽量直接用 Poly 连接，不能直接连接的就用金属 A1 连接；尽量在 D 触发器的 PMOS 与 NMOS 管所包围的区域内完成连接，不要将线绕到区域以外。

（9）尽量在规则允许的范围内按合理的路线进行布局和布线，美观大方的版图是版图成功的重要原因。

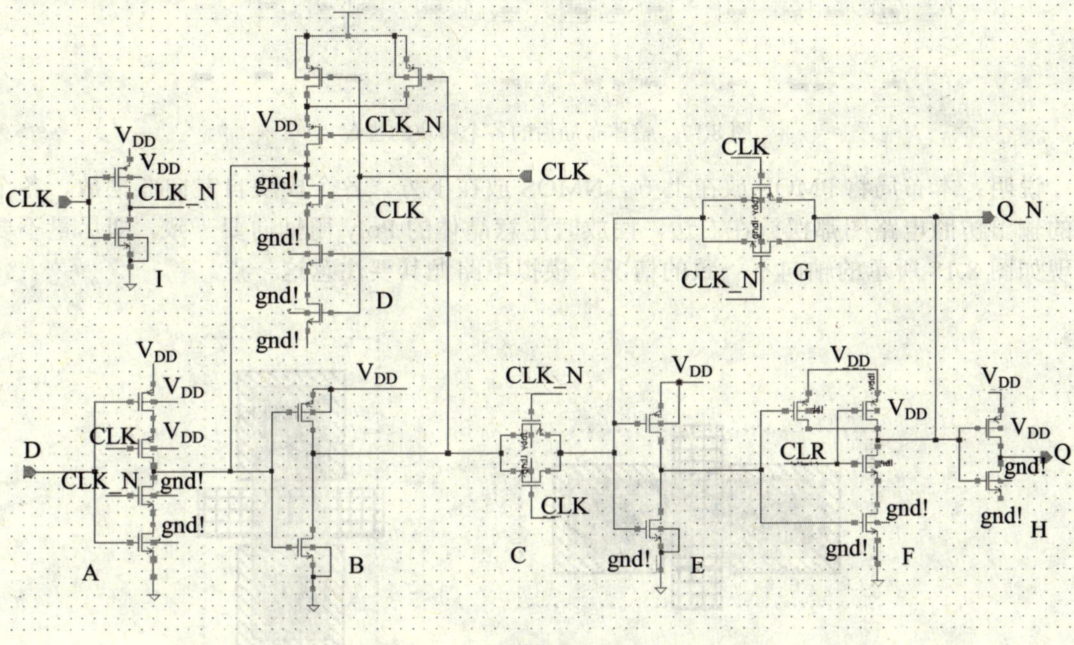

图 8.15　钟控 D 触发器原理图

8.2.2　钟控 D 触发器版图生成

在 VXL 中首先设置菜单 Options→display 选项中的 Grid Ctrol 各项参数，具体为：Minor Spacing=0.1，Major Spacing=1，X Snap Spacing=0.01，Y Snap Spacing=0.01。之后点击 save to 按钮保存后按“OK”退出。利用 VXL 的 Gen from source 生成的版图初始图形如 8.16 所示。图中 Pins 除了电源 Vdd!和地线 gnd!使用了金属 A1（Label 为 A1TEXT）外，其他都使用了金属 A2（Label 设为 A2TEXT），以方便做输入/输出引脚。这些引脚后期布局时也可以根据需要进行修改。

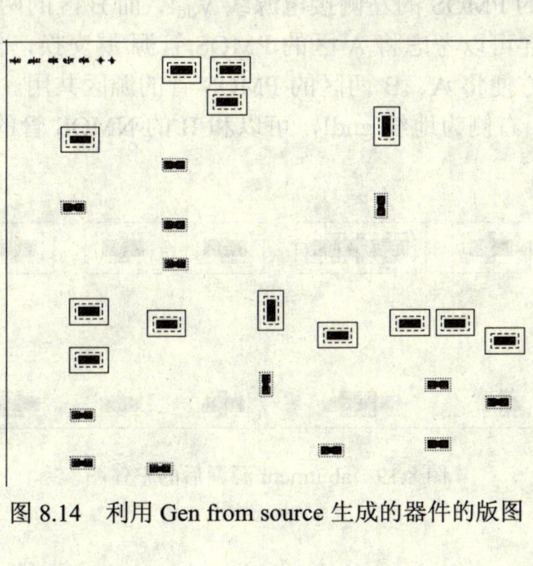

图 8.14　利用 Gen from source 生成的器件的版图

将器件按本书 8.2.1 小节的分析进行移动排列后，大致布局如图 8.17 所示。

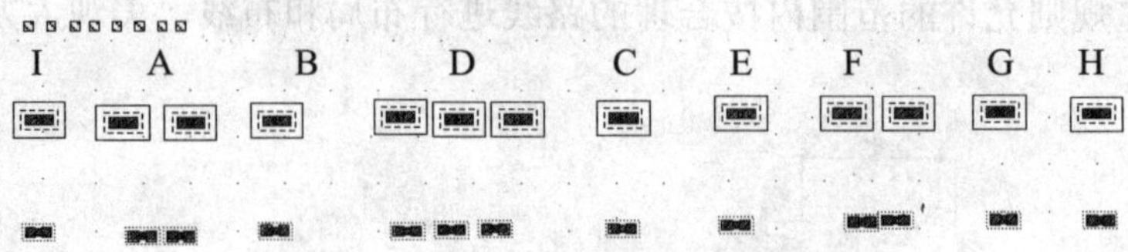

图 8.17　整体布局后的各个模块的位置

说明：本布局将 PMOS 放在上方，NMOS 放在下方，各个模块自左向右摆放，各个区的输出仿照电路图都摆放在右边。摆放时注意晶体的 Poly 栅轴向要一致，即尽量不要出现如图 8.18 所示的轴向不一致的情况，模拟电路尤其要注意这一点。

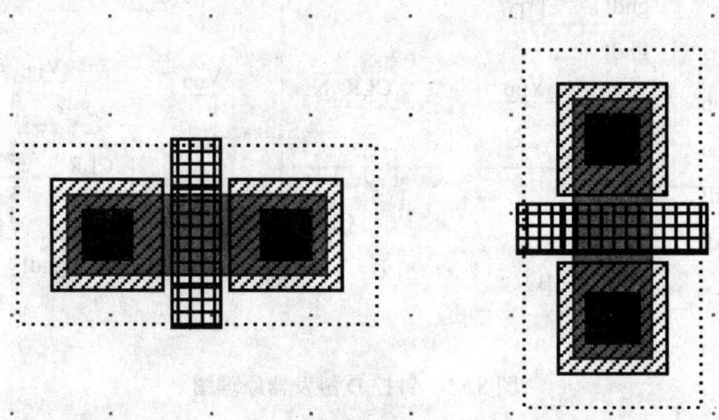

图 8.18　两 Poly 轴向不一致

8.2.3　合并源/漏

使用 abutment 对 A 到 B 模块中 PMOS 和 NMOS 进行源/漏合并，并将整体高度定为 20μm，整体布局与图 8.17 相似，如图 8.19 所示。还可以将各个区之间的间距在规则允许范围内再靠近一些，说明如下：如图 8.20（a）所示中的 A、B 两模块，可以将 A 区与 B 区靠近放置，同时由于 A 区的 PMOS 的左侧接电源线 V_{dd}!，而 B 区的两个 PMOS 管的左右两侧也是接电源线 V_{dd}!，这样可以考虑将 A 区的 PMOS 管源/漏交换，使得 A 区的 PMOS 管的右侧为电源线 V_{dd}!，以方便将 A、B 两区的 PMOS 管的源区共用。同样，对下方的 NMOS 管，由于 A 区的 NMOS 右侧为地线 gnd!，可以和 B 的 NMOS 管的左侧地线合并，结果如图 8.20（b）所示。

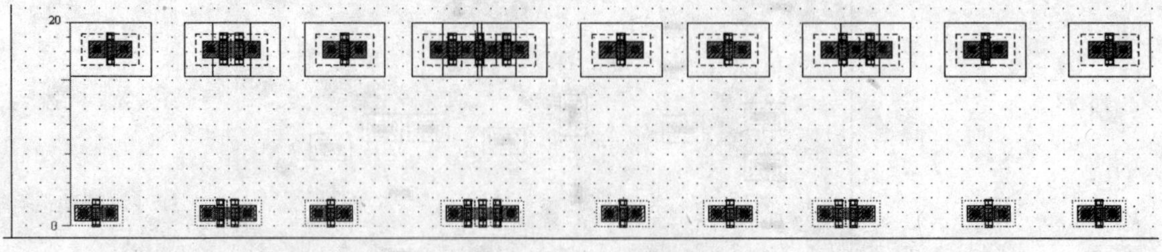

图 8.19　abutment 源漏后的整体图

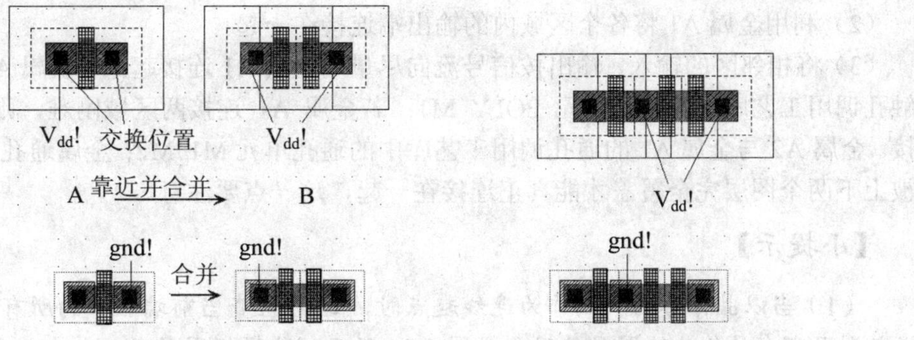

（a）A、B 区合并前　　（b）A、B 区合并后

图 8.20　合并共有的区域

其他各个区域用相同的方法进行合并，若某个区的 PMOS 管与左或右相邻区域没有共用的源或漏，则只需要保证各个 PMOS 管的 SP 间距为 0.8μm 即可。NMOS 管与 PMOS 管的原理相同，但尽量保证与相应的 PMOS 管位置对应。图 8.21 是整体合并后的结果。

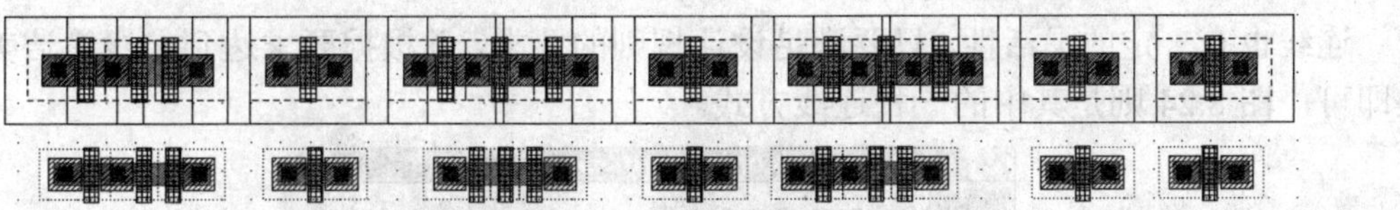

图 8.21　整体合并后的结果

8.2.4　连线

连线原则：

（1）对于同区的 PMOS 管和 NMOS 管，如果原理图中是栅极相连的，则尽量用多晶硅连接；

（2）多晶硅连线距离不得太长，长距离的连线尽量用金属层 A1；

（3）输入、输出一般用金属层 A1。

根据以上连线的规则，对图 8.21 进行连线的步骤如下：

（1）先观察一个小区域内的电路，若内部的 PMOS 管和 NMOS 管的栅极相连，则用多晶硅连在一起，建议使用 Show Incomplete Nets 命令来查看连接情况，进行连接。连接完成的图形如图 8.22 所示，这只是个大致的连线方式，后期如果不满足规则还要进行修正。

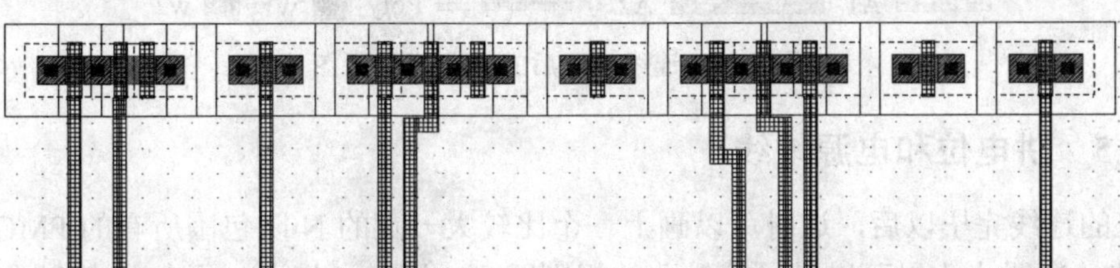

图 8.22　同区域内的栅的连线

（2）利用金属 A1 将各个区域内的输出端连接在一起。

（3）将相邻区的输入、输出按信号流向尽量用金属 A1 连接起来，金属 A1 与 POLY 的接触孔调用工艺库中的通孔单元 POLY_M1；若金属 A1 连接两区域困难，则可用金属 A2 连接。金属 A2 与金属 A1 的通孔调用工艺库中的通孔单元 M1_M2；金属通孔或接触孔都必须被上下两个图层完全覆盖才能真正连接在一起，这一点要注意。

【小提示】

（1）当以晶体管的一端作为连线起点时，VXL 检查当前端口下的所有层次，并列出指定利用哪一层作为绘图层使用，如图 8.23 所示，选择好图层后，单击“OK”即可开始绘制。

（2）有时需要调整器件的源/漏时使用 Permute Pins 命令会更方便；

（3）XL Probe 工具在连线时可以帮助查看相同的线网名；

（4）若金属 A2 与多晶硅 Poly 相连，则必须绘制金属 A1 作为过渡，即 A2 先连接在 A1 上，然后 A1 通过通孔连接多晶硅 Poly。

连线也有一定的灵活性，只要满足设计规则的要求，并根据要求达到布线简洁美观的效果即可，图 8.24 则是其中的一种连线方式。

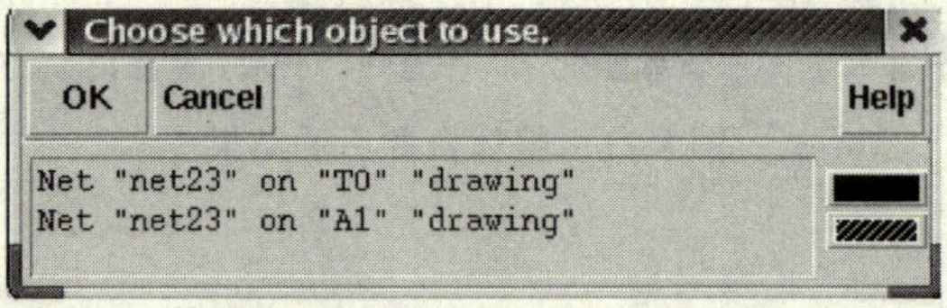

图 8.23　绘图层的选择

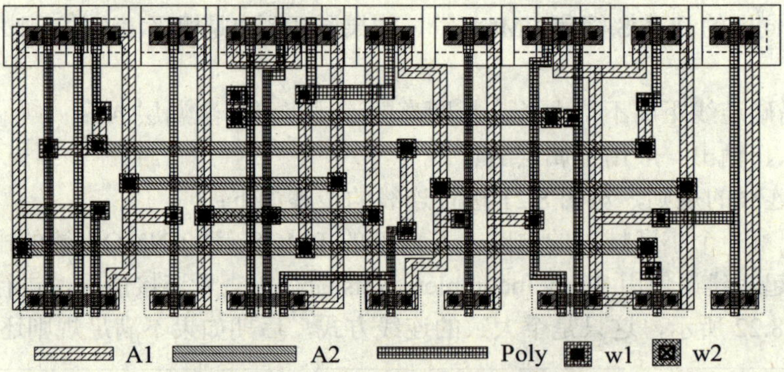

图 8.24　连线完成后的 D 触发器版图

8.2.5　阱电位和电源地线

所有的连线完毕以后，这时可以画上一个比较大一点的 N 阱包围所有的 PMOS 单元自带的 N 阱，N 阱大小以可以满足接触孔的规则即可，同时，打上一行 N 阱接触孔和电源线相连。由于 N 阱外默认就是 P 衬底，所以可以直接在所有 NMOS 下方打上一行 P 衬底接触孔，用来和地线相连。N 阱接触孔调用工艺库提供的 ntap，P 衬底接触孔调用的是 ptap。可以使用阵列的方式设置产生一行接触孔，如图 8.25 所示。

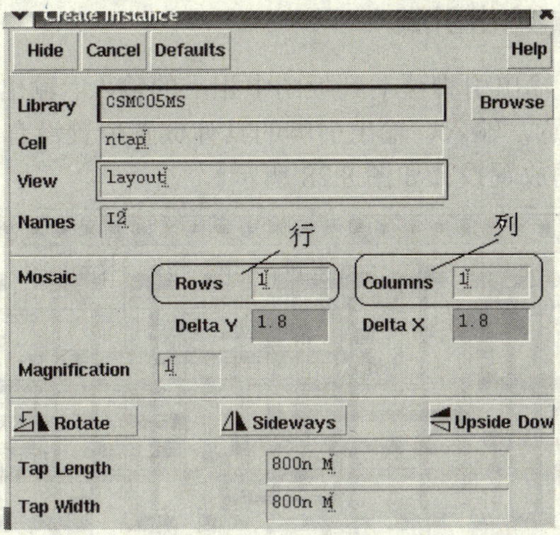

图 8.25　接触孔阵列设置

加大了 N 阱面积并添加了接触孔的版图，如图 8.26 所示。

图 8.26　加大了 N 阱面积并添加了接触孔的版图

电源和地线分布在上面两边，线的宽度与所提供的数字电路的复杂度有关。一般说来，数字电路静态功耗极低，电源线的宽度在 2～5μm 之间足以满足电路要求。如果有大的开关管驱动电路，则必须按电路设计要求给出相应的的金属宽度，以满足电流密度的要求。本版图以 2μm 宽金属层 A1 作为电源和地线，绘制时尽量覆盖在接触孔上，最后要从电源和地上分别引出各个支路接在对应晶体管的电源端和地端，绘制完毕后的版图如图 8.27 所示。

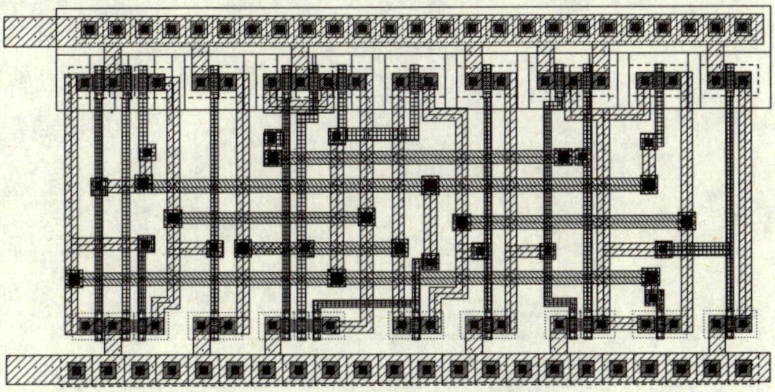

图 8.27　添加电源和地线的版图

8.2.6 添加输入、输出引脚

最后将生成的输入、输出引脚移动到版图中相应的输入、输出连线上（以上图中均未显示输入、输出引脚），注意，输入、输出引脚的具体放置位置没有一定的规定，而是与芯片整体的布局有关。最终的放置设计如图 8.28 所示。

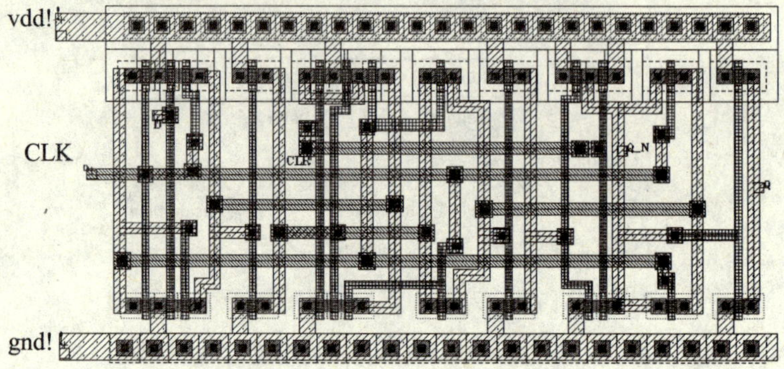

图 8.28　D 触发器最终版图

8.2.7 验证

所有的版图设计完毕后，需要进行验证，VXL 本身具有验证功能。如果在绘制版图的时候有连线短路，则 VXL 会在相应错误的位置给出显亮的“××”，以提示设计者本处可能有错，同时可以通过 Show incomplete net 检查是否还有应该连接在一起的线漏掉未连。对完成版图设计的图 8.28 可以通过 Show incomplete net 显示，如图 8.29 所示。说明连线都已经完成，没有未完成的连线，说明连接关系已经正确，如果有误，会在 Incomplete 一栏中给出。当然，这只能说明 VXL 具有一定的 LVS 的功能，但却无法保证 DRC 的正确性，所以还需要进行 DRC 验证。当通过 DRC 验证后，基本上就可以保证设计的正确性了，为了保险起见，建议做完 DRC 以后，最后还要进行一次 LVS 验证，以保证完全无误。

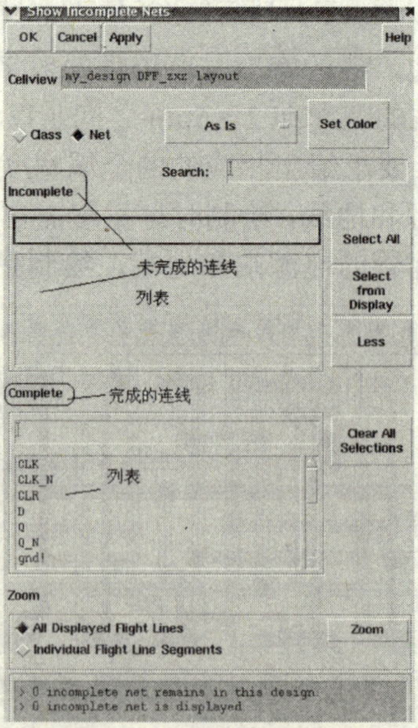

图 8.29　连线的完整性显示

8.3 运算放大器设计实例

模拟集成电路中最常见的单元就是运算放大器，本例的运算放大器如图 8.30 所示，器件的宽长比及个数都已经标在图中。

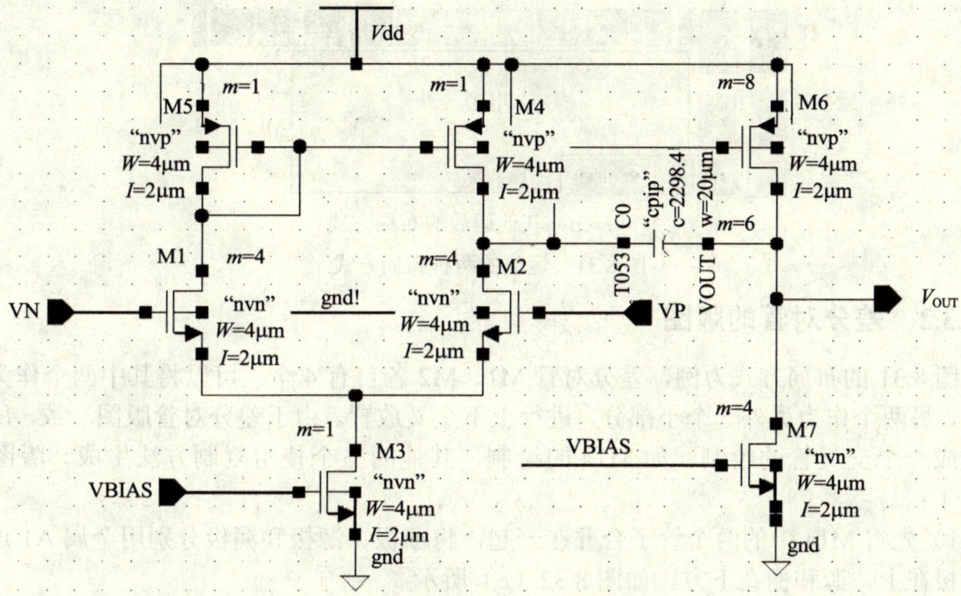

图 8.30 运算放大器电路图

8.3.1 运算放大器版图分析

对如图 8.30 所示的运放版图分析如下：

（1）电流考虑：M3 的偏置电流为 20μA，M7 管的电流有 80μA，总电流大小为 100μA。根据金属的电流密度 1.5mA/μm 的要求，设计的最小线宽 0.6μm 已足够满足要求，所以金属线宽取 0.6μm。

（2）整体的版图可以按照电路图的器件位置大概放置，即电流从上到下，从左到右进行传输。

（3）运放的差分对管匹配性要求较高，所以考虑使用共质心布局。将 M1、M2 分别平均拆分为两部分 M1a、M1b 和 M2a、M2b 形成共质心布局。同时为了隔离噪声，可以添加保护环。

（4）运放的输入放在差分对管的中心位置，提高匹配程度。

（5）M3、M7 宽长比一样，同属共栅结构，可以放置在电路下方。

（6）M5、M4、M6 可以通过复制的方法得到，为了保证精度，可以在两侧加上 dummy 器件。

（7）电容最后放置，放置在有空隙的位置。

（8）根据以上分析，大致的布局有两种方式，如图 8.31（a）、图 8.31（b）所示。

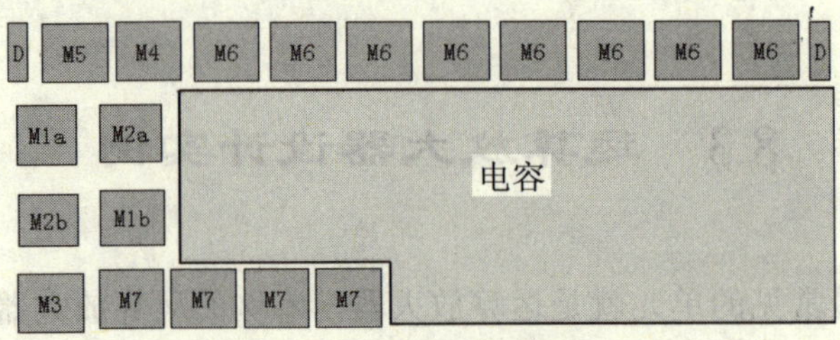

（a）运放的布局方式之一

（b）其他运放的布局方式

图 8.31　运放的两种布局方式

8.3.2　差分对管的版图

以图 8.31 的布局方式为例，差分对管 M1、M2 各自有 4 个，可以将其中两个作为一个小部分，另两个作为另外一个小部分，进行上下交叉放置。由于差分对管版图一致，所以可以先完成一个交叉管的绘制，如 M1a 的绘制，其他的三个使用复制方法生成。版图设计步骤如下：

（1）先将 M1a 中的两个管子合并在一起，将栅极、源极和漏极分别用金属 A1 连接起来，漏极在上，源和栅在下方。如图 8.32（a）所示。

注意：对于相同的操作，尽量使用复制的方法进行。

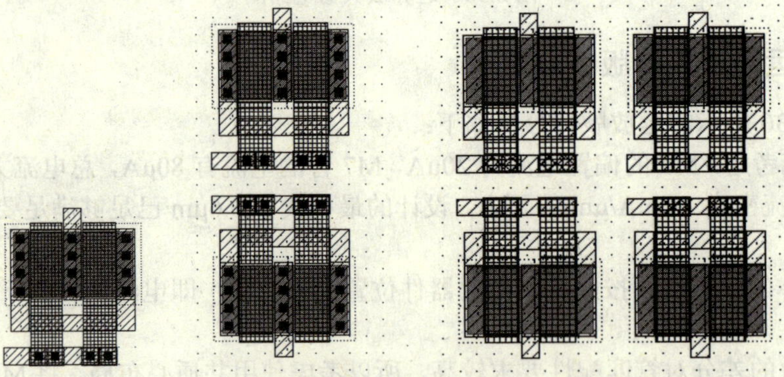

（a）绘制 M1a　（b）镜像 M2b　（c）镜像 M2a、M1b

图 8.32　差分对管的版图

（2）将 M1a 进行复制后并上下翻转，得到 M2b，如 8.32（b）所示。

（3）由于版图中所有的单元首先已经由 VXL 生成，所以第（2）步用复制的方法生成的单元 M2b 将会与 VXL 自动生成的单元 M2b 产生冲突。可以使用交换单元的命令将复制生成的单元和 VXL 自动生成的单元属性替换，使得复制的单元具有与原理图单元的连接属性，然后将被替换的单元删除即可。交换单元命令在 Edit→Other→Swap Components 中，参考命令提示栏进行操作。

（4）M1a、M2b 完成后，可以复制这两个单元后镜像到右侧来实现 M2a、M1b，如图 8.32（c）所示。

注意：同样要替换并删除 VXL 生成的 M2a、M1b。

（5）由于 M1、M2 的源极接在一起，流向 M3。为了保证匹配度，这个电流需要从交叉对管的中心流出，可以考虑使用金属 A2 进行连接并输出。

（6）由于交叉对管的栅极需要相连在一起，所以可以使用多晶将 M1a、M1b 的栅极连接在一起；使用金属 A1 将 M2a、M2b 的栅极连接在一起，这样就能保证两对管及共有的源极输出没有短路，版图如图 8.33 所示。

（7）对管漏端的连接，建议不要在管子上方走信号线，可以从外围绕到对管进行相连，连接后的版图如图 8.34 所示。

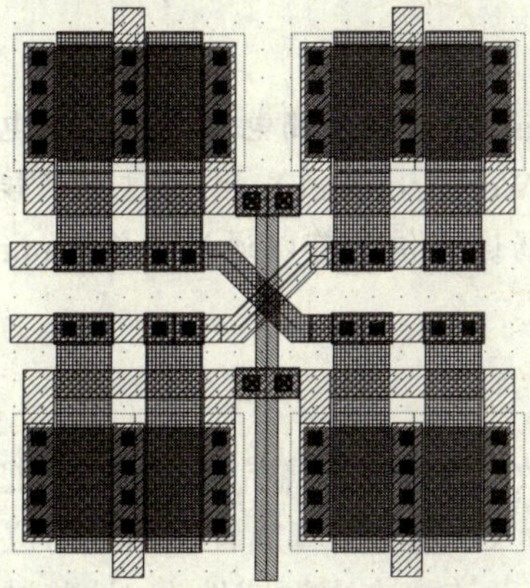

图 8.33　对管的栅和公共源的布局

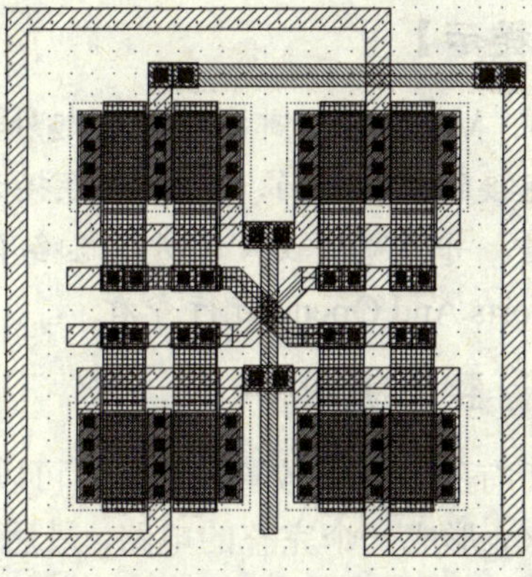

图 8.34　对管的漏端连接

（8）使用 ptap 将 N 型 MOS 管围起来以固定衬底电压、隔离其他信息干扰。差分对管的最终版图如图 8.35 所示。

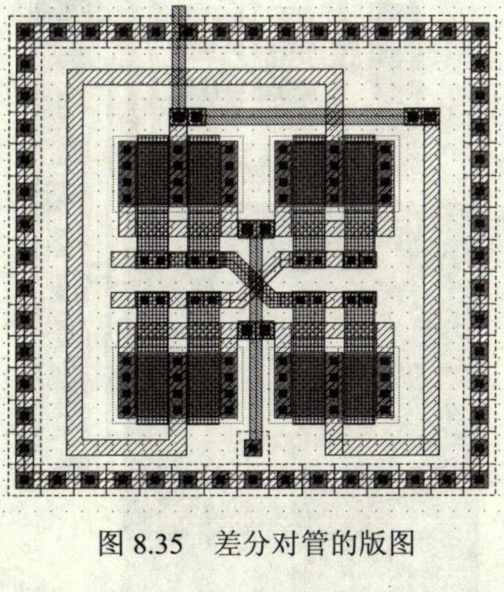

图 8.35　差分对管的版图

8.3.3　偏置与镜像版图

根据前节的分析，可绘制出 M5、M4、M6 的版图以及 M3、M7 的版图，由于 M3、M7 的偏置由其他电路生成，所以电流镜不够完整，如果是完整的电路，应该加上 Dummy 管；

更严格的匹配应该是一维的共质心布局，这里为了简单起见，没有加 Dummy 管。一般精度要求的电路也可不加 Dummy 或共质心布局，如图 8.36 所示的版图即可（图中未显示差分对管）。而 M5、M4、M6 是个完整电流镜，可加上 Dummy 器件，Dummy 也是 PMOS 晶体管，其三端都接在电源线上，宽长比为 2μm/2μm。

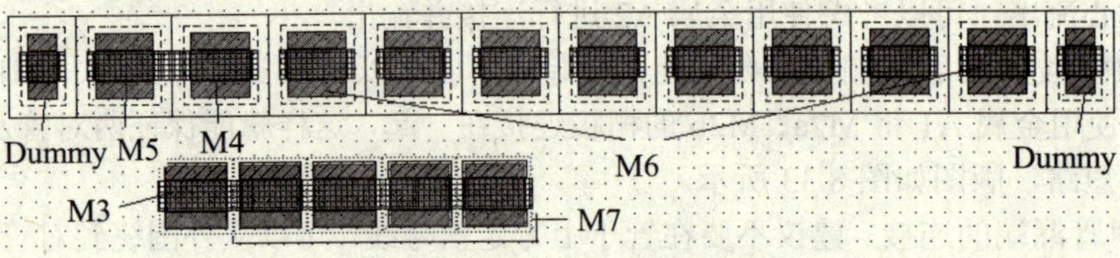

图 8.36　偏置和镜像部分的版图

【小提示】

当 M3、M7 的栅全部靠接在一起外接电压 Vbias 时，由于栅电阻率比金属电阻率高得多，所以连接的性能较弱，VXL 此连接为弱连接（Weak connect）。由于这里只接电压，没有电流流过，并且宽度较大，所以忽略不记。有关弱连接信息可以通过菜单 Connectivity→Check→Shorts And Opens 进行查看。

8.3.4　整体版图

当把所有的晶体管放置完毕后，可以在空隙处放置电容；放置完毕后，可以把所有的器件连接起来，形成一个完整的电路；最后把所有的输入、输出引脚放置在相应的位置。同时，注意在上端的 PMOS 和下端的 NMOS 处加上阱接触并连接在电源或地上，这些过程与 D 触发器的设计过程类似，这里不再赘述。运算放大器的一种完整布局形式如图 3.37 所示。

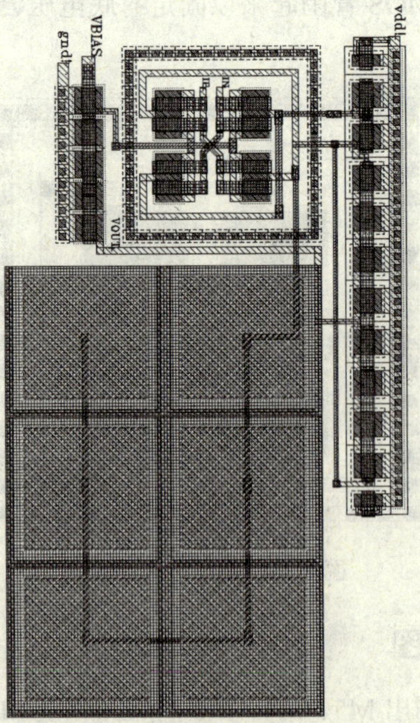

图 8.37　运算放大器的完整版图

8.4　版图设计的一些小经验

1．摆放各个小单元时注意不要挤得太紧，要留出足够的走线空间；否则最后线只能从 DEVICE 上跨过去。

2．金属连线不宜过长。

3．模拟电路接触孔和通孔至少要两个。

4．阱电位在布局和连线完成后放置，在有空隙的时候尽量多放；尽量使用金属第一层连接这些接触孔。

5．管子的沟道上尽量不要走线；若要走线，则 M2 的影响比 M1 小。

6．栅上的接触孔最好打在栅的位于场氧上方的位置。

7．大宽长比的管子要画成叉指形状。

8．注意电阻的匹配，两端最好加上 Dummy 器件。

9．label 最好和相应的层对应，如本书的 A1TEXT 要连在金属 A1 上才能生效。

10．差分运放关键是差分对的匹配，几乎所有的差分对布局与本书的布局相同。

11．电容最后放置，一般在空白位置拼凑，但注意长宽不宜相差太大。

12．DRC 验证通过以后再做 LVS。

13．改版芯片版图时，最好将原版备份。

本 章 小 结

本章介绍了 Virtuoso-XL 的使用方法，同时给出了使用 Virtuoso-XL 在全定制版图设计方法下进行数字单元模块和模拟单元模块设计。最后总结了版图设计过程中需要掌握的一些技巧。

思考与练习

一、填空题

1．Virtuoso-XL Layout Editor（VXL）与 Virtuoso 相比较，其最具特色的地方在于______________________________。

2．VXL 可以通过器件__________操作实现器件源/漏共享。

3．以 N 阱工艺为例，在 N 阱中只要有空间就放置阱连接区；同样，在 P 型衬底上只要有空间就放置衬底连接区，这样做的最终目的是__________________________。

二、选择题

1．VXL 中可以引脚交换操作（　　），交换器件的引脚位置。

A．XL probe　　B．Permute Pins

C．Exchange Pins　　D．Change Pins

2．为了使阵列的 MOS 管匹配，需要在阵列的 MOS 管两端放置虚设（dummy）栅，与 MOS 管真正的栅相比，放置的栅应该是（　　）。

A．宽度必须相同，间距可以不同　　B．宽度可以不同，间距可以不同

C．宽度可以不同，间距必须相同　　D．宽度必须相同，间距必须相同

3．关于电容的容值大小，是由下面因素决定的，除了（　　）

A．介质的厚度　　B．介电常数

C．两块平板相互覆盖部分的面积　　D．两块平板的厚度

三、问答题

1．请简述 MOS 管电压匹配和电流匹配的区别。

2．请简述多晶硅电阻和扩散电阻的区别。

3．请简述版图布局的一般原则。

参 考 文 献

1. 朱自涌. 半导体集成电路（第 2 版）. 北京：清华大学出版社，2009

2. Stephen A Campbel. 微电子制造科学原理与工程技术. 曾莹译. 北京：电子工业出版社，2003

3. （美）塞因特，著. 集成电路版图基础——实用基础. 李伟华，孙伟锋，译. 北京：清华大学出版社，2006

4. 王志功，陈莹梅. 集成电路设计（第 2 版）. 北京：电子工业出版社，2009

5. Christopher Saint，Judy Saint. 集成电路掩模设计——基础版图技术. 周润德，等译. 北京：清华大学出版社，2006

6. Behzad Razavi. 模拟 CMOS 集成电路设计. 陈贵灿，等译. 西安：西安交通大学出版，2003

7. http://www.ece.nmsu.edu/vlsi/cadence/CADENCE%20Manual.pdf

8. 王颖. 集成电路版图设计与 Tanner EDA 工具的使用. 西安：西安电子科技大学出版社，2009

9. Hastings. Alan. 模拟电路版图的艺术（第二版）. 张为，译. 北京：电子工业出版社，2008

10. 曾庆贵. 集成电路版图设计. 北京：机械工业出版社，2008

11. http://www.cs.umbc.edu/~cpatel2/links/315/cadence/handouts/composer_schematic.pdf

12. 庄文俊，李玉兴. 成电路布图设计自动化. 上海：上海交通大学出版社，1986

13. http://www.vtvt.ece.vt.edu/vlsidesign/tutorialCadence_importVerilog.php

14. 洪先龙，严晓浪，乔长阁. 超大规模集成电路布图理论与算法. 北京：科学出版社，1998

15. 姜岩峰. 现代集成电路版图设计. 北京：化学工业出版社，2010

16. http://www-scf.usc.edu/~ee577/cadence_tutorial4.html

17. 李伟华. VLSI 设计基础. 北京：电子工业出版社，2002

18. （加）Dan Clein. CMOS 集成电路版图：概念方法与工具. 邓红辉，王晓蕾，联罗锋，译. 北京：电子工业出版社，2006

19. 冯昊，杨海燕. Linux 操作系统教程. 北京：清华大学出版社，2008

20. http://www.ece.virginia.edu/~mrs8n/cadence/tutorial5.html

21. 林明祥. 集成电路制造工艺. 北京：机械工业出版社，2009